高等学校教材

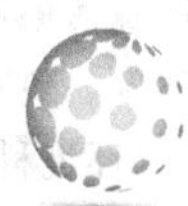

环境科学概论

HUANJING KEXUE GAILUN

莫祥银 主编
俞琛捷 副主编
沈 健 许仲梓 审定

第二版

化学工业出版社
·北京·

《环境科学概论》(第二版) 系统分析了环境问题的产生和原因，针对新世纪人类面临的全球环境污染和生态环境危机，体现了环境科学学科的综合性和复杂性，把握学科发展趋势、前沿领域、热点问题和最新的研究成果，探讨实现可持续发展的有效途径。

《环境科学概论》(第二版) 内容广泛，既反映当前环境科学中所包含的全球性环境问题，又通过内容的取舍来提高知识的实用性。全书着重阐述环境问题的产生、发展与治理，探讨人类活动对多环境要素的影响，系统介绍了大气环境科学、水环境科学、固体废物与环境、物理污染与环境、生态环境科学及人口、资源与环境和可持续发展与环境等问题，突出环境科学中的基本概念、基础理论和研究方法。

《环境科学概论》(第二版) 可作为高等学校环境科学与工程相关专业学生的教材，以及非环境专业开设环境类课程的专业教材或参考书。此外，还可用于开展环境保护与环境管理等相关专业人员以及成人在职环境教育与培训的参考资料。

图书在版编目（CIP）数据

环境科学概论/莫祥银主编. —2 版. —北京：化学工业出版社，2016.6（2024.1重印）
高等学校教材
ISBN 978-7-122-26521-0

Ⅰ.①环… Ⅱ.①莫… Ⅲ.①环境科学-高等学校-教材 Ⅳ.①X

中国版本图书馆 CIP 数据核字（2016）第 051504 号

责任编辑：杜进祥　　文字编辑：向　东
责任校对：吴　静　　装帧设计：史利平

出版发行：化学工业出版社（北京市东城区青年湖南街 13 号　邮政编码 100011）
印　　装：北京科印技术咨询服务有限公司数码印刷分部
710mm×1000mm　1/16　印张 13　字数 269 千字　2024 年 1 月北京第 2 版第 4 次印刷

购书咨询：010-64518888　　售后服务：010-64518899
网　　址：http://www.cip.com.cn
凡购买本书，如有缺损质量问题，本社销售中心负责调换。

定　　价：28.00 元

前　言

环境保护是实现我国经济与社会可持续发展的重要内容和基本保证，日益受到全社会的高度关注。“环境科学概论”作为教育部基础课程，已在全国大部分院校开设。中国环境科学学会多次召开会议，提出加强“环境科学概论”教学工作的指导意见，特别强调教材建设的规范化和实用性。本书的编写力求适应“环境科学概论”教学的实际需要，尽可能满足环境科学理论研究与实务的实际需要。

本书在2009年第一版的基础上，根据环境科学的发展情况，结合近年来的教学科研实践，吸纳师生和环境科学专家的意见进行修订。此次修订的目的：一是体现环境科学发展的实际，结合环境科学的发展做必要的修改和完善；二是综合各院校“环境科学概论”教材的共性，力争达到必要的标准化和通用化要求；三是探索体系以适应我国环境保护事业的发展需要。

本书在第一版的基础上，由南京师范大学莫祥银教授和俞琛捷副研究员在本次修订中承担主要工作。本次修订撰写人按篇章次序为：第一章莫祥银；第二章俞琛捷；第三章俞琛捷；第四章莫祥银；第五章俞琛捷；第六章莫祥银；第七章莫祥银；第八章俞琛捷。全书由莫祥银、俞琛捷统稿。

由于笔者水平所限，不足之处在所难免，敬祈读者批评指正。

莫祥银

2016年12月

第一版前言

随着时代的发展，现代社会对人才的要求发生了深刻的变化。现代社会要求公民具有良好的人文素养和科学素养，具备创新精神、合作意识和开放的视野。在高等院校开设“环境生态类”的通识教育选修课程有利于满足学生多方面的兴趣，为学生进一步拓宽知识面服务。“环境科学概论”这门课程的开设时间虽然只有三十年左右的时间，但由于该课程涉及面广、发展迅速，不同高校的教学内容差异较大，教学组织方式和教学方法也存在不同。因此，其课程教材体系建设面临极大的挑战。如何紧跟学科发展的步伐，全面反映该学科的内涵，已成为教材编写者时刻关注的问题。这本《环境科学概论》教材将环境污染问题、生态环境破坏问题、环境保护与建设问题等融为一体，反映了目前国内外“环境科学概论”教材体系建设的主要发展趋势。因此，该教材既可作为高等院校本专科生的通识教育选修课程和环境工程专业基础课程的标准用书，也可作为高中以上文化程度的管理干部和工程技术人员的自学、阅读用书。

本教材着重阐述环境问题的产生、发展与治理，探讨人类活动对多环境要素的影响，系统介绍了大气环境科学、水环境科学、固体废弃物与环境、物理污染与环境、生态环境科学、人口、资源与环境以及可持续发展与环境等问题。因为是概论性的，故本教材涉及的内容主要介绍环境科学中的基本概念、基础理论和研究方法。

南京师范大学莫祥银教授、博士后任本书主编，并和俞琛捷老师共同编写第一章、第四章、第七章及第八章；第二章、第三章由南京师范大学张显球副教授、博士、王克宇老师和景颖杰研究生编写；第五章、第六章由南京工业大学陆春华副教授、博士和康彩荣、倪聪等研究生编写。全书最后由江苏省政协副主席、南京市副市长、国家重大基础发展规划“973”项目首席科学家、博士生导师许仲梓教授和江苏省教育厅厅长、博士生导师沈健教授审稿。

我们在编写过程中虽力求反映环境保护的新形势、新成就，但因时间紧迫、水平有限，虽已尽力而为，恐仍有疏漏、不当甚至错误之处，望广大读者批评指正。

编者

2009 年 4 月

目　录

第一章 绪 论

第一节 环 境

一、环境的概念

环境是人们熟悉的一个词语，然而，由于人们的工作领域和认识问题的角度不同，对于环境的理解又千差万别。对于环境，可以概括性地定义为围绕人类生存的空间及其中可直接、间接影响人类赖以生存和发展的各种外部条件和因素的总和。这里的外部条件和因素既包括了以资源为内容的物质因素，又包括了以观念、制度、行为准则和空间等为内容的非物质因素；既包括了自然因素和社会因素两大类，也包括了生命体和非生命体两种形式。《中华人民共和国环境保护法》指出："本法所称环境，是指影响人类生存和发展的各种天然的和经过人工改造的自然因素的总体，包括大气、水、海洋、土地、矿藏、森林、草原、野生生物、自然遗迹、人文遗迹、自然保护区、风景名胜区、城市和乡村等。"可以看出，这里所讲的环境不仅指自然环境、生态环境，还包括一定的社会环境。

二、环境的分类

环境是一个非常复杂的体系，目前尚未形成统一的分类方法。按照要素属性可分为自然环境、生态环境和社会环境。环境科学主要研究自然环境和生态环境。

1. 自然环境

自然环境是指围绕人们周围的各种自然因素的总和。它是人类赖以生存和发展的物质基础，包括大气、水、土壤、生物、岩石矿物和太阳辐射等。在自然环境中，按其主要的环境要素，可分为大气环境、水环境、地质环境和生物环境。

2. 生态环境

生态环境是指从生物与其生存环境相互关系的角度出发，对生物的生命活动起直接影响和作用的生态因素的总和。光、热、水、空气和土壤等都是生态因素，各个生态因素并非孤立、单独地对生物发生作用，而是共同综合在一起对生物产生影响。由于各地区地理条件不同，从而形成了多种多样的生态环境类型。这也正是地球上生物种类及其群体类型多样化的主要原因之一。

3. 社会环境

社会环境是指社会因素的总体。它是指人类在自然环境的基础上，通过长期有意识的社会劳动加工、改造了的自然物质而创造出的人工环境。社会环境又可以分为经济环境、生产环境、交通环境、城市环境、文化环境及政治环境等。

三、环境的内涵

1. 环境是一个相对概念

环境总是相对于某个主体而言的，它因主体的不同而不同。对于生态科学而言，环境概念是指以生物为主体的环境。对于环境科学而言，环境概念是以人为主体的环境，即人类环境。

2. 环境是一个不断变化与发展的概念

环境随着主体的变化而变化，相对于不同的主体，环境的内容和形式是不一样的。人类环境不是从来就有的，它的形成经历了与人类社会同样漫长的发展过程。在时间上环境随着人类社会的发展而发展，在空间上环境随着人类活动领域的扩张而扩张。

3. 环境本身是一个系统

环境的概念是抽象的，但环境的形态和内涵又是具体的。任何一个具体的环境都是一个复杂的系统而不是简单要素的综合。因此，任何环境都具有一定的结构并表现出一定的功能，其演进和运动都遵循一定的规律并表现出系统的目的性、层次性、动态性和整体性等特征。

4. 环境与人类的关系是一个对立统一的关系

环境是人类赖以生存的基础，然而，人类不是消极地依赖于环境，而是积极地利用并改造环境。随着人类社会的发展，其利用和改造的程度和范围在不断扩大。但由于缺乏对人类-环境系统发展规律的深刻认识，人类在利用和改造环境的同时也使环境遭到了破坏，有时是毁灭性的破坏——结构性破坏，环境的破坏反过来又影响和制约着人类的生存和发展。

四、环境的特性

1. 整体性

人类与自然环境是一个整体。地球的任一地区或任一生态因素，都是环境的组成部分，各部分之间相互联系、相互制约。局部地区环境的污染和破坏会对其他地区造成影响；某一环境要素恶化也会通过物质循环影响其他环境要素改变。

2. 有限性

在宇宙的众多天体中，目前发现适合于人类生存的只有地球。因此，虽然宇宙空间无限，但人类生存的空间以及资源和环境对污染的忍耐能力等都是有限的。

3. 不可逆性

环境在运动过程中存在着能量流动和物质循环两个过程。前一过程是不可逆的，后一过程变化的结果也不可能完全回到原来的状态。因此，要消除环境破坏的后果，需要很长的时间。不顾环境而单纯追求经济增长会适得其反。因为取得的经济利益是暂时的；环境恶化却是长期的，两者比较，损失是巨大的。人类在经济活动中，必须以预防为主，全面规划，努力避免不可逆环境问题的产生。

4. **潜在性**

除了事故性的污染与破坏可以很快观察到后果外，环境的破坏对人类的影响一般需要较长时间才能显示出来。

5. **放大性**

局部的环境污染与破坏造成的危害或灾害，无论是从深度还是广度上，都会明显放大，如河流上游森林毁坏，可造成下游地区的水、旱等灾害；大气臭氧层稀薄，其结果不仅使人类皮肤癌患者增多，而且由于大量紫外线杀死地球上的浮游生物和幼小生物，切断了大量食物链的始端，以致有可能毁掉整个生物圈。

五、环境质量

环境质量是指环境总体或各要素对人类生存繁衍及社会经济发展影响的优劣或适宜程度。环境质量按其属性可划分为自然环境质量和社会环境质量。自然环境质量可用自然因素的质和量来描述。社会环境的质量可通过就医、上学、购物乘车等的方便程度来反映，还可通过文体设施、园林绿化、生活设备等情况反映舒适程度。在环境科学领域内，环境质量主要指自然环境质量。环境质量具有可度量性、区域性和反馈性三大特征。

1. **可度量性**

环境质量是由组成环境要素的种类、数量和性质决定的，而任何一种环境要素的种类、数量和性质都是可以通过定性和定量的科学方法进行描述和判定的，所以环境质量具有可度量性。对环境质量的度量和评价是通过具体的环境指标来进行的。

2. **区域性**

不同的地域环境所表现出的环境功能属性和特征存在着很大的差异。就是说，环境系统的组成和结构不同，其环境系统的物质能量交换强度和循环规律不同，环境系统的抗干扰能力和稳定性也不一样，其环境质量也截然不同。因此，环境质量表现出明显的区域性特征。

3. **反馈性**

环境质量作为环境功能的外在表现形式，一方面取决于人类活动的影响程度和方式，处于一种被动的、从属的地位；另一方面也反作用于人类自身，这种反作用具有持续的后效性，其反作用力的大小与人类对其影响的程度成正比关系。

第二节　环境问题

一、环境问题的概念

环境问题是指在人类活动或自然因素的干扰下引起环境质量下降或环境系统的结构损毁，从而对人类及其他生物的生存与发展造成影响和破坏的问题。20 世纪 50 年代以来，有关环境问题的名词和事件不断出现，其中流传甚广、影响较大的主要有“三废”、公害及公害事件等。

1. “三废”

“三废”是指废气、废水、废渣，这些物质是主要的环境污染物，工业社会中的生产过程向环境排放的物质，有许多是人类和生物所不熟悉的、难以接受的，甚至是有害的，人们称为“废物”。其中最突出的是向大气中排放的烟尘和有毒气体，向水体中排放的各种工业污水，向土壤中排放的各种工业废渣，因而产生了“三废”这个名词。当今“三废”这个名词不绝于耳，有时再加上噪声，合称为“城市四大公害”。

2. 公害及公害事件

工业化起步最早的国家和地区，如英国、欧洲、美国，在20世纪初相继出现了有关环境污染的报道，第二次世界大战后的日本经济发展速度迅猛，日本人民在享受由此而带来的物质需要及生活富足之后，也开始尝到了环境污染的苦果，并为此付出了沉痛的代价，创造了公害这个名词。公害是指环境污染对公众所造成的伤害，而公害事件指因环境污染造成的在短期内人群大量发病和死亡的事件，其中震撼世界的公害事件被称为“世界著名的八大公害事件”。

(1) 马斯河谷事件　发生于1930年12月1～5日比利时马斯河谷工业区。炼焦、炼钢、玻璃、硫酸、化肥等13个工厂排出的有害气体在逆温条件下，在狭窄盆地近地层积累了大量的SO_2、SO_3等刺激性的有害物质和粉尘。这些物质无法扩散开来，对人体产生毒害作用，损害人体的呼吸系统等，一周之内60多人死亡，上千人感到胸疼、咳嗽、流泪、咽痛、呼吸困难等不适。其中，心脏病和肺病患者的死亡率最高。

(2) 洛杉矶光化学烟雾事件　发生于1943年美国洛杉矶市，一直延续到1970年。20世纪40年代初期，美国洛杉矶市250多万辆汽车每天消耗汽油约1600万升，向大气排放大量的碳氢化合物、氮氧化物和一氧化碳。该市临海依山，处于50km长的盆地中，汽车排出的废气在日光的作用下，形成以臭氧为主的光化学烟雾。这些物质刺激人的眼睛和呼吸系统，大量居民出现眼睛红肿、流泪和喉痛等症状，死亡率大大增加。洛杉矶的光化学烟雾最早发生在1943年，当时城市上空出现浅蓝色的刺激性烟雾，未能引起人们的注意。1951年，加州大学生物有机化学系斯密特教授从地理条件、气候条件和化学分析结果等多方面提出了光化学烟雾及其形成机理。1955年，洛杉矶发生了严重的光化学烟雾事件，2天内65岁以上的老年人因五官中毒、呼吸衰竭而死亡者达400多人，是平时的3倍多。1970年洛杉矶再度发生光化学烟雾事件，使全市3/4的人患病。

(3) 多诺拉烟雾事件　发生于1948年10月26～31日美国宾夕法尼亚州匹兹堡市多诺拉镇。该镇地处河谷，工厂很多，大部分地区受气旋和逆温控制，持续有雾，使大气污染物在近地层积累。二氧化硫及其氧化作用的产物与大气中的尘粒结合是致害因素，发病者5911人，占全镇总人口的43%；其中重症患者占11%，中度患者占17%，轻度患者占15%，死亡17人，为平时的8.5倍。症状是眼痛、喉痛、流鼻涕、干咳、头痛、肢体酸乏、呕吐和腹泻等。

(4) 伦敦烟雾事件　发生于1952年12月5～8日英国伦敦市。由于冬季燃煤排放的烟尘和二氧化硫在浓雾中积聚不散，大气中的粉尘（为平时的10倍）及CO_2（为平时的6倍）浓度居高不下，加上粉尘中Fe_2O_3等金属氧化物成为SO_3进一步转化为硫酸烟雾的催化剂，英国几乎全境为浓雾覆盖，四天中死亡人数较常年同期约多4000人，两个月内又有8000多人死去。其中，45岁以上的死亡最多，约为平时的3倍；1岁以下死亡的，约为平时的2倍。事件发生的一周中因支气管炎死亡的是事件前一周同类人数的9.3倍。自1952年以来，伦敦发生过12次大的烟雾事件。烟雾逼迫所有飞机停飞，汽车白天开灯行驶，行人走路都困难。

（5）水俣病事件　发生于1953～1956年日本熊本县水俣镇。当地氮肥公司等化工厂排放的废水中含有汞，这些废水排入海湾后经过某些生物的转化，无机物逐渐转化成有机物，形成甲基汞。这些汞在海水、底泥和鱼类中富集，又经过食物链使人中枢神经中毒。当时，最先发病的是爱吃鱼的猫。中毒后的猫发疯痉挛，纷纷跳海自杀。没有几年，水俣地区连猫的踪影都不见了。1956年，出现了与猫的症状相似的病人。因为开始病因不清，所以用当地地名命名。当时，汞中毒者300多人，其中60多人死亡。1991年，日本环境厅公布的中毒病人仍有2248人，其中1004人死亡。正是水俣病这场灾难，50年来水俣地区的人口减少了1/3。

（6）骨痛病事件　发生于1955～1972年日本富山县神通川流域。镉是人体不需要的元素，日本富山县的一些铅锌矿在采矿和冶炼中排放废水，废水在河流中积累了重金属镉。人长期饮用这样的河水，食用浇灌含镉河水生产的稻谷，就会得“骨痛病”。病人骨骼严重畸形、剧痛，身长缩短，骨脆易折。1963年至1979年3月共有患者130人，其中死亡81人。

（7）四日市哮喘事件　发生于1961～1972年日本著名的石油城四日市。1955年以来，由于石油化工和工业燃烧重油排放的废气严重污染大气，重金属微粒与二氧化硫形成硫酸烟雾，大气中的降尘酸性高，引起居民呼吸道病症剧增，尤其是使哮喘病的发病率大大提高。1961年，四日市支气管哮喘一下子流行起来，在发电厂和炼油厂附近居民中哮喘病的发病率逐渐增多。一时间，医院里哮喘患者人满为患。哮喘多发生在40岁以上的人群，其中50岁以上的老人的发病率约为8%，大多数患者无前期症状，无过敏史，皮肤变态反应试验阴性，肺功能试验有呼吸道阻塞症状。有的病例出现下肢水肿及肝脏肿大等心衰表现。哮喘病发作的患者中慢性支气管炎占25%，支气管哮喘占30%，哮喘支气管炎占10%，肺气肿和其他呼吸道病占5%。居住在四日市的哮喘病人，只要一离开四日市地区，哮喘就马上好转。一旦返回，立即旧病复发。1967年，一些患者因不堪忍受痛苦而自杀。到1970年，四日哮喘病患者达到500多人，其中有10多人在哮喘病的折磨中死去，实际患者超过2000人。1972年，全市共确认哮喘病患者达817人。后来，由于日本各大城市普遍烧用高硫重油，致使四日市哮喘病蔓延全国。如千叶、川崎、横滨、名古屋、水岛、岩国和大分等几十个城市都有哮喘病在蔓延。据日本环境厅统计，到1979年10月底，日本全国患四日市哮喘病的患者多达775491人，典型的呼吸系统疾病有支气管炎、哮喘、肺气肿、肺癌。

（8）米糠油事件　发生于1968年3月日本北九州市和爱知县一带。当地生产米糠油的工厂用多氯联苯作脱臭工艺中的热载体，许多人食用混入了多氯联苯的米糠油后中毒生病。这种病来势凶猛，患者很快就达到1400多人，到七八月患者超过5000多人，其中16人死亡，实际受害者约13000人。用米糠油中的黑油喂家禽，致使几十万只鸡死亡。

后来又出现了一些震惊世界的环境公害事件，比较有影响的有印度博帕尔毒气事件、前苏联切尔诺贝利核污染事件和剧毒物污染莱茵河事件。

(1) 印度博帕尔毒气事件　1984年12月13日，美国联合碳化公司在印度博帕尔市的农药厂因管理混乱和操作不当，致使地下储罐内剧毒的甲基异氰酸酯因压力升高而爆炸外泄。45t毒气形成一股浓密的烟雾，以每小时5000m的速度袭击了博帕尔市区。死亡近2万人，受害20多万人，5万人失明，孕妇流产或产下死婴，受害面积40km^2，数千头牲畜被毒死，为世界公害史上的空前大惨案。

(2) 前苏联切尔诺贝利核污染事件　1986年4月26日，由于管理不善和操作失误，前苏联基辅地区的切尔诺贝利核电站4号反应堆爆炸起火，致使大量放射性物质泄漏，上万人受到辐射伤害，直接死亡31人，237人受到严重的放射性伤害；而且在20年内，还有3万人左右因此患上癌症，13万居民被迫疏散，污染范围波及邻国。基辅市和基辅州的中、小学生全被疏散到海滨，核电站周围的庄稼全被掩埋，少收2000万吨粮食，距核电站7km内的树木全部死亡；此后半个世纪，10km内不能耕作放牧，100km内不能生产牛奶。这是世界上最严重的一次核污染。

(3) 剧毒物污染莱茵河事件　1986年11月1日，瑞士巴塞尔市桑多兹化工厂仓库失火，近30t剧毒的硫化物、磷化物与含有水银的化工产品随着灭火剂和水流入莱茵河。顺流而下150km内，60多万条鱼被毒死，500km以内河岸两侧的井水不能饮用，靠近河边的自来水厂关闭，啤酒厂停产。有毒物沉积在河底，使莱茵河因此而“死亡”20年。有人称此为掠夺性的生态灾难。

二、环境问题的分类

环境问题按照产生的原因分为原生环境问题和次生环境问题两类。原生环境问题，也称第一类环境问题，是指由于自然因素引起的环境问题。如火山喷发造成的大气污染等。次生环境问题，也称第二类环境问题或人为环境问题，是指由于人类活动引起的环境问题。次生环境问题又分为环境污染和生态破坏两大类。环境污染是指由于人类在工农业生产和生活消费过程中向自然环境排放的、超过其自然环境消纳能力的有毒有害物质而引起的环境问题。环境污染产生的直接原因是人类的生产技术落后造成的，而根本原因是人类不可持续的发展模式和消费模式的产物。生态破坏是指人类在各类自然资源的开发利用过程中不能合理和持续地开发利用资源而引起的生态环境质量恶化或自然资源枯竭的环境问题。生态破坏是一种结构性破坏，生态系统的结构一旦遭到破坏，就失去了系统的稳定性和自律性，其生态系统的功能是无法自行恢复的，需要在人类的调控下来恢复其功能。但这种恢复是一个漫长而痛苦的过程，即便可以恢复，其恢复周期需要半个世纪甚至是上百年的时间。在所有的环境问题中，生态破坏比环境污染给人类造成的威胁更大、更持久和更深刻。目前，人类对第一类环境问题尚不能有效防治，只能侧重于监测和预报。环境科学领域所研究的环境问题主要指第二类环境问题。

三、环境问题的产生与发展

环境问题在古代就有了。西亚的美索不达米亚、中国的黄河流域都是人类文明的发祥地。由于大规模地毁林垦荒，又不注意培育林木，造成严重的水土流失，以致良田美地逐渐沦为贫瘠土壤。产业革命以后，社会生产力的迅速发展，机器的广泛使用，为人类创造了大量财富，而工业生产排出的废弃物却造成了环境污染。19世纪下半叶，世界最大的工业中心之一的伦敦曾多次发生因排放煤烟引起的严重烟雾事件。在世界人口数量不多、生产规模不大的时候，人类活动对环境的影响并不太大，即使发生环境问题也只是局部性的。20世纪50年代以来，社会生产力和科学技术突飞猛进，人口数量激增，人类征服自然界的能力大大增强，环境的反作用便日益强烈地显露出来，成为世界各国人民共同关心的全球性问题。大量人工制取的化合物包括有毒物质进入环境，在环境中扩散、迁移、累积和转化，不断地恶化环境，严重威胁着人类和其他生物的生存。人类活动排放的废弃物，越来越大地超过环境的自净能力，从而影响全球的环境质量。大量废弃物排入环境使大气和水体的组成起了变化。西欧一些国家排放的大量硫氧化物、氮氧化物经风传送，随雨水降落，造成斯堪的纳维亚地区一些淡水湖的酸度显著上升。近年来世界上每年由于海运、沿海钻探和开采石油、事故溢漏和废物处理排入海洋的石油及其制品达到600多万吨。海洋被石油污染，使海洋浮游生物的生存受到严重的威胁。据估计，现在大气圈中的氧气，有1/4是海洋中的海洋浮游植物通过光合作用而产生的。海洋浮游植物一旦遭到严重的损害，势必影响全球的氧含量的平衡。人口的增长和生产活动的增强，成为对环境新的冲击和压力。许多种资源日益减少，并面临耗竭的危险。由于不合理的耕作制度，世界上被风蚀、盐碱化的土地日益增多。据联合国有关部门估计，土壤由于侵蚀每年损失240亿吨，沙漠化土地每年扩大600万公顷。另外，由于原生环境的消失、人类的捕杀和环境污染，世界上的植物和动物遗传资源急剧减少了。估计有25000种植物和1000多种脊椎动物的种、亚种和变种面临灭绝的危险，这对人类将是无法弥补的损失。以上事实说明，当今世界上大气、水、土壤和生物所受到的污染和破坏已达到危险的程度。

四、人类对环境问题的认识过程

随着人类社会的进步和发展，人们对环境问题的认识经历了由浅入深、由片面到全面、由现象到本质的演化过程。开始时，人们只看到了工业生产对环境的影响，把环境问题简单地归结为环境污染问题，由此产生了以工业污染防治为中心的人类环境保护运动。此后，人们发现工业污染物的产生与排放来自于技术上的原因，主要是由于技术落后造成的，因此把环境污染问题归结为技术问题，简单地认为只要开发和推广应用型污染治理技术就可以解决环境问题。后来，人们发现环境问题不只是环境污染，生态破坏问题也是一个重要的方面，关键问题是如何正确处理环境与发展之间的对立统一关系。对环境问题认识的转变导致了环境保护战略思想的转变，即由过去局部的、末端污染治理转变为区域的、综合污染防治；由微观的、具体的环境决策转变为从宏观环境与经济的总体发展战略与规划上进行综合决策。随着人类社会的不断进步，环境问题是不断发展的，人类对环境问题的认识也是不断发展的。那么，到底应该怎样来认识今天所面对的环境问题是环境科学理论必须回答和解决的。

五、环境问题的实质

环境问题的实质是什么？不同的人有不同的回答。长期以来它一直是环境科学界探讨和研究的重点问题之一。第一种观点从环境问题产生的直接原因出发得出结论，认为环境问题是人类科学技术落后的产物，继而把环境问题作为一类新出现的技术问题去研究解决。第二种观点从环境与人类经济活动的相互关系出发得出结论，认为环境问题不仅仅产生于技术领域，在技术领域之外也存在着大量的环境问题，环境问题属于经济领域的范畴，把环境问题作为经济问题去研究和解决。第三种观点从社会学角度出发得出结论，认为环境问题不仅仅是技术和经济问题，更是社会问题，环境问题的实质是社会问题。上述这些观点听起来似乎都非常有道理，但又给人一种似是而非的感觉，让人感到无所适从，不能令人满意。究竟如何来认识今天所面对的环境问题？它的实质是什么？这不仅是一个认识论问题，更是一个涉及如何确立人类环境战略的重大问题。环境科学是围绕着回答和解决人类与环境的关系这一核心问题而产生与发展的，所以，认识和回答环境问题也不能离开这一核心，须从人类与环境的关系入手，以环境问题对人类的影响作为基本前提和出发点来研究其实质才能得出令人满意和信服的答案。

六、现阶段环境问题的特点

1. 从区域性环境污染扩展为全球性环境问题

①环境问题的形成与全人类的活动有关。当今出现的环境问题早已突破区域性人类活动的范围，是全球人类活动的结果。②环境问题在全球范围内出现。地球上的岩石圈、大气圈、水圈和生物圈出现了全面的环境污染和生态破坏。③环境问题的影响危及全人类。早期发现的环境问题主要是污染问题，只使部分人群受到威胁，而接着发现的环境问题是生态破坏，地球上任何人都不能幸免；环境问题不仅危害人体健康，而且全面制约经济社会的发展，危及全人类的生存、发展和未来。④环境问题的解决是全球性的。环境问题是全人类活动的恶果，因此，环境问题的解决必须由全人类承担。

2. 从第一代环境问题扩展到第二代环境问题

全球性环境问题的产生，促使世界环境从第一代环境问题扩展为第二代环境问题。这是20世纪80年代以来环境问题的又一个重要特点。第一代环境问题主要是指环境污染与生态破坏造成的区域性影响，其中最主要的有以下方面：①煤和其他化石燃料燃烧引起的大气污染；②重工业废水或有机物废水以及城市生活废水等引起的水污染，包括地表水及地下水污染；③工业固体废物和城市垃圾所造成的污染；④森林滥伐、草原过度放牧和不合适的垦荒造成的植被减少和生态环境的破坏；⑤土地不合理开发引起的水土流失、沙漠化以及非农业占用耕地导致的农田面积减少；⑥资源不合理开发利用导致能源、水和其他矿产资源短缺。第二代环境问题主要是指全球性环境问题。它的规模和性质对人类及其他生物的影响以及预测或解决这些问题的难度都大大超过第一代环境问题。这些问题有些早已存在，但是20世纪80年代以后才逐渐引起人类的重视，其中最重要的有：①全球气候变暖；②酸雨；③臭氧层破坏；④生物多样性减少。第二代环境问题表现出环境污染的全球性和其影响的国际化。

3. 从发达国家的环境问题扩展到发展中国家的环境问题

20世纪的前期和中期，环境污染主要发生在发达国家，特别是这些国家的工业发达地区。在20世纪后期，发达国家的企业和政府开始采取有力的措施，使得发达国家的环境宏观破坏有所控制，但是环境污染与生态破坏迅速向发展中国家扩展。现在全世界空气污染最严重的都市大都集中在发展中国家，水体污染、森林破坏、草场退化、土地沙漠化、水土流失和占用耕地等现象也是在发展中国家急速发展。发展中国家正处于世界环境危机的一系列错综复杂的因素相互作用的前沿；发展中国家的环境问题已成为世界环境问题的重心。

第三节 环境科学

一、环境科学的产生与发展

1. 环境科学的萌芽

人类在同自然界斗争中逐渐积累了防治污染和保护自然的技术和知识，同时也出现了一些早期环境科学思想的萌芽。早在公元前5000年，中国在烧制陶瓷的瓷窑中已按照热烟上升原理用烟囱排烟。公元前2300年开始使用陶质排水管道。古罗马大约在公元前6世纪修建地下排水道。公元前3世纪春秋战国时期，我国的思想家就已开始考虑对自然的态度。老子说："人法地，地法天，天法道，道法自然"，意为人应该遵循自然的规律。公元1661年，英国人伊林写了《驱逐烟气》一书，献给英王查理二世，书中指出了空气污染的危害，提出了一些防治烟尘的措施。18世纪后半叶，蒸汽机的出现产生了工业革命的浪潮。在工业集中的地区，生产活动逐渐成为环境污染的主要原因。工业文明的发展迄今为止大都是以损害生态环境为代价的，恩格斯早在100多年前就指出："不要过分陶醉于我们对自然界的胜利。对于每一次这样的胜利，自然界都报复了我们。"在工业发源地英国的工业城市曼彻斯特，树木和树干被煤烟熏黑后，使生活在树干上的70种昆虫如蛾、蜘蛛、瓢虫和树皮虱等几乎全部从灰色型转变成黑色型。科学家把这称为"工业黑化现象"，并写进了教科书。19世纪以来，地学、化学、生物学、物理学、医学及一些工程技术学科开始涉及环境问题。1850年，人类开始用化学消毒法杀死饮用水中的病菌，防止饮水造成的传染病。1864 年，美国学者马什出版了《人和自然》一书，从全球观点出发论述了人类活动对地理环境特别是对森林、水、土壤和野生动植物的影响，呼吁开展保护活动。1879 年，英国建立了污水处理厂。19 世纪后半叶，环境保护技术已有所发展，如在卫生工程方面，已开始采用布袋除尘器和旋风除尘器，这些技术至今仍然在广泛使用。这些基础科学和应用技术的发展为解决环境问题提供了原理和方法。

2. 环境科学的出现

环境科学作为一门独立的学科，它的出现是从 20 世纪 50 年代环境问题成为全球性重大问题后开始的。当时，许多科学家在各个原有学科的基础上运用原有学科的理论和方法研究环境问题。通过这种研究，逐渐出现了一些新的分支学科，例如环境地学、环境生物学、环境化学、环境物理学、环境医学、环境工程学、环境经济学、环境法学和环境管理学等。在这些分支学科的基础上孕育产生了环境科学。1954 年，美国研究宇宙飞船内人工环境的科学家们首次提出“环境科学”的概念，同时美国首先成立“环境科学协会”，并发行了《环境科学》杂志。1962 年，美国海洋生物学家卡逊在波士顿出版了《寂静的春天》一书，书中用生态学的方法揭示了有机氯农药对自然环境造成的危害。这是当今公认的第一部有重要影响的环境科学著作，有人认为这本书的出版标志着环境科学的诞生。

3. 环境科学的现状和展望

环境科学从提出到现在只不过 50 多年的历史。然而，这门新兴科学发展异常迅速。许多学者认为，环境科学的出现是 20 世纪 60 年代以来自然科学迅猛发展的一个重要标志。这表现在两个方面：①推动了自然科学各个学科的发展。环境问题的出现使自然科学的许多学科把人类活动产生的影响作为一个重要研究内容，从而给这些学科开拓出新的研究领域，推动了它们的发展，同时也促进了学科之间的相互渗透。②推动了科学整体化研究。环境是一个完整的、有机的系统，是一个整体。全球性的碳、氧、氮、硫等物质的生物地球化学循环之间有着许多联系。人类的活动诸如资源开发等都会对环境发生影响。因此，在研究和解决环境问题时必须全面考虑，实行跨部门和跨学科的合作。环境科学就是在科学整体化过程中以生态学和地球化学的理论和方法作为主要依据，充分运用化学、生物学、地学、物理学、数学、医学、工程学以及社会学、经济学、法学、管理学等各种学科的知识，对人类活动引起的环境变化、对人类的影响及其控制途径进行系统的研究。

二、环境科学的研究领域

环境科学的研究领域在 20 世纪 50～60 年代侧重于自然科学和工程技术的方面，目前已扩大到社会学、经济学和法学等方面。对环境问题的系统研究，要运用地学、生物学、化学、物理学、医学、工程学、数学以及社会学、经济学、法学等多种学科的知识。所以，环境科学是一门综合性很强的学科。它在宏观上研究人类同环境之间的相互作用、相互促进、相互制约的对立统一关系，揭示社会经济发展和环境保护协调发展的基本规律；在微观上研究环境中的物质尤其是人类活动排放的污染物的分子、原子等微小粒子在有机体内迁移、转化和蓄积的过程及其运动规律，探索它们对生命的影响及其作用机理等。

三、环境科学的基本任务

1. 探索全球范围内环境演化的规律

环境总是不断地演化，环境变异也随时随地发生。在人类改造自然的过程中，为使环境向有利于人类的方向发展，就必须了解环境变化的过程，包括环境的基本特性、环境结构的形式和演化机理等。

2. 揭示人类活动同自然生态之间的关系

环境为人类提供生存条件，其中包括提供发展经济的物质资源。人类通过生产和消费活动不断影响环境的质量。人类生产和消费系统中物质和能量的迁移和转化过程是异常复杂的，但必须使物质和能量的输入同输出之间保持相对平衡。因此，社会经济发展规划中必须列入环境保护的内容，有关社会经济发展的决策必须考虑生态学的要求，以求得人类和环境的协调发展。

3. 探索环境变化对人类生存的影响

环境变化是由物理的、化学的、生物的和社会的因素以及它们的相互作用所引起的。因此，必须研究污染物在环境中的物理的、化学的变化过程，在生态系统中迁移转化的机理以及进入人体后发生的各种作用，包括致畸作用、致突变作用和致癌作用。同时，必须研究环境退化同物质循环之间的关系。这些研究可为保护人类生存环境、制定各项环境标准和控制污染物的排放量提供依据。

4. 研究环境污染和生态破坏综合防治的技术和管理措施

工业发达国家防治污染经历了几个阶段：20 世纪 50 年代主要是治理污染源；60 年代转向区域性污染的综合治理；70 年代以来侧重于预防，强调区域规划和合理布局。引起环境问题的因素很多，实践证明：需要综合运用多种工程技术措施和管理手段从区域环境的整体出发调节并控制人类和环境之间的相互关系，利用系统分析和系统工程的方法寻找解决环境问题的最优方案。

四、环境科学的学科体系

在现阶段，环境科学主要是运用自然科学和社会科学的有关学科的理论、技术和方法来研究环境问题，形成与有关学科相互渗透、交叉的许多分支学科。属于自然科学方面的有环境地学、环境生物学、环境化学、环境物理学、环境医学和环境工程学等；属于社会科学方面的有环境管理学、环境经济学和环境法学等。

（1）环境地学　环境地学以人-地系统为对象，研究它的发生和发展、组成和结构、调节和控制、改造和利用。主要研究内容有：地理和地质环境等的组成、结构、性质和演化，环境质量调查、评价和预测以及环境质量变化对人类的影响等。

（2）环境生物学　研究生物与受人类干预的环境之间的相互作用的机理和规律，以研究生态系统为核心，从宏观上研究环境中污染物在生态系统中的迁移、转化、富集和归宿以及对生态系统结构和功能的影响；从微观上研究污染物对生物的毒理作用和遗传变异影响的机理和规律。

（3）环境化学　环境化学主要是鉴定和测量化学污染物在环境中的含量，研究它们的存在形态和迁移、转化规律，探讨污染物的回收利用和分解成为无害的化合物的机理。

（4）环境物理学　研究物理环境和人类之间的相互作用，主要研究声、光、热、电磁场和射线对人类的影响以及消除其不良影响的技术途径和措施。

（5）环境医学　研究环境与人群健康的关系特别是环境污染对人群健康的有害影响及其预防的一门学科，是环境科学也是预防医学的一个重要组成部分。

（6）环境工程学　研究运用工程技术和有关学科的原理和方法保护和合理利用自然资源，防治环境污染，以改善环境质量的学科。

（7）环境管理学　研究采用行政的、法律的、经济的、教育的和科学技术的各种手段调整社会经济发展同环境保护之间的关系，处理国民经济各部门、各社会集团和个人有关环境问题的相互关系，通过全面规划和合理利用自然资源达到保护环境和促进经济发展的目的。

（8）环境经济学　环境经济学是经济学和环境科学交叉的学科，研究经济发展和环境保护之间的相互关系，探索合理调节人类经济活动和环境之间的物质交换的基本规律，其目的是使经济活动能取得最佳的经济效益和环境效益。

（9）环境法学　以环境保护法律现象及其发展规律为研究对象的一门学科，是法学理论与实践在环境保护领域中的应用。主要研究关于保护自然资源和防治环境污染的立法体系、法律制度和措施，调整人们因保护环境而产生的社会关系。

复习思考题

1. 什么是环境？它有哪些主要类型？
2. 环境的内涵有哪些？环境具有哪些基本特性？
3. 什么是环境质量？它有哪些主要特征？
4. 什么是环境问题？它有哪些主要类型？
5. 环境问题的实质是什么？
6. 现阶段世界的环境问题具有哪些主要特点？
7. 环境科学的研究领域有哪些？它的基本任务是什么？

第二章 大气环境科学

第一节 大气的结构与组成

一、大气的结构

根据大气在垂直方向上温度、化学成分和荷电等物理性质的差异，同时考虑到大气的垂直运动状况，可将大气圈分为五层，见图 2-1。

1. 对流层

对流层是大气的最低层，其平均厚度约 12km，集中了大气中 80%的空气和几乎所有的水蒸气。对流层的厚度随纬度和季节而变化：在赤道低纬度区为 17～18km；在中纬度区为 10～12km；两极附近高纬度区为 8～9km。夏季较厚，冬季较薄。在对流层中，因受地表的影响不同，又可分为两层。在 1～2km 以下，因受地表机械、热力强烈作用的影响，通称为摩擦层或边界层，亦称低层大气。排入大气的污染物绝大部分活动在此层。在 1～2km 以上，受地表的影响变小，称为自由大气层，主要天气过程如雨、雪、雹的形成均出现在此层。对流层的显著特点是：①气温随高度的升高而递减。在对流层，大约每上升 100m，温度降低 0.6℃。由于贴近地面的空气受地面辐射增温的影响而膨胀上升，上面的冷空气下沉，所以在垂直方向上形成强烈的对流。②大气密度大。大气总质量的 3/4 以上集中在对流层。对流层对人类的生产生活影响最大，也是大气污染的主要研究对象。

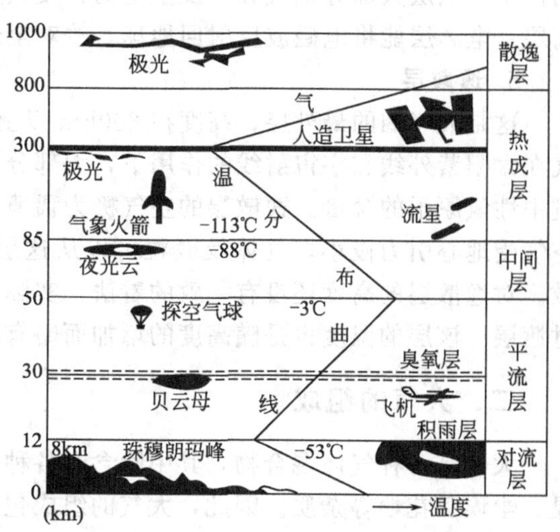

图 2-1 大气的结构

2. 平流层

对流层顶到约 50km 的大气层为平流层，厚度约为 38km。在平流层下层，即 30～35km 以下，温度随高度的降低变化较小，气温趋于稳定，到 30～35km 处时的温度约为－55℃，所以又称同温层；在 30～35km 以上，温度随高度的升高而上升，到平流层顶升至－3℃以上。这是因为，在高 15～35km 的范围内，有厚约

20km 的一层臭氧层。因臭氧具有吸收太阳光短波紫外线的能力，同时在紫外线的作用下可被分解为原子氧和分子氧，当这些原子氧和分子氧重新化合生成臭氧时，可以热的形式释放出大量的能量，使平流层的温度升高。在平流层中空气没有对流运动，平流运动占显著优势，空气比下层稀薄得多且干燥，水汽、尘埃的含量甚微，大气透明度好，很难出现云、雨等天气现象。

3. 中间层

从平流层顶到 85km 高度的这一层称为中间层，在这一层里有强烈的垂直对流运动，气温随高度的增加而下降，中间层顶温可降至－113～－88℃。

4. 热成层

中间层之上为热成层，有时也称为暖层，上界达 800km。该层的下部基本上是由分子氮所组成的，而上部是由原子氧所组成的。原子氧层可吸收太阳辐射出的紫外线，因而在这层中的气体温度随高度的增加而迅速上升。由于太阳和宇宙射线的作用，该层大部分空气分子发生电离，使其具有较高密度的带电粒子，故称为电离层。电离层能将电磁波反射回地球，故对全球性的无线电通信有重大意义。

5. 逸散层

这是大气圈的最外层，高度在 800km 以上，厚度为 15000～24000km。这层空气在太阳紫外线和宇宙射线的作用下，大部分分子发生电离，使质子的含量大大超过中性氢原子的含量。逸散层的空气极为稀薄，其密度几乎与太空密度相同。由于空气受地心引力极小，气体及微粒可以从这层被碰撞出地球重力场而进入太空逸散。对逸散层的高度还没有一致的看法，实际上地球大气与星际空间具有相当厚的过渡层。该层的温度也是随高度的增加而略有增加的。

二、大气的组成

大气是一种气体混合物，其中除含有各种气体元素及化合物外，还有水滴、冰晶、尘埃和花粉等杂质。因此，大气的组成包括以下几部分。

1. 干洁空气

干洁空气即干燥、清洁的空气，是指在自然状态下的大气除去水汽和杂质的空气。干洁空气的常定成分是氮、氧、氩、氖、氦、氪等，其中氮、氧、氩在空气中的总体积约占 99.96%，其主要成分是氮气，占 78.09%；氧气占 20.94%；氩占 0.93%；其他各种含量不到 0.1%的微量气体；此外，还有少量其他可变成分，如二氧化碳、甲烷、氮化物、硫氧化物及臭氧等，它们在大气中的含量随时间和地面的变化而变化。干洁空气的平均分子量是 28.966，在标准状态下的密度是 1.293kg/m^3。干洁空气的组成在对流层的大气中是稳定的，甚至在平流层以至中间层，即约在 90km 的这段大气层里，这些气体组分的含量几乎可认为是不变的。干洁空气组成较稳定的主要原因，首先是分子态氮和惰性气体的性质不活泼。固氮作用所耗去的氮基本上被反硝化作用形成的氮所补充。自然界中由于燃烧、氧化、岩石风化、呼吸、有机物腐化分解所消耗的氧，基本上由植物光合作用释放的氧分子而得到补偿，所以干洁大气的组成维持相对稳定。

2. **水汽**

大气中的水汽含量随时间、地点、气象条件等的不同而有较大的变化，在正常状态下其变化范围为0.02%～6%。大气中的水汽主要来自海水蒸发，少量来自江河、湖泊水的蒸发以及生物圈土壤和植物的蒸腾作用；大气中的水又可以通过凝结成降水而离开大气回到生物圈和水圈。因此，水汽含量也因为空间位置和季节的变化而改变，在热带有时竟达4%，而在南北极则不到0.1%。大气中的水汽含量虽然不大，但对天气变化如云、雾、雨、雪、霜、露等却起着重要的作用；同时，水汽又具有很强的吸收长波辐射的能力，对地面起保温作用。因而也是大气中的重要组分之一。

3. **悬浮颗粒**

大气中的悬浮微粒除水汽凝结物如云、雾滴、冰晶等，主要是大气尘埃和悬浮在大气中的其他杂质，其密度为10～100mg/cm³。悬浮颗粒在大气中的含量、种类和化学组成随时间和地点变化，主要来源于土壤、岩石风化、火山爆发、宇宙尘埃、植物花粉以及海水飞沫等，形成自然界的尘埃及凝结核。

以上为大气的自然组成，或称为大气的本底。有了这个组成就可以很容易地判定大气中的外来污染物。若大气中某个组分的含量远远超过上述标准含量时或自然大气中本来不存在的物质在大气中出现时，即可判定它们是大气的外来污染物。在上述各个组分中，一般不把水分含量的变化看作外来污染物。

第二节 大气污染及其类型

一、大气污染的定义

按照国际标准化组织（ISO）作出的定义：大气污染通常是指由于人类活动和自然过程引起某种物质进入大气中，呈现出足够的浓度，达到了足够的时间并因此危害了人体的舒适、健康和福利或危害了环境的现象。大气污染具有扩散速度快、传播范围广、持续时间长和造成损失大等特点。

二、大气污染源

关于大气污染源的含义，目前还没有一个通用的确切定义。通常，把向大气环境排放有害物质而对大气环境产生有害影响的场所、设备和装置，称为大气环境污染源。按污染物的来源可分为天然污染源和人为污染源，火山爆发等称为天然污染源，由人类活动形成的称为人为污染源。人为因素所造成的大气污染的污染源是大气污染的主要来源，环境科学领域所研究的大气污染主要是针对这一类问题展开的。一般来说，按污染物的发生类型划分，可以将人为因素引起的大气污染分为以下几种：工业污染源；农业污染源；生活污染源；交通污染源等。这种分类方法是分析污染物时最常用的方法。

1. **工业污染源**

主要是能源的一次和二次利用及燃烧产生污染。煤和石油的燃烧是造成大气污染最根本的原因，是当今世界最为普遍的环境问题之一。另外，工业中的金属、非金属和化工的物料加工、输送、气体泄漏、液体蒸发等都会产生大气污染。火电、冶金、石油化工、水泥、玻璃与陶瓷烧制以及食品加工等是主要的工业污染源。

2. 农业污染源

主要包括农用燃料燃烧的废气，农业大量使用化肥分解产生的氮氧化合物，某些有机氯农药通过风、挥发而进入大气中以及农田产生的甲烷等气体对大气的污染。此外，农垦烧荒等活动同样会产生大量扬尘，极易造成局部污染。

3. 生活污染源

主要是民用炉灶、供水供热锅炉和炊烟等过程中的燃料燃烧向大气中排放煤烟以及垃圾和秸秆焚烧等造成的污染，主要污染物为烟尘和二氧化硫等。这一类污染数量多、分布广，对局部地区的大气影响大，危害有时甚至比工业所产生的污染还严重。

4. 交通污染源

近几十年来，由于交通运输事业的发展，城市行驶的汽车日益增多，火车、轮船、飞机等客货运输频繁，这些给城市增加了新的大气污染源，其中具有重要意义的是汽车排出的废气。汽车内燃机排出的废气中主要含有一氧化碳、氮氧化物、烃类、铅化合物等。据统计，美国汽车数占世界汽车总数的一半左右，约1亿辆，年排放一氧化碳达1000万吨，碳氢化合物200万吨。瑞典的汽车排放的大气污染物总量，约占该国大气污染物排放总量的40%，比任何其他来源都大很多。其他一些交通工具，如船舶、飞机、火车等，在运输、装卸等过程中还会扬尘，造成大气污染。

5. 其他污染源

此外，核试验、原子弹爆炸、航天器的废弃物及毁坏后的碎片垃圾等军事或科学试验均可造成大气层的严重污染危害。采矿、道路施工、建筑施工、仓储等活动同样会产生大量扬尘，造成局部污染。

三、大气污染物

排入大气中的污染物种类相当多，据不完全统计，目前被人们注意到或已经对环境和人类产生危害的大气污染物有100种左右。其中，影响范围广，对人类环境威胁较大，具有普遍性的污染物有颗粒物质、二氧化硫、氮氧化物、一氧化碳、碳氢化物、氮化物及光化学氧化剂等。大气污染物的种类很多，依据不同的原则，可将其进行分类。依照污染物存在的形态，可将其分为颗粒污染物与气态污染物，其中颗粒污染物占90%，气态污染物占10%。进入大气的固体粒子和液体粒子均属于颗粒污染物，又称尘，可以分为尘粒、粉尘、烟尘、雾尘、煤尘等。以气体形式进入大气的污染物称为气态污染物。气态污染物的种类极多，主要包括含硫化合物、含氮化合物、碳氧化合物、碳氢化合物、光化学烟雾等。依照污染物与污染源的关系，可将其分为一次污染物与二次污染物。若大气污染物是从污染源直接排出的原始物质，进入大气后其性质没有发生变化，则称其为一次污染物；若由污染源排出的一次污染物与大气中原有成分或几种一次污染物之间，发生了一系列的化学变化或光化学反应，形成了与原污染物性质不同的新污染物，则所形成的新污染物称为二次污染物。通常，光化学烟雾是较为常见的一次污染物和二次污染物的混合物。主要大气污染物的分类情况见表 2-1。

表 2-1 主要大气污染物的分类

形　态	污 染 物	一次污染物	二次污染物
颗粒污染物	固体和液体粒子	尘粒、粉尘	MSO_4
气态污染物	含硫化合物	SO_2、H_2S	SO_3、H_2SO_4、MSO_4
	含氮化合物	NO、NH_3	NO_2、HNO_3、MNO_3
	碳氧化合物	CO、CO_2	无
	碳氢化合物	C_mH_n	醛、酮、过氧乙酰基硝酸酯
	光化学烟雾	NO、O_3、CO	NO_2、醛、烃基硝酸盐
	其他	HF、HCl	

1. 颗粒污染物

颗粒污染物是除气体之外的包含于大气中的物质，包括各种各样的固体、液体和气溶胶。其中固体的有灰、烟尘、烟雾，以及液体的云雾和雾滴，其粒径分布大致在 200～0.1μm 之间。颗粒物的来源主要是自然污染源，如海水蒸发的盐分、土壤侵蚀吹扬、火山喷发、森林火灾等。人为排放的颗粒物主要是通过工业生产、交通运输、燃料燃烧等途径进入大气的。

(1) 尘粒　一般是指粒径大于 75μm 的颗粒物。这类颗粒物由于粒径较大，在气体分散介质中具有一定的沉降速度，因而易于沉降到地面。

(2) 粉尘　粉尘是指悬浮于气体介质中的小固体颗粒，受重力作用能发生沉降，但在一段时间内能保持悬浮状态。它通常是由于固体物质的破碎、研磨、分级、输送等机械过程或土壤、岩石的风化等自然过程形成的。颗粒的形状往往是不规则的，粒径一般小于 75μm。属于粉尘类的大气污染物的种类很多，如黏土粉尘、石英粉尘、煤粉、水泥粉尘、各种金属粉尘等。

(3) 烟尘　烟尘是伴随着燃料燃烧、高温熔融和化学反应等过程而产生的废弃物，是一些飘浮在大气中的粒径大小不一的微小颗粒物。烟尘大部分是固体颗粒，也有液体微粒。它包括了因升华、焙烧、氧化等过程所形成的烟气，燃料不完全燃烧所造成的黑烟以及由于蒸汽的凝结所形成的烟雾。从烟囱排放出来的烟尘又分降尘和飘尘两类，降尘的颗粒较大，粒径一般在 10μm 以上。飘尘的颗粒较小，粒径在 10μm 以下。在各种飘尘中，以粒径在 0.5～5μm 的对人体危害最大。

(4) 雾尘　小液体粒子悬浮于大气中的悬浮体的总称。这种小液体粒子一般是由于蒸汽的凝结、液体的喷雾、雾化以及化学反应过程所形成的，粒子的粒径小于 100μm。水雾、酸雾、碱雾、油雾等都属于雾尘。

(5) 黑烟　黑烟通常指燃烧产生的能见气溶胶，是燃料不完全燃烧的产物，除炭粒外，还有碳、氢、氧、硫等组成的化合物。黑烟的粒径一般为0.05～1μm。

(6) 总悬浮颗粒物　总悬浮颗粒物是分散在大气中的各种粒子的总称，其粒径大小绝大多数在100μm以下，也是目前大气质量评价中的一个通用的重要污染指标。

(7) 细颗粒物　2013年2月28日，我国科学技术名词审定委员会将$PM_{2.5}$正式命名为“细颗粒物”。$PM_{2.5}$是指环境空气中空气动力学当量直径小于或等于2.5μm的颗粒物，也称为可入肺颗粒物。这个值越高，就代表空气污染越严重。

2. 含硫化合物

主要指SO_2、SO_3、S_2O_3、SO和H_2S等，其中以SO_2的数量最大，危害也最大，是影响大气质量的最主要的气态污染物。SO_2是形成酸雨的主要因素。近年来，随着能源消耗量的激增，世界范围内SO_2的排放量不断上升。目前，随着经济的快速发展，我国因燃煤排放的SO_2急剧增加，其总量已超过欧洲和美国，居世界首位。

3. 含氮化合物

大气中的含氮化合物种类很多，包括N_2O、NO、NO_2、N_2O_3、N_2O_4、N_2O_5和NH_3等，其中构成大气污染的主要是NO、NO_2，通常用NO_x表示这两种成分的总量，称为氮氧化物。大气中的NO_x大部分是由于各种矿物燃料的燃烧产生的，如汽车排放的NO_x就是在高温燃烧中产生的。此外，生产和使用HNO_3的工厂如氮肥厂、尼龙中间体工厂也排放NO_x。在灯泡厂，由于使用HNO_3溶解钨丝里面的芯丝，产生NO_2，有的使生产车间空气中NO_2的含量高达$10000mg/m^3$。浓厚的NO_2气体呈蛋黄色。因此，当这些工厂的烟囱里排出大量的NO_2气体时，人们常称它为“黄龙”。

4. 碳氧化合物

污染大气的碳氧化合物主要是CO和CO_2。CO是大气中很普遍的排量极大的污染物，全世界CO每年排放量约为2.5亿吨，差不多占大气中有害气体总量的1/3，其排放量为大气污染物之首。CO即众所周知的“煤气”，是城市空气中排放量最大的污染物之一，其来源多半是矿物燃料不完全燃烧时产生的。CO_2是大气中一种正常的组分，它主要来源于生物的呼吸作用和化石燃料的燃烧。自工业革命以来，随着化石燃料的大量使用和世界上人口的急剧增加，大气中的CO_2浓度逐渐增高。到2050年，大气中的CO_2浓度将比目前增加1倍。

5. 碳氢化合物

碳氢化合物是以碳元素和氢元素形成的化合物，包括烷烃、烯烃和芳烃等复杂多样的化合物。大气中大部分的碳氢化合物来源于植物的分解，人类排放的量虽然小，却非常重要。碳氢化合物的人为来源主要是石油燃料的不充分燃烧过程和蒸发过程，其中汽车排放量占有相当的比重，石油炼制、化工生产等也产生多种类型的碳氢化合物。对大气污染构成危害的碳氢化合物主要是指有机废气，如甲烷、乙烷等烃类气体、醇、酮、酯、胺等。目前，虽未发现城市中的碳氢化合物浓度直接对人体健康的影响，但已发现它是形成光化学烟雾的主要成分，碳氢化合物中的多环芳烃化合物，如 3,4-苯并芘，具有明显的致癌作用。

6. **光化学烟雾**

光化学烟雾是一种具有刺激性的浅蓝色烟雾。它是由排入大气的汽车废气以及矿物燃烧废气中的 NO_x 和碳氢化合物受太阳紫外线作用，产生一系列光化学反应后的产物。在光化学反应产物中，臭氧占 85%以上，过氧乙酰基硝酸酯约占 10%，其他醛类、酮类等占的比例很小。20 世纪 40 年代，美国加州洛杉矶市曾发生过光化学烟雾环境公害事件。20 世纪 50 年代以来，光化学烟雾事件在世界各地相继出现，如日本的东京、大阪、川崎市和爱知县，澳大利亚的悉尼，意大利的热那亚和印度的孟买以及加拿大、德国、荷兰等国的一些大城市都曾发生过。光化学烟雾一般发生在汽车尾气较多、盆地式地形、无风的天数较多的城市，在一年中，多发生在相对湿度较低、气温为 24～32℃的夏秋季晴天。在一天中，污染高峰出现在中午或稍后；傍晚，由于日光微弱并将很快消失，不足以发生光化学反应；夜间，自然也不致发生光化学烟雾。这说明具有一定强度的日光辐射是形成光化学烟雾的重要条件。光化学氧化剂虽多在城市产生，但其影响并不局限于城市，而是可以由城市污染区扩散到 100～700km 以外。所以，它的污染是区域性的污染。

7. **其他**

随着现代工业的发展，排入大气中的重金属微粒也日渐增多。美国宾夕法尼亚大学曾做调查发现，一个现代美国人摄入的铅，要比古埃及人多 100 倍，摄入的镉多 24 倍。从全球角度来看，汽车是最严重的铅污染源。据资料介绍，大气中的铅有 50%～75%是从汽车尾管中排出的。所以目前世界上如美国、德国、日本的主要街道路口上空，空气含铅浓度都相当高，一般为 $10\mu g/m^3$，有的高达 1000 $\mu g/m^3$，严重超标。加之大部分铅尘的直径只有 $0.5\mu m$ 或更小，易于弥散到远处，更加剧了它的危害性。另外，50%陶瓷餐具在使用过程中能释放铅。同时，铅的熔点低，印刷厂熔铅炉常产生铅烟尘。还有铅的许多化合物，色彩鲜艳，如碘化铅是金黄色的，铬酸铅是黄色的，常作为陶瓷厂与搪瓷厂所用颜料、油漆涂料。这类含铅油漆、涂料在生产和使用中产生铅烟、铅尘；油漆脱落也使铅进入大气，造成铅烟尘污染。此外，在蓄电池生产中，消耗的铅占全世界铅消费量的 40%，故蓄电池厂中的职业性铅中毒事件早已引起人们的关注。在轻工业行业中，重金属污染较严重的主要有汞、铬、镍、铜等，如灯泡、电池、仪表等生产中常产生汞污染、汞蒸气和汞盐污染；皮革、电镀行业中常造成铬、镍、铜的污染；塑料制品中大量使用含镉稳定剂，而一旦塑料制品与食品接触后，便有镉溶出，污染食品，尤其是酸性食品，溶出的镉更多。随着人类生活质量的提高，各种制冷设备得到广泛的使用。大量生产和使用的制冷剂是氟氯烃化合物，如 $CFCl_3$、CF_2Cl_2 等，这些物质还用来制造灭火剂、发泡剂等。氟利昂在低层大气中比较稳定，但一到高空大气中就会分解，产生氯原子。氯原子会与臭氧分子发生反应，把其中的一个氧原子夺过来，这样臭氧就被破坏了。可怕的是氯原子在与臭氧发生反应时，其本身并不受影响，所以它能连续不断地再与臭氧反应。就这样，1 个氯原子大约会破坏 1 万个臭氧分子，从而导致臭氧层的破坏。

四、大气污染类型

1. 按污染物的化学性质及其存在的大气环境状况进行划分

(1) 还原型(煤炭型) 这种大气污染常发生在以使用煤炭为主，同时也使用石油的地区，它的主要污染物是SO_2、CO和颗粒物。在低温、高湿度的阴天，风速很小，并伴有逆温存在的情况下，一次污染物受阻，容易在低空聚积，生成还原性烟雾。伦敦烟雾事件就属于这种类型的污染。

(2) 氧化型(汽车尾气型) 这种类型的污染多发生在以使用石油为燃料的地区，污染物的主要来源是汽车排气、燃油锅炉以及石油化工企业。主要的一次污染物是一氧化碳、氮氧化物和碳氢化合物。这些大气污染物在阳光照射下能引起光化学反应，生成臭氧、醛类等二次污染物。这些物质具有较强的氧化性，对人的眼睛等黏膜有强烈的刺激作用。洛杉矶光化学烟雾就属于这种类型的污染。

2. 按燃料性质和大气污染物的组成和反应进行划分

(1) 煤炭型 煤炭型污染的代表性污染物是由煤炭燃烧时放出的烟气、粉尘、SO_2等构成的一次污染物以及由这些污染物发生化学反应而生成的硫酸、硫酸盐类气溶胶等二次污染物。造成这类污染的污染源主要是工业企业烟气排放物，其次是家庭炉灶等取暖设备的烟气排放。

(2) 石油型 石油型污染的主要污染物来自汽车排气、石油冶炼及石油化工厂。主要污染物是NO_2、烯烃、链状烷烃、醇、羰基碳氢化合物等以及它们在大气中形成的臭氧、各种自由基及其反应生成的一系列中间产物与最终产物。

(3) 混合型 混合型污染的主要污染来自以煤炭为燃料的污染源排放，以石油为燃料的污染源排放以及从工厂企业排出的各种化学物质等。例如，日本横滨、川崎等地区发生的污染事件就属于此种污染类型。

(4) 特殊型 特殊型污染是指有关工厂企业排放的特殊气体所造成的污染。这类污染常限于局部范围之内。如生产磷肥的工厂企业排放的特殊气体所造成的氟污染，氯碱工厂周围形成的氯气污染等。

第三节 全球性大气环境问题

全人类共用一个大气圈，因此有些大气污染所造成的伤害已经没有了国界的限制，形成全球性大气污染，成为全世界各国都有切身利害关系的问题。要解决这个问题，需要各国协调一致的行动，不论是发达国家还是发展中国家，都应为此进行努力、做出贡献，在公平合理的原则基础上，承担起各自的责任与义务。目前，全球性大气污染问题主要有全球气候变暖、臭氧层破坏以及酸雨等。

一、全球变暖

1. 概况

所谓全球变暖或称全球暖化，指的是在一段时间中，地球的大气和海洋因温室效应而造成温度上升的气候变化现象，而其所造成的效应称之为全球变暖效应。全球气候变暖是一种自然现象。由于人们焚烧化石燃料，如石油、煤炭等或砍伐森林并将其焚烧时会产生大量的二氧化碳等温室气体，这些温室气体对来自太阳辐射的可见光具有高度透过性，而对地球发射出来的长波辐射具有高度吸收性，能强烈吸收地面辐射中的红外线，导致地球温度上升，即温室效应。而当温室效应不断积累，导致地气系统吸收与发射的能量不平衡，能量不断地在地气系统累积，从而导致温度上升，造成全球气候变暖这一现象。全球变暖会使全球降水量重新分配、冰川和冻土消融、海平面上升等，不但危害自然生态系统的平衡，而且威胁人类的生存。

目前，全球气候变暖的说法被大多数人接受，已成为困扰全球的大气环境问题。根据科学家们对古气候的研究，整个漫长的历史时期都存在着温度的波动，有间冰期（相对温度较高）和冰期（相对温度较低）之分，在距今10万年、5.3万年、4.1万年、2.3万年和1.9万年的这些时期，对应的温度出现高峰值。根据近几千年的气温波动记录来看，现今正处于自然间冰期，即温度上升阶段。国内外的研究表明，近百年来全球平均地面气温增加了0.3～0.6℃，全球平均海平面上升了14cm。导致全球变暖的主要原因是人类在近一个世纪以来大量使用矿物燃料(如煤、石油等)，排放出大量的CO_2等多种温室气体。在20世纪，全世界平均温度约攀升0.6℃。北半球春天冰雪解冻期比150年前提前了9天，而秋天霜冻开始时间却晚了约10天。通过对近40年来我国气象台站的年平均气温的分析表明：东北、华北、新疆北部等地区有变暖趋势，但我国南部地区变暖不明显。专家们预测，如果温室气体的排放量维持现状，那么到2025年，地表平均温度将升高1℃，21世纪地球气温可能升高1～5℃。

2. 全球变暖的原因

气候变化的原因是错综复杂的，既有自然因素的作用，也有人为因素的影响。由于近百年来全球气候变暖同对温室气体变化进行模拟和计算的结果相似，因而国内外大多数科学家认为，温室效应是造成全球变暖的主要原因。能够产生温室效应的气体是大气中存在的许多含量较少或极少的气体，它们统称为温室气体。温室气体的种类繁多，在已知的39种温室气体中，二氧化碳是产生温室效应的最主要的温室气体，它起55%的作用；其次是氟利昂占17%，甲烷占15%，氧化亚氮占6%；其他温室气体仅起7%的作用。温室效应加强，地球温度就会上升。大气中CO_2浓度增加的人为原因主要有两个：①化石燃料的燃烧。目前全世界矿物能源的消耗大约占全部能源消耗的90%，排放到大气中的CO_2主要是燃烧化石燃料产生的。据估算，化石燃料燃烧所排放的CO_2占排放总量的70%。②森林的毁坏。有人将森林比作“地球的肺”，森林中植物繁多，生物量最高：绿色植物的光合作用大量吸收CO_2。据科学家估算，全球绿色植物每年能吸收CO_2 2850亿吨，其中森林就可吸收1180亿吨，占总量的42%。热带雨林的破坏，使大气层每年增加CO_2 170亿吨，这个数字相当于世界燃烧放出的CO_2的总量。所以森林在地球上以极快的速度消失是导致全球性气温升高的又一个重要原因。毁林一方面使光合作用大量减少，植物吸收的CO_2量减少；另一方面在毁林过程中，人类大量燃烧树木，也致使CO_2的排放量增加。目前，地球上每分钟就有0.2万平方公里的森林消失。诺贝尔化学奖获得者阿伦纽斯则预言，如果大气中CO_2含量增加一倍，地球表面温度将升高4～6℃。氟利昂（CFC）是一类人工合成物质，是石油碳氢化合物的卤素衍生物。人类大规模地生产这种物质，主要有三方面的用途：一是用于制冷和空调；二是用作气溶胶或喷雾剂、灭火剂；三是用作发泡剂。CFC不仅作为温室气体引起人们的关注，其破坏臭氧层的作用更加引人注目。甲烷（CH_4）对温室效应的贡献比同样量的CO_2大20倍，所以CH_4在大气含量中的增长也引起人们的关注。人类活动中，稻田耕作、家畜饲养、生物体分解、煤矿和天然气的开采等都会引起CH_4的排放。这就是说，人口的增多，人类活动的增加都致使大气中CH_4含量的增加。氧化亚氮（N_2O），俗称笑气，也是一种温室气体。最近人们观察到大气中N_2O浓度增高。N_2O浓度增加有两个主要的人为原因：一是农田化肥用量的增加，导致大气中氯氧化物的浓度增加；二是燃烧过程中氮氧化物的排放。20世纪80年代，大气中人为排放的N_2O为300万～800万吨氮，而自然源约为人为源的2倍。21世纪以来，这些被称为温室气体的物质在大气中的浓度都有所上升，全球变暖的事实与此联系起来，大气污染导致气温上升的看法就绝不是“杞人忧天”了。

3. 全球变暖的影响

（1）海平面上升　气温上升会引起海平面上升，这是大多数科学家的看法。在引起海平面上升的原因方面则有不同的见解。有人提出，全球变暖会使两极冰川融化，导致海平面上升。也有人认为由于全球变暖，降雨降雪增加，冰盖反而会增厚，则海水水位反而会降低。有人提出，海水温度会因气温的升高而升高，热膨胀的结果会导致海平面上升。有人估计，综合考虑海水热膨胀、高山冰雪融化和降水增加等正因素，降雪等使冰盖增厚等负因素，当全球变暖，温度上升1.5～4.5℃时，海平面可能上升20～165cm。还有人估计，近百年来随着全球气候增暖0.6℃，全球海平面上升了10～15cm。

（2）气候变化　全球气候变暖将引起世界温度带的移动，大气运动也会产生相应的变化，使降水情况也发生改变。例如极地高纬度地区可能更频繁地出现更大的暴风雪天气；全球降雨量增加，但某些地区却可能带来更频繁的干旱天气，如美国的中西部农场带，可能由于蒸发迅速和风型改变而变得更为干燥；沿海岸的亚热带地区会出现更潮湿的季风；台风的强度增强。科学家预言，如果热带地区的温度升高2～3℃，则海洋表面温度的升高将引起台风能量的增大。还有研究结果表明，加勒比海、大西洋西部、印度洋及太平洋地区的台风强度将增大40%～50%。墨西哥湾的台风强度将增大60%，因为这里的表面海水温度升高的幅度更大；飓风更频繁、更强大，并向高纬度地区发展。

（3）对生物多样性的影响　全球气候的变化必然给生物圈造成多种冲击，生物种群的纬度分布和生物带都会有相应的变化，很可能有部分植物、高等真菌物种会处于濒临灭绝和物种变异的境地，植物的变异也必然影响到动物群落。

（4）对全球人类的影响　全球气候变暖导致自然界变化也必将影响到人类，这种影响是很难估计的。目前，已经提出的一些问题可以列举如下：①对农业的影响。地球增温将出现更多的气候反常，这些异常的干旱、洪水、酷热或严寒、暴风雨雪或飓风必将导致更多的自然灾害，造成农作物歉收、病虫害流行、鱼类和其他水产品减少。②威胁沿海城市、岛屿和平原。沿海地带往往是国家的中心和经济、交通、文化的枢纽，所以地区升温造成的威胁，对这些国家的影响是很大的。如果海平面上升 0.8～1.8m，菲律宾马尼拉的大部分可能位于1m 深的水下，而印尼雅加达的 330 万居民需撤离市区。我国科学家首次证实，上海及邻近海域海平面上升速度正在加快，预计从 1990 年算起，至 2010 年、2030 年、2050 年，上升幅度将达到 29cm、42cm、53cm，所以，气候变化对我国许多城市和广阔的平原将构成严重的威胁。③传染性疾病可能扩大分布范围。随着气候的变暖和反常，被称为“传病媒介”的动物、微生物和植物可能扩大分布范围，造成更多的致病病毒和细菌向人进攻，出现全球性流行传染病，如登革热、疟疾和盘尾丝虫病等。④改变水资源的分布和水量。全球气候变化可能引起水量的减少和洪水的泛滥。当今世界水资源缺乏的国家日益增多，如果气候变化，很可能造成更多的缺水国和缺水地区，由此而引起的冲突将会增多，环境安全将成为国际性问题，甚至引发战争。

4. 防止全球气候变暖的国际对策

空气中 CO_2 含量的变化与温度的变化一致，这个科学研究论点被广泛接受。1989 年美国劳里尤斯主张如果要使大气中的温室气体浓度稳定在目前的水平，就必须立即大幅度减少 CO_2 的排放量，首先 CO_2 的排放应削减 60%，此外，CH_4 削减 15%～20%，CFC 应削减 70%。欧洲若干环保组织更提出了“制止全球变暖”和“削减二氧化碳”的口号，当年世界环境日的主题也定为“警惕全球变暖”，在世界上形成了一股强大的舆论压力。从当前温室气体产生的原因和人类掌握的科学技术手段来看，控制气候变化及其影响的主要途径是制定适当的能源发展战略，逐步稳定和削减排放量、增加吸收量并采取必要的适应气候变化的措施。控制温室气体排放的途径主要是：改变能源结构、控制化石燃料的使用量、增加核能和可再生能源的使用比例；提高发电和其他能源转换部门的效率；提高工业生产部门的能源使用效率，降低单位产品的能耗；提高建筑采暖等民用能源的效率；提高交通部门的能源效率；减少森林植被的破坏；控制水田和垃圾填埋场排放甲烷等。增加温室气体吸收的途径主要有植树造林和采用固碳技术等。面对全球气候变化问题，发达国家已把开发节能和新型能源技术列为能源战略的重点。

二、臭氧层破坏

1. 概况

在大气圈 20～50km 高空的平流层底部，有一个臭氧浓度相对较高的小圈层，即为臭氧层，其主要作用是吸收短波紫外线，见图 2-2。臭氧层中的臭氧（O_3）主要是紫外线制造的。大气层的臭氧主要以紫外线打击双原子的氧气，把它分为两个原子，然后每个原子和没有分裂的氧合并成臭氧。臭氧分子不稳定，紫外线照射之后又分为氧气分子和氧原子，形成一个连续的过程，臭氧氧气循环，如此产生臭氧

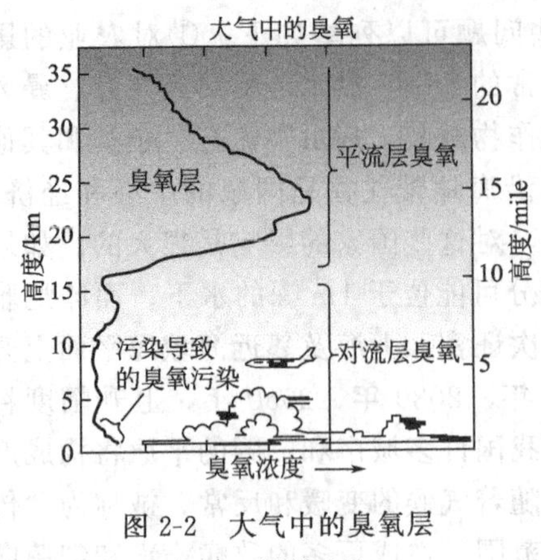

图 2-2 大气中的臭氧层
1mile=1609.344m

层。臭氧是氧元素的同素异形体，它的化学性质十分活泼，很容易跟其他物质发生化学反应。实际上，在臭氧层内，臭氧的形成是众多物质参与，一系列化学反应达到化学平衡的结果。臭氧在遇到 H、OH、NO、Cl、Br 时，就会被催化，加速分解为 O_2。氯氟烃之所以被认为是破坏臭氧层的物质就是因为它们在太阳辐射下分解出 Cl 和 Br 原子。臭氧在大气中的分布不均匀，低纬度较少，高纬度较多。臭氧层中的臭氧浓度很低，最高浓度仅 10×10^{-6}，若把其集中起来并校正到标准状态，平均厚度仅为 0.3cm。

大气臭氧层主要有三个作用。其一为保护作用，臭氧层能够吸收太阳光中的波长 306.3nm 以下的紫外线，主要是一部分 UV-B（波长 290～300nm）和全部的 UV-C（波长＜290nm），保护地球上的人类和动植物免遭短波紫外线的伤害。只有长波紫外线 UV-A 和少量的中波紫外线 UV-B 能够辐射到地面，长波紫外线对生物细胞的伤害要比中波紫外线轻微得多。所以，臭氧层犹如一件保护伞保护着地球上的生物得以生存繁衍。其二为加热作用，臭氧吸收太阳光中的紫外线并将其转换为热能加热大气，由于这种作用大气温度结构在高度 50km 左右有一个峰，地球上空 15～50km 存在着升温层。正是由于存在着臭氧才有平流层的存在。其三为温室气体的作用，在对流层上部和平流层底部，即在气温很低的这一高度，臭氧的作用同样非常重要。如果这一高度的臭氧减少，则会产生使地面气温下降的动力。因此，臭氧的高度分布及变化是极其重要的。一方面，平流层中的臭氧吸收掉太阳放射出的大量对人类、动物及植物有害波长的紫外线辐射，为地球提供了一个防止紫外辐射有害效应的屏障。但另一方面，臭氧遍布整个对流层，却起着温室气体的不利作用。在平流层中臭氧耗损，主要是通过动态迁移到对流层，在那里得到大部分具有活性催化作用的基质和载体分子，从而发生化学反应而被消耗掉。臭氧主要是与 HO_x、NO_x、ClO_x 和 BrO_x 中含有的活泼自由基发生同族气相反应。

臭氧层吸收了 99%的来自太阳的高强度紫外线，保护了人类和生物免受紫外辐射的伤害。但是人类自己正在破坏它。自 1958 年对臭氧层进行观察以来，发现高空臭氧层有减少的趋势。1984 年，英国科学家首次发现南极上空出现臭氧洞。1985 年，美国的“雨云 7 号”气象卫星测到了这个臭氧洞。英国科学家法尔曼等人在南极哈雷湾观测站发现：在过去 10～15 年间，每到春天南极上空的臭氧浓度就会减少约 30%，有近 95%的臭氧被破坏。从地面上观测，高空的臭氧层已极其稀薄，与周围相比像是形成一个“洞”，直径达上千公里，“臭氧洞”由此而得名。卫星观测表明，此洞的覆盖面积有时比美国的国土面积还要大。到 1998 年，臭氧空洞面积比 1997 年增大约 15%，几乎相当于三个澳大利亚大。日本环境厅发表的一项报告称，1998 年南极上空臭氧空洞面积已达到历史最高纪录，为 2720 万平方公里，比南极大陆还大约1倍。美、日、英、俄等国家联合观测发现，北极上空的臭氧层也减少了20%。在被称为是世界上“第三极”的青藏高原，中国大气物理及气象学者的观测也发现，青藏高原上空的臭氧正在以每10年2.7%的速度减少。根据全球总臭氧观测的结果表明，除赤道外，全球总臭氧每10年间就减少1%～5%。

2. 臭氧层破坏的原因

臭氧层损耗的原因比较一致的看法认为：一些自然因素可能造成臭氧层破坏，但是这只能发生在地球局部地区，持续某一段时间，而不可能对臭氧层发生大规模的永久性的破坏。人类活动排入大气的某些化学物质与臭氧发生作用导致了臭氧的损耗，这是臭氧层破坏的主要原因。可以引起臭氧层破坏的物质，应该是具有光学活性，并可以分解出具有催化活性物种的物质，这些物质主要有N_2O、CCl_4、CH_4、哈龙以及CFC等，破坏作用最大的为哈龙类物质与CFC；1989年，多国北极臭氧层考察队在北极发现了高活性粒子ClO和BrO浓度的升高与臭氧浓度的降低有着显著的对应关系，也支持了这种观点。此外，据美国运输部和科学院的报告，在平流层飞行的喷气式飞机的排放物会破坏大气臭氧层。大型喷气式飞机和其他航空器的高空飞行排放的NO类物质也可以使O_3分解。人类进行的核试验也会产生一些NO_x物质，使O_3分解。

3. 臭氧层破坏的危害

(1) 对人体健康的危害　臭氧层耗损对人类健康及其生存环境的主要危害是地面大量紫外线直接辐射到地面，从而导致人类皮肤癌、白内障的发病率增高，并抑制人体免疫系统功能。如果臭氧层的臭氧减少1%，地面不同地区紫外线辐射将增加1.9%～2.2%，由此皮肤癌增加1.5%～2.5%，白内障发病率将增加0.2%～1.6%。长期暴露于强紫外线的辐射下，会导致细胞内的DNA改变，人体免疫系统的机能减退，人体抵抗疾病的能力下降。这将使许多发展中国家本来就不好的健康状况更加恶化，大量疾病的发病率和严重程度都会增加，尤其是包括麻疹、水痘、疱疹等病毒性疾病等。

(2) 对植物的危害　臭氧层耗损会使农作物受害减产，影响粮食生产和食品供应，严重时会导致地球上的粮食出现危机。植物过多地暴露在紫外线的照射下，也会有各种不良反应，科学家对200多种植物进行试验的结果表明，大约2/3的植物表现出有影响。接受额外紫外辐射的植物，其生长速度下降20%～50%，叶绿素含量减少10%～30%，有害突变的频率增加20倍，幼苗受到的伤害更为严重。大豆在紫外线照射下更易受到杂草和病虫害的损害，减少产量。紫外线还可改变某些植物的再生能力及产品的质量。还有试验表明，豌豆、大豆等豆类，南瓜等瓜类，番茄和白菜科等农作物对紫外线特别敏感，而花生及小麦等植物有较强的抵抗能力。

(3) 对生态的危害　臭氧层耗损会破坏海洋生态系统复杂的食物链和食物网，导致一些生物物种灭绝，导致生态平衡破坏。处于海洋生物食物链最底部的小型浮游植物，大多在水的上层，紫外线太强，影响这些生物的光合作用，对水生生态系统造成破坏；水中微生物的减少会导致水体自净能力降低，单细胞藻类对光照最敏感，有些藻类甚至在自然阳光下也只能暴露几小时。若加强紫外辐射，则预计存活时间要减少1/2；过强的紫外线可能杀死幼鱼、小虾和小蟹。若臭氧量减少9%，由于紫外线的增强，约有8%的幼鱼死亡。

(4) 对循环的危害　阳光紫外线的增加会影响陆地和水体的生物地球化学循环，从而改变一些重要物质在地球各圈层中的循环，如温室气体和对化学反应具有重要作用的其他微量气体的排放和去除过程，包括CO_2、CO、氧硫化碳（COS）及O_3等。这些潜在的变化将对生物圈和大气圈之间的相互作用产生影响。对陆生生态系统，增加的紫外线会改变植物的生成和分解，进而改变大气中重要气体的吸收和释放。当UV-B降解地表的落叶层时，这些生物质的降解过程被加速；而当主要作用是对生物组织的化学反应而导致埋在下面的落叶层光降解过程减慢时，降解过程被阻滞。植物的初级生产力随着UV-B辐射的增加而减少，但对不同物种和某些作物的不同品种来说，影响程度是不一样的。在水生生态系统中，阳光紫外线也有显著的作用。这些作用直接造成UV-B对水生生态系统中碳循环、氮循环和硫循环的影响。

(5) 对材料的影响　因平流层臭氧损耗导致阳光紫外辐射的增加会加速建筑、喷涂、包装及电线电缆等所用材料尤其是高分子材料的降解和老化变质。特别是在高温和阳光充足的热带地区，这种破坏作用更为严重。由这一破坏作用造成的损失估计全球每年达到数十亿美元。

(6) 对空气的影响　平流层臭氧的变化对对流层的影响是一个十分复杂的科学问题。一般认为平流层臭氧减少的一个直接结果是使到达低层大气的UV-B辐射增加。由于UV-B的高能量，这一变化将导致对流层的大气化学更加活跃。首先，在污染地区如工业和人口稠密的城市，即氮氧化物浓度较高的地区，UV-B的增加会促进对流层臭氧和其他相关的氧化剂如H_2O_2等的生成，使得一些城市地区的臭氧超标率大大增加。而与这些氧化剂的直接接触会对人体健康、陆生植物和室外材料等产生各种不良影响。在那些较偏远的地区，即NO_x的浓度较低的地区，臭氧的增加较少，甚至还可能出现臭氧减少的情况。但不论是污染较严重的地区还是清洁地区，H_2O_2和OH自由基等氧化剂的浓度都会增加。其中H_2O_2浓度的变化可能会对酸沉降的地理分布带来影响，结果是污染向郊区蔓延，清洁地区的面积越来越少。另外，对流层中一些控制着大气化学反应活性的重要微量气体的光解速率将提高，其直接的结果是导致大气中重要自由基如OH自由基浓度的增加。OH自由基浓度的增加意味着整个大气氧化能力的增强。由于OH自由基浓度的增加会使甲烷和CFC替代物如HCFCs和HFCs的浓度成比例地下降，从而对这些温室气体的气候效应产生影响。此外，对流层反应活性的增加还会导致颗粒物生成的变化。尽管对这些过程了解的还不十分清楚，但平流层臭氧的减少与对流层大气化学及气候变化之间复杂的相互关系正逐步被揭示。

4. 防止臭氧层破坏的国际对策

臭氧层破坏是当前面临的全球性环境问题之一，自20世纪70年代以来就开始受到世界各国的关注。联合国环境规划署自1976年起陆续召开了各种国际会议，通过了一系列保护臭氧层的决议。尤其是在1985年发现了在南极周围臭氧层明显变薄，即所谓的“南极臭氧洞”问题之后，国际上保护臭氧层的呼声更加高涨。1976年4月，联合国环境署理事会决定召开一次“评价整个臭氧层”国际会议之后，于1977年3月在美国华盛顿召开了有32个国家参加的“专家会议”。会议通过了第一个“关于臭氧层行动的世界计划”。1980年，协调委员会提出了臭氧耗损严重威胁着人类和地球生态系统这一评价结论。1981年，联合国环境署理事会建立了一个工作小组，其任务是筹备保护臭氧层的全球性公约。经过4年的艰苦工作，1985年3月在奥地利首都维也纳通过了有关保护臭氧层的国际公约——《保护臭氧层维也纳公约》。在《保护臭氧层维也纳公约》的基础上，为了进一步对氯氟烃类物质进行控制，在审查世界各国氯氟烃类物质生产、使用、贸易的统计情况的基础上，通过多次国际会议协商和讨论，于1987年9月16日在加拿大的蒙特利尔会议上，通过了《关于消耗臭氧层物质的蒙特利尔议定书》。1989年3～5月，联合国环境署连续召开了保护臭氧层伦敦会议与“公约”和“议定书”缔约国第一次会议——赫尔辛基会议，进一步强调保护臭氧层的紧迫性，并于1989年5月2日通过了《保护臭氧层赫尔辛基宣言》。1990年6月20～29日，联合国环境规则署在伦敦召开了《关于消耗臭氧层物质的蒙特利尔议定书》缔约国第二次会议。1995年1月23日，联合国大会通过决议，确定从1995年开始，每年的9月16日为“国际保护臭氧层日”。旨在纪念1987年9月16日签署的《关于消耗臭氧层物质的蒙特利尔议定书》，要求所有缔约国根据“议定书”及其修正案的目标，采取具体行动纪念这一特殊的日子。2014年9月12日，负责近4年臭氧水平评估的美国航天局科学家纽曼说，2000年至2013年，中北纬度地区50km高度的臭氧水平已回升4%。科学家把这种积极变化归功于全球对某些制冷剂、发泡剂的限制使用，同时说明只要全球行动，人类可以抵制或者延缓生态危机。有预测认为，南极臭氧层空洞可能在2065年前完全消失。联合国环境项目依据最新数据判断，臭氧层可能会在本世纪中期实现痊愈，但仍需各国共同努力。

三、酸雨

1. 概况

酸雨是地球化学气候中人类影响的重要特征，又是一个国家和地区大气污染的重要标志之一。所谓酸雨是指酸性的大气降水，它包括酸性雨、雪、雾、露等的沉降，通常把pH值低于5.6的降水叫酸雨。早在1852年，在英国的一家科学杂志上，首次发表了曼彻斯特附近地区降雨中有硫酸的报道，而酸雨这个词则是1872年史密斯首次提出的。史密斯是英国化学家，是农业化学的创始人利比格的学生，他整理了对英格兰、苏格兰和爱尔兰等地降雨的调查报告，写出了《大气与降水——化学气候学的开端》一书，提出了酸雨的概念，所以有关酸雨的研究已有100多年的历史，但是从科学的角度看来，酸雨仍然是一个虽已确认但还搞得不太清楚的问题。

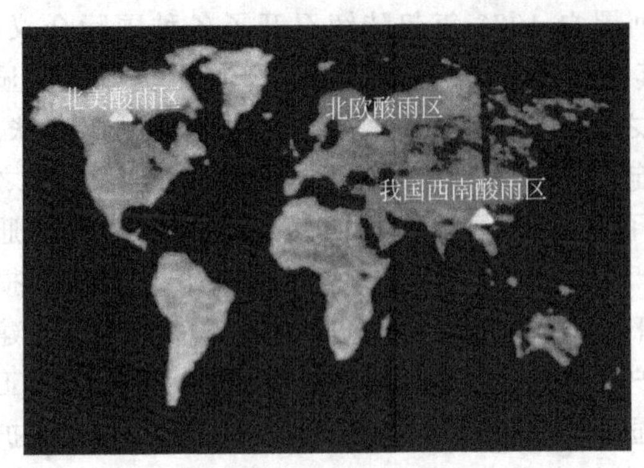

图 2-3 世界三大酸雨区分布图

目前，世界三大酸雨区是欧洲、北美和中国，见图 2-3。在欧洲和北美，酸雨成了主要的环境问题。在亚洲和拉丁美洲的部分地区，酸雨也成为人们关注的环境问题。在 1974 年欧洲科西嘉岛测得过一次 pH 值为 2.4 的酸雨，这已经与食醋的 pH 值一样。我国南方的酸雨也比较严重，在四川、贵州和广西的一些地方，降水年平均 pH 值低于 0.5，成为目前我国酸雨污染最严重的地区。近年来，我国酸雨仍呈加速发展趋势，pH 值小于 5.6 的降水等值线大幅度向西向北移动。据 2005 年 8 月中国电力论坛的可靠消息表明，"中国二氧化硫排放总量已居世界第一，超出大气环境容量的 80％以上；排放的二氧化硫和氮氧化物在高空转化为硫酸盐和硝酸盐等细颗粒物，酸雨区面积约占国土面积的 1/3。造成二氧化硫高排放的直接原因是火力发电"。

2. 酸雨形成的原因

酸雨的形成是一个极为复杂的大气物理和化学过程。降水在形成和降落过程中，会吸收大气中的各种物质，如果酸性物质多于碱性物质，就会形成酸雨。雨水的酸化主要是污染大气的 SO_2 和 NO_x，两者在雨水中分别转化成 H_2SO_4 和 HNO_3。平均来讲，有 80％～100％是硫酸和硝酸成分，而其中又以硫酸为主。酸雨的形成过程大致分为云内成雨过程和云下冲刷过程。前一过程包括水蒸气冷凝在含有 SO_4^{2-}、NO_3^- 等的粒子上，在结核上或云滴吸收 SO_2、NO_x 以及气溶胶粒子在形成雨滴的过程中结合在一起。云下冲刷过程是将云下低层大气中的各种酸性微粒、气体，通过碰并、吸附、冲刷，然后降落到地面。一般认为酸雨是工业和民用燃煤或燃油排放的二氧化硫和氮氧化物转化为硫酸和硝酸而成的。我国酸雨大都是硫酸型的，硝酸含量不足总酸量的 10％，但随着城市汽车的增加，酸雨中硝酸的成分有增加的趋势。

3. 酸雨的危害

(1) 土壤酸化　酸雨可导致土壤酸化。我国南方土壤本来多呈酸性，再经酸雨冲刷，加速了酸化过程；我国北方土壤呈碱性，对酸雨有较强的缓冲能力与稀释能力。土壤中含有大量铝的氢氧化物，土壤酸化后，可加速土壤中含铝的原生和次生矿物风化而释放大量的铝离子，形成植物可吸收的铝化合物。植物长期和过量的吸收铝，会中毒，甚至死亡。同时，酸雨能加速土壤矿物质营养元素的流失；改变土壤结构，导致土壤贫瘠化，影响植物的正常发育；酸雨还能诱发植物病虫害，使农作物大幅度减产，特别是小麦，在酸雨的影响下，可减产 13％～34％。大豆、蔬菜也容易受酸雨危害，导致蛋白质含量和产量下降。酸雨对森林的影响在很大程度上是通过对土壤的物理化学性质的恶化作用造成的。在酸雨的作用下，土壤中的营养元素钾、钠、钙、镁会流失出来，并随着雨水被淋溶掉，造成土壤中营养元素的严重不足，从而使土壤变得贫瘠。此外，酸雨能使土壤中的铝从稳定态中释放出来，使活性铝增加而有机络合态铝减少。土壤中活性铝的增加能严重地抑制林木的生长。酸雨可抑制某些土壤微生物的繁殖，降低酶活性，土壤中的固氮菌、细菌和放线菌均会明显受到酸雨的抑制。

(2) 破坏森林和水体，危害农业和渔业生产 酸雨能破坏农作物和森林，受到酸雨侵蚀的农作物叶子，叶绿素含量降低。由于光合作用受阻，引起叶子萎缩和畸形，使产量下降，见图 2-4。世界上有 1/4 的森林程度不同地受到酸雨的侵袭，每年价值数百万美元的林木被毁坏。酸雨能抵制土壤中有机物的分解和氮的固定，淋洗掉钙、镁、钾等养分，使土壤日益酸化、贫瘠化，影响植物的生长。当土壤中的铝被酸雨“解放”出来，成为可溶态的铝时，就会危害植物的根毛，影响养分的吸收。酸化的土壤还会影响土壤微生物的活性，使土壤生物群落发生混乱和变化，从而危害农作物和其他作物的生长。根据国内对 105 种木本植物影响的模拟试验，当降水 pH 值小于 3.0 时，可对植物叶片造成直接的损害，使叶片失绿变黄并开始脱落。叶片与酸雨接触的时间越长，受到的损害越严重。在降水 pH 值小于 4.5 的地区，马尾松林、华山松和冷杉林等出现大量黄叶并脱落，森林成片地衰亡。例如重庆奉节县的降水 pH 值小于 4.3 的地段，20 年生马尾松林的年平均高生长量降低 50%。酸雨还可使森林的病虫害明显增加。在四川，重酸雨区的马尾松林的病情指数为无酸雨区的 2.5 倍。酸雨对中国森林的危害主要是在长江以南的省份。四川盆地受酸雨危害的森林面积最大，约为 28 万公顷，占林地面积的 32%。贵州受害森林面积约为 14 万公顷。仅西南地区由于酸雨造成森林生产力下降，共损失木材 630 万立方米，直接经济损失达 30 亿元。酸雨对湖泊的危害也是很严重的，由于降落在地表的酸雨在径流过程中得不到地表物质的中和，湖水的酸度增加很快。在加拿大，酸雨毁灭了 1.4 万多个湖泊，另有 4000 多个湖泊也濒临“死亡”；欧洲有数千个美丽的湖泊毫无生气，听不到蛙鸣，见不到鱼跃；酸雨给美国北部的许多湖泊、河流和池塘带来了一种奇怪的结晶，这种可怕的结晶杀死了所有的鱼类和其他微小生物，迫使那里靠捕鱼为生的渔民不得不含泪弃舟登岸，另谋生路。淡水湖泊酸度的增加已经成为欧洲和北美影响水生态系统的主要环境因素，瑞典已有 2.1 万个湖泊和 6 万米长的河流酸化；美国也发现，在密歇根半岛上有 10% 的湖泊已经酸化，湖水 pH 值降到 5.0 以下，成为无色的酸湖。

图 2-4 酸雨对森林的破坏

(3) 腐蚀金属、破坏铁路和桥梁等建筑 酸雨的腐蚀力很强，大大加速了建筑物、金属、纺织品、皮革、纸张、油漆、橡胶等物质的腐蚀速度。酸雨正在和其他

图 2-5 酸雨对石像的破坏

污染物一起把古希腊建筑溶化掉；法国里昂教堂表面受侵蚀，雕像的脸部已无凹凸感；我国的许多名胜古迹、各种石刻壁雕也在遭受酸雨的侵害，见图 2-5。美国每年因酸雨造成的损失达 250 亿美元。酸雨还是摧残文物古迹的元凶，使人类几千年来创造的艺术瑰宝黯然失色。降落到建筑物表面的酸雨跟碳酸钙发生反应，生成能溶于水的硫酸钙，被雨水冲刷掉。这种过程可以进行到很深的部位，造成建筑物石料的成层剥落。英国伦敦英王查理一世的塑像，德国慕尼黑的古画廊、科伦大教堂，已被腐蚀得面目全非。我国柳州的柳江铁桥，由于酸雨的影响，1 年就需防腐一次，而在没有酸雨的 20 世纪 60 年代，3～4 年才做一次防腐处理；重庆曾家岩八路军办事处旧址门前矗立的周恩来全身铜像，已被酸雨蚀去本色，令慕名而来的瞻仰者心中黯然。

（4）危害人体健康　大气酸性污染物对人体健康的危害主要是通过酸雾来实现的。雾是一种低空降水形式，酸雾对人体的毒害比 SO_2 气体可增大几倍。雾水的酸度比同一地区雨水的酸度可高出 10～100 倍。这是因为雾是由悬浮在近地面的液态气溶胶组成的胶体系统，离污染源较近，能吸附聚集较高浓度的酸性污染物；雾与雨相比水分含量少，稀释程度低，故酸化程度高。酸雾不仅刺激眼睛、皮肤，而且可以直接进入呼吸道，侵入肺部，引起肺水肿，甚至导致死亡。酸雨可使儿童的免疫功能下降，慢性咽炎、支气管哮喘的发病率增加，同时可使老人眼部、呼吸道的患病率增加。作为水源的湖泊和地下水酸化后，由于金属的溶出，对饮用者会产生危害。很多国家由于酸雨的影响，地下水中的铅、铜、锌、镉的浓度已上升到正常值的 10～100 倍。含酸的空气使多种呼吸道疾病增加，巴西的库巴坦市，由于酸雨的毒害，有 20%的居民患有气喘病、支气管炎或鼻炎，其中 5 岁以下儿童的患病率竟高达 38%。1980 年，美国和加拿大有 5 万多人因受酸雨影响而死亡。

4. 防止酸雨的国际对策

欧洲和北美国家经受多年的酸雨危害之后，认识到酸雨是一个国际环境问题，单独靠一个国家解决不了问题，只有各国共同采取行动，减少二氧化硫和氮氧化物的排放量，才能控制酸雨污染及其危害。1971 年 11 月，在日内瓦举行的联合国欧洲经济委员会的环境部长会议上，通过了《控制长距离越境空气污染公约》。1983 年，欧洲各国及北美的美国、加拿大等 32 个国家在公约上签字，公约生效。1985 年，联合国欧洲经济委员会的 21 个国家签署了《赫尔辛基议定书》。目前，日、美等国试图建立东亚空气污染监测网，开展联合监测，逐步在东亚建立区域性酸雨控制体系。控制酸雨污染是大气污染防治法律和政策的一个主要领域，它包括两方面的措施：一是直接管制措施，其手段有建立空气质量、燃料质量和排放标准，实行排放许可证制度；二是经济刺激措施，其手段有排污税费、产品税、排放交易和一些经济补助等。西方国家传统上比较多的采用了直接管制手段，但从 20 世纪 90 年代初以来，很注重经济刺激手段的应用。西欧国家较多应用了污染税。美国 1990 年修订了清洁空气法，建立了一套二氧化硫排放交易制度。目前，欧洲、北美、日本等在削减二氧化硫排放方面取得了很大的进展，但控制氮氧化物排放的成效尚不明显。我国从 20 世纪 80 年代开始对酸雨污染进行观测调查研究。在 80 年代，中国的酸雨主要发生在重庆、贵阳和柳州为代表的西南地区，酸雨的面积约为 170 万平方公里。到 90 年代中期，酸雨已发展到长江以南、青藏高原以东及四川盆地的广大地区。以长沙、赣州、南昌、怀化为代表的华中酸雨区现在已经成为全国酸雨污染最严重的地区，其中核心区的平均降水 pH 值低于 4.0，酸雨的频率高达 90% 以上。以南京、上海、杭州、福州和厦门为代表的华东沿海地区也成为我国主要的酸雨地区。华北的京津和东北的丹东、图们等地区也频频出现酸性降水。年均 pH 值低于 5.6 的区域面积已占我国国土面积的 40%左右。我国的酸雨的化学特征是 pH 值低，SO_4^{2-}、NH_4^+ 和 Ca^{2+} 的浓度远远高于欧美，而 NO_3^- 的浓度则低于欧美。研究表明，我国酸性降水中硫酸根与硝酸根的摩尔比大约为 6.4∶1，因此，中国的酸雨是硫酸型的，主要是人为排放 SO_2 造成的。所以，治理好我国的 SO_2 排放对我国酸雨的治理有着决定性的作用。

四、雾霾

1. 概况

雾霾，顾名思义是雾和霾。但是雾和霾的区别很大。雾是由大量悬浮在近地面空气中的微小水滴或冰晶组成的气溶胶系统，多出现在秋冬季节，是近地面层空气中水汽凝结或凝华的产物。雾的存在会降低空气透明度，使能见度恶化。如果目标物的水平能见度降低到 1000m 以内，就将悬浮在近地面空气中的水汽凝结（或凝华）物的天气现象称为雾。将目标物的水平能见度在 1000～10000m 的这种现象称为轻雾或霭。由于液态水或冰晶组成的雾散射的光与波长的关系不大，因而雾看起来呈乳白色或青白色和灰色。空气中的灰尘、硫酸、硝酸等颗粒物组成的气溶胶系统造成视觉障碍的叫霾。霾就是灰霾（烟霞），也能使大气浑浊。雾霾天气是一种大气污染状态，是对大气中各种悬浮颗粒物含量超标的笼统表述，尤其是 $PM_{2.5}$ 被认为是造成雾霾天气的“元凶”。随着空气质量的恶化，阴霾天气现象出现增多，危害加重。中国不少地区把阴霾天气现象并入雾一起作为灾害性天气预警预报，统称为“雾霾天气”。雾和霾的相同之处都是视程障碍物。但雾与霾的形成原因和条件却有很大的差别。雾是浮游在空中的大量微小水滴或冰晶，形成条件要具备较高的水汽饱和因素。一般相对湿度小于 80%时的大气浑浊、视野模糊导致的能见度恶化是霾造成的，相对湿度大于 90%时的大气浑浊、视野模糊导致的能见度恶化是雾造成的，相对湿度介于 80%～90%之间时的大气浑浊、视野模糊导致的能见度恶化是雾和霾的混合物共同造成的，但其主要成分是霾。霾的厚度比较大，可达 1～3km。出现雾时空气相对湿度常达 100%或接近 100%。雾有随着空气湿度的日变化而出现早晚较常见或加浓，白天相对减轻甚至消失的现象。雾是指大气中因悬浮的水汽凝结，能见度低于 1km 时的天气现象。霾在发生时相对湿度不大，而雾中的相对湿度是饱和的。霾是由汽车尾气等污染物造成的，在吸入人的呼吸道后对人体有害，如长期吸人，严重者会导致死亡。

由于我国缺乏系统的长期监测，无法揭示雾霾特征污染物的健康危害，迫切需要开展空气污染（雾霾）健康影响监测，了解不同地区空气污染（雾霾）特征污染物的浓度变化规律及其对人群健康的危害，为进行健康风险评价提供数据支持。2014 年 4 月 7 日，据央广网报道，国家卫生计生委相关负责人表示，我国将长期连续监测雾霾对人群健康带来的影响，评估雾霾对人群健康的风险。世界卫生组织最新发布的数据显示，2012 年全世界约有 700 万人死于空气污染相关疾病，其中西太平洋区域的情况最为严重，大多数死亡都发生在低、中收入国家。世界卫生组织的研究数据还表明，全球空气污染相关死亡中近七成与缺血性心脏病和卒中有关，25%与慢性阻塞性肺病或急性下呼吸道感染有关，6%与肺癌有关。对雾霾的纯科学认识仍不系统、完整。它的成因究竟是什么，对人体的危害究竟有哪些、有多严重，都尚无权威的结论。科学不强大，人们的认识和信心就少了附着点，今后社会对雾霾反应的不确定性或许要比雾霾本身的不确定性更高。如果雾霾的严重性继续增加，不排除某个时刻在某些人群中出现针对雾霾的恐慌。

2. 雾霾形成的原因

雾霾的源头多种多样，比如汽车尾气、工业排放、建筑扬尘、垃圾焚烧甚至火山喷发等等，雾霾天气通常是多种污染源混合作用形成的。但各地区的雾霾天气中，不同污染源的作用程度各有差异。雾霾天气自古有之，刀耕火种和火山喷发等人类活动或自然现象都可能导致雾霾天气。不过在人类进入化石燃料时代后，雾霾天气才真正威胁到人类的生存环境和身体健康。急剧的工业化和城市化导致能源迅猛消耗、人口高度聚集、生态环境破坏，都为雾霾天气的形成埋下伏笔。雾霾的形成既有“源头”，也有“帮凶”，这就是不利于污染物扩散的气象条件，一旦污染物在长期处于静态的气象条件下积聚，就容易形成雾霾天气。雾霾的主要来源既有人为因素，也有气候因素。在人为因素方面，雾霾影响城市有毒颗粒物的来源主要包括：①汽车尾气；②北方到了冬季烧煤供暖所产生的废气；③工业生产排放的废气；④建筑工地和道路交通产生的扬尘；⑤家庭装修中也会产生粉尘“雾霾”。如今很多城市的污染物排放水平已处于临界点，对气象条件非常敏感，空气质量在扩散条件较好时能达标，一旦遭遇不利天气条件，空气质量和能见度就会立刻下滑。在气候因素方面，雾霾形成的原因主要包括：①在水平方向静风现象增多；②垂直方向上出现逆温；③空气中悬浮颗粒物和有机污染物的增加。据中国之声《全国新闻联播》报道，已经初步掌握了北京、上海、广州等城市的污染清单，社会关注的“雾霾元凶”数据有望陆续公布。社会关注的“雾霾元凶”问题，可能很快将获得破解。

3. 雾霾的危害

（1）对人体健康的影响　近些年来，随着空气质量逐渐恶化，雾霾天气现象出现的频率越来越高，它们在人们毫无防范的时候侵入人体呼吸道和肺叶中，从而引

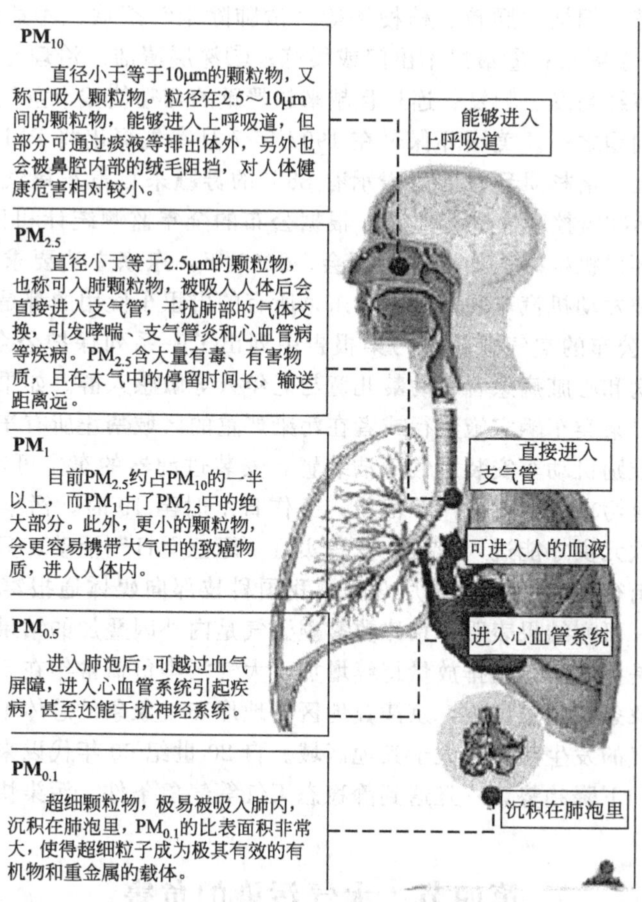

图 2-6 雾霾对人体健康的影响

起呼吸系统、心血管系统、血液系统、生殖系统等疾病，诸如咽喉炎、肺气肿、哮喘、鼻炎、支气管炎等炎症。长期处于这种环境还会诱发肺癌、心肌缺血及损伤，见图 2-6。雾霾天气易诱发心血管疾病，雾霾天气时气压低、湿度大，人体无法排汗，诱发心脏病的概率会越来越高。持续的雾霾天气笼罩着全国 10 余个省份，雾霾天气，空中浮游着大量的尘粒和烟粒等有害物质，会对人体的呼吸道造成伤害，空气中飘浮着大量的颗粒、粉尘、污染物病毒等，一旦被人体吸入，就会刺激并破坏呼吸道黏膜，使鼻腔变得干燥，破坏呼吸道黏膜的防御能力，细菌进入呼吸道，容易造成上呼吸道感染。中国社科院联合中国气象局已发布《气候变化绿皮书》，报告称雾霾天气影响健康，除众所周知的会使呼吸系统及心脏系统疾病恶化等，还会影响生殖能力。

（2）对交通的影响　雾霾天气时，由于空气质量差、能见度低，容易出现车辆追尾相撞，影响正常的交通秩序，对出行造成不便。

4. 防止雾霾的国际对策

雾霾天气的注意事项主要包括：①雾霾天气少开窗；②外出戴口罩；③多喝桐

桔梗茶、桐参茶、桐桔梗颗粒、桔梗汤等"清肺除尘"茶饮；④适量补充维生素D；⑤饮食清淡多喝水；⑥最好不出门或晨练；⑦深层清洁。治理雾霾是持久战而不是运动战。持续高发、频发、连片且越来越严重的雾霾使城市空气污染问题成为公众最关心的问题之一。美国环保署在1997年7月率先提出将$PM_{2.5}$作为全国环境空气质量标准。洛杉矶环保部门表示有85%的雾霾来自汽车尾气。美国公民可以对$PM_{2.5}$的标准监控程序进行监督，根据公布的全年监测统计和日常监测数据，参与所在州的环保机构举行的公共听证会。2003年，东京立法要求汽车加装过滤器，并禁止柴油发动机汽车驶入该市。东京所有的出租车使用的都是天然气。法国在2012年4月公布的空气颗粒物污染报告中列出了一系列保护公众健康的建议，尤其是针对肺病和心脏病患者、幼龄儿童与老年人等敏感人群。如果空气出现严重污染，德国会对某类车辆实施禁行或者在污染严重的区域禁止所有车辆行驶。2013年，德国大力鼓励机动车安装尾气清洁装置，安装过滤器的车主可获得国家补贴。意大利米兰市对污染最严重的汽车征税，工作日7时至19时，污染严重的汽车必须缴纳2～10欧元税才能进入市区。罗马实行"绿色周日"活动，只有电动汽车等环保车才能上街行驶。2014年3月3日，我国科技部向媒体通报雾霾治理科技工作情况时表示，研究结果表明，京津冀雾霾天气是内外因叠加的结果。据介绍，雾霾形成的内因是主要污染物排放量持续增加，大气污染负荷常年在高位变化。外因则是不利的气象条件频繁出现，京津冀地区的地形和气象条件总体不利于污染物扩散，静稳态天气的发生频次远大于其他区域。自20世纪60年代以来，四季地面风速整体呈明显的下降趋势，一旦遇到静稳态天气等气象条件，污染快速累积，容易发生雾霾天气。

第四节　大气污染的危害

一、对人体健康的危害

大气被污染后，由于污染物的来源、性质、浓度和持续时间的不同，污染地区的气象条件、地理环境等因素的差别，甚至人的年龄、健康状况的不同，对人均会产生不同的危害。大气中有害物质主要通过下述三个途径侵入人体造成危害：第一，通过人的直接呼吸而进入人体；第二，附着在食物或溶于水，随饮水、饮食而侵入人体；第三，通过接触或刺激皮肤而进入到人体，尤其是脂溶性物质更易从完整的皮肤渗入人体。大气污染对人体的影响，首先是感觉上受到影响，随后在生理上显示出可逆性反应，再进一步就出现急性危害的症状。大气污染对人的危害大致可分急性中毒、慢性中毒、致癌三种。

1. 急性中毒

存在于大气中的污染浓度较低时通常不会造成人体的急性中毒，但是在某些特殊条件下，如工厂在生产过程中出现特殊事故，大量有害气体跑出，外界气象条件突变等，便会引起居民人群的急性中毒，使原来患有呼吸道慢性病和心脏病的人病情恶化或死亡。历史上曾发生过数起大气污染急性中毒的环境公害事件，最典型的是1948年的美国多诺拉事件和1952年的英国伦敦烟雾事件等环境公害事件。此外，印度中央邦的博帕尔市，由于设在该市的美国联合碳化公司农药厂的储罐爆裂，大量剧毒物甲基异氰酸酯外泄，造成至少2500多人死亡，十几万人受伤害的惨剧。

2. 慢性中毒

大气污染对人体健康慢性毒害作用的主要表现是污染物质在低浓度、长期连续作用于人体后所出现的一般患病率升高。目前，虽然直接说明大气污染与疾病之间的因果关系还很困难，但根据临床发病率的统计调查研究证明，慢性呼吸道疾病与大气污染有密切的关系。近年来，美国肺癌死亡人数大量增加，在1969年它已成为男性癌症死亡中比例最大的一项，总共死亡5万名男性1万名女性。根据研究，吸烟与肺癌的关系密切；城市肺癌的发病率高于乡村。我国城市居民的肺癌发病率也很高，其中最高的是上海市。城市居民呼吸系统疾病也明显高于郊区。通过北京市交通民警与园林工人呼吸道疾病的比较，无论是肺结核，还是慢性鼻炎或咽炎，交通民警的发病率都显著高于园林工人。另外，据比较，城市地区支气管炎患者也要比没有受到污染的农村高一倍。如果大气受氟化物污染，可以使人鼻黏膜溃疡出血，肺部有增殖性病变，儿童形成斑釉，严重时导致骨质疏松，易发生骨折。例如，内蒙古沙德盖村由于一年四季遭受包头钢铁厂的氟污染，目前，空气中氟的浓度已达10×10^{-6}，儿童氟斑牙的患病率达97%以上。

3. 致癌作用

随着工业、交通运输业的发展，大气中致癌物质的含量和种类日益增多，比较确定有致癌作用的物质有数十种，例如，某些多环芳烃、脂肪烃类、金属类。这种作用是长期影响的结果，是由于污染物长时间作用于机体，损害体内遗传物质，引起突变，如果诱发成肿瘤就称致癌作用；如果是使生殖细胞发生突变，后代机体出现各种异常，称致畸作用；如果引起生物体细胞遗传物质和遗传信息发生突然改变作用，称致突变作用。例如，20世纪50年代以来各国城市的肺癌发病率普遍增高，这主要是因为大气烟尘污染严重和汽车废气排放量急剧增加所致。

二、对工农业的危害

大气污染对工农业生产的危害十分严重，这些危害可影响经济发展，造成大量人力、物力和财力的损失。大气污染物对工业的危害主要有两种：一是大气中的酸性污染物和二氧化硫、二氧化氮等对工业材料、设备和建筑设施的腐蚀；二是飘尘增多给精密仪器、设备的生产、安装调试和使用带来的不利影响。大气污染对农业生产也造成很大的危害。酸雨可以直接影响植物的正常生长，又可以通过渗入土壤及进入水体，引起土壤和水体酸化、有毒成分溶出，从而对动植物和水生生物产生毒害。严重的酸雨会使森林衰亡和鱼类绝迹。大气污染对植物的危害，随污染物的性质、浓度和接触时间，植物的品种和生长期、气象条件等的不同而异。气体状污染物通常都是经叶背的气孔进入植物体，然后逐渐扩散到海绵组织、栅栏组织，破坏叶绿素，使组织脱水坏死，或干扰酶的作用，阻碍各种代谢机能，抑制植物的生长。粒状污染物质能擦伤叶面，阻碍阳光，影响光合作用，影响植物的正常生长。污染物对植物的危害也可分为急性、慢性和不可见三种。急性危害是在污染物浓度很高的情况下，短时间内所造成的危害。它常使作物产量显著降低，不同的污染物往往表现出各自特有的危害症状。慢性危害是指低浓度的污染物在长时间内造成的危害。它也能影响植物的生长发育，有时表现出与急性危害相似的症状，但大多数症状是不明显的。不可见危害只造成植物生理上的障碍，在某种程度上抑制植物的生长，但在外观上一般看不出症状。经初步鉴定发现，对植物生长危害较大的大气污染物主要是二氧化硫、氟化物和光化学烟雾。

1. 二氧化硫

二氧化硫对植物的危害，首先从叶背气孔周围的细胞开始，逐渐扩散到海绵组织细胞和栅栏组织细胞，使叶绿素破坏，组织脱水坏死，形成许多褪色斑点。受二氧化硫伤害的植物，初期主要在叶脉间出现白色“烟斑”，轻者只在叶背气孔附近，重者则从叶背到叶面均出现“烟斑”，这是二氧化硫危害的主要特征，后期叶脉也褪成白色，叶片脱水，逐渐枯萎。二氧化硫对植物的危害程度与二氧化硫的浓度和接触时间有一定的关系。植物一般可忍受的二氧化硫浓度和时间如下：3×10^{-6}，10min；0.3×10^{-6}，10h；0.2×10^{-6}，4d；0.1×10^{-6}，1个月；0.01×10^{-6}，1年。因在日照强、气温高时气孔全张开，植物对二氧化硫尤其敏感。因此，植物光合作用旺盛时最易出现可见受害症状，白天的中午前后二氧化硫的危害作用最大。不同植物受二氧化硫危害的程度是有差异的。对二氧化硫反应敏感的植物有大麦、小麦、棉花、大豆、梨、落叶松等；对二氧化硫有抗性的植物有玉米、马铃薯、柑橘、黄瓜、洋葱等。

2. 氟化物

大气中的氟化物主要是氟化氢和四氟化硅。它们对植物的危害症状表现为从气孔或水孔进入植物体内，但不损害气孔附近的细胞，而是顺着导管向叶片尖端和边缘部分移动，在那里积累到足够的浓度，并与叶片内的钙质反应，生成难溶性氟化钙类沉淀于局部，从而干扰酶的催化活性，阻碍代谢机制，破坏叶绿素和原生质，使得遭受破坏的叶肉因失水干燥变成褐色。当植物在叶尖、叶边出现症状时，受害几小时便出现萎缩现象，同时绿色消退，变成黄褐色，2～3d后变成深褐色。较低浓度的氟化物就能对植物造成危害，同时它能在植物体内积累；故其危害程度并不是与浓度和时间的乘积成正比，而是时间起着主要作用。在有限浓度内，接触时间越长，氟化物积累越多，受害就越重。受害的植物一旦被人或牲畜所食，便会使人和牲畜受氟危害。据报道，1982年，我国浙江省杭嘉湖地区因烧砖炉窑燃放大量的含氟气体，使桑叶受到污染，喂养蚕而中毒，大量死亡，蚕茧产值下降43%。对氟化物敏感的植物有玉米、苹果、葡萄、杏等；具抗性的植物有棉花、大豆、番茄、烟草、扁豆、松树等。

3. 光化学烟雾

光化学烟雾中对植物有害的成分主要是臭氧、氮氧化物等。臭氧对植物的危害主要是从叶背气孔侵入，通过周边细胞、海绵组织细胞间隙，到达栅栏组织，使其首先受害，然后再侵害海绵组织细胞，形成透过叶片的坏死斑点。同时，植物组织机能衰退，生长受阻，发芽和开花受到抑制，并发生早期落叶、落果现象。一般臭氧浓度超过 0.1×10^{-6}时便对植物造成危害。对臭氧敏感的植物有烟草、番茄、马铃薯、花生、大麦、小麦、苹果、葡萄等，具抗性的植物有胡椒、松柏等。氮氧化物进入植物叶气孔后易被吸收产生危害，最初叶脉出现不规则的坏死，然后细胞破裂，逐步扩展到整个叶片。据试验，在 0.5×10^{-6} 的 NO_2 下持续 35d 能使柑橘落叶和发生萎黄；在 0.25×10^{-6}下经过 8 个月，柑橘减产。过氧乙酰硝酸酯（PAN）是光化学烟雾的剧毒成分。它在中午强光照时反应强烈，夜间作用降低。PAN 危害植物的症状表现为叶子背面气室周围的海绵组织细胞或下表皮细胞原生质被破坏，使叶背面逐渐变成银灰色或古铜色，而叶子正面却无受害症状。对 PAN 敏感的植物有番茄和木本植物；对 PAN 抗性强的植物有玉米、棉花等。

三、对气候的危害

大气污染物质还会影响天气和气候。颗粒物使大气能见度降低，减少到达地面的太阳光辐射量。尤其是在大工业城市中，在烟雾不散的情况下，日光比正常情况减少 40%。高层大气中的氮氧化物、碳氢化合物和氟氯烃类等污染物使臭氧大量分解，引发的“臭氧洞”问题，成为了全球关注的焦点。从工厂、发电站、汽车、家庭小煤炉中排放到大气中的颗粒物，大多具有水汽凝结核或冻结核的作用。这些微粒能吸附大气中的水汽，使之凝成水滴或冰晶，从而改变了该地区原有降水的情况。人们发现在离大工业城市不远的下风向地区，降水量比四周其他地区要多，这就是所谓“拉波特效应”。如果微粒中央夹带着酸性污染物，那么，在下风地区就可能受到酸雨的侵袭。大气污染除对天气产生不良影响外，对全球气候的影响也逐渐引起人们的关注。由大气中二氧化碳浓度升高引发的温室效应的加强，是对全球气候的最主要影响。地球气候变暖会给人类的生态环境带来许多不利影响，人类必须充分认识到这一点。温室效应、酸雨和臭氧层破坏就是由大气污染衍生出的环境效应。大气污染物对天气和气候的影响是十分显著的，可以从以下几个方面加以说明：①减少到达地面的太阳辐射量；②增加大气降水量；③下酸雨；④引发“热岛效应”。影响全球气候变化的因素很多、很复杂，它虽然受天文地理方面因素的影响，但最主要还是与人类活动的不断增强有直接关系。近十几年来，气候异常，全球变暖；两极的臭氧空洞的不断扩大；世界各地不同程度的沉降酸雨等全球性气候问题已让人类深深陷入环境危机当中。

四、其他危害

大气污染除了对人体健康、对植物生长以及对气候造成严重的危害外，对金属制品、油漆涂料、皮革制品、纸制品、纺织衣料、橡胶制品和建筑材料的损害也是严重的。这种损害包含玷污性损害和化学性损害两个方面，都会造成很大的经济损失。玷污性损害造成各种器物表面污染不易清洗除去，如颗粒污染物沉积在高压输电线绝缘器件上，在高温度时会成为导体而造成短路事故。因此，颗粒污染物是精密仪器仪表提高质量的障碍。此外，大气污染物还能在电子器件接触器上生成绝缘薄膜。化学性损害是由于污染物对各种器物的化学作用，使器物腐蚀变质。如二氧化硫及其生成的硫酸雾对建筑、雕塑、金属、皮革等的腐蚀力很强，也使纸制品、纺织品、皮革制品等腐化变脆，使各种油漆涂料变质变色，降低保护效果。光化学烟雾能使橡胶轮胎龟裂和老化，电镀层加速腐蚀。另外，高浓度的氟氧化物能使化学纤维织物分解消蚀。

第五节　大气污染治理技术

一、颗粒污染物的治理技术

从废气中将颗粒物分离出来并加以捕集、回收的过程称为除尘。实现上述过程的设备装置称为除尘器。全面评价除尘装置的性能应该包括技术指标和经济指标两项内容。技术指标常以气体处理量、净化效率、压力损失等参数表示，而经济指标则包括设备费、运行费、占地面积等内容。除尘器的种类繁多，根据不同的原则，可对除尘器进行不同的分类。依照除尘器除尘的主要机制可将其分为机械式除尘器、过滤式除尘器、湿式除尘器、静电除尘器等四类。根据在除尘过程中是否使用水或其他液体可分为湿式除尘器、干式除尘器。此外，按除尘效率的高低还可将除尘器分为高效除尘器、中效除尘器和低效除尘器。近年来，为提高对微粒的捕集效率，还出现了综合几种除尘机制的新型除尘器。如声凝聚器、热凝聚器、高梯度磁分离器等，但目前大多仍处于试验研究阶段，还有些新型除尘器由于性能、经济效果等方面的原因不能推广应用，因此，这里主要介绍几种常用的除尘器，其相互间的比较见表 2-2。

表 2-2　几种常用除尘器的性能比较

类型	机构形式	处理粒度/μm	压力降/mmH_2O	效率/%	投资额	运行费
重力除尘	沉降式	50～1000	10～15	40～60	小	小
惯性力除尘	烟囱式	10～100	30～70	50～70	小	小
离心力除尘	旋风式	3～100	50～150	85～95	中	中
过滤式除尘	袋式	0.1～20	100～200	90～99	中以上	中以上
湿式除尘	文丘里式	0.1～100	300～1000	80～95	中	大
静电除尘		0.05～20	10～20	85～99.9	大	小～大

注：$1mmH_2O=9.80665Pa$。

1. 机械式除尘器

机械式除尘器是通过质量力的作用达到除尘目的的除尘装置。质量力包括重力、惯性力和离心力，主要的除尘器形式为重力沉降室、惯性除尘器和旋风除尘器等。重力沉降室是利用粉尘与气体的密度不同，使含尘气体中的尘粒依靠自身的重力从气流中自然沉降下来，达到净化目的的一种装置。重力沉降室是各种除尘器中最简单的一种，只能捕集粒径较大的尘粒，只对 50μm 以上的尘粒具有较好的捕集作用，因此除尘效率低，只能作为初级除尘手段。惯性除尘是利用粉尘与气体在运动中的惯性力不向，使粉尘从气流中分离出来的方法，常用方法是使含尘气流冲击在挡板上，气流方向发生急剧改变，气流中的尘粒惯性较大，不能随气流急剧转弯，便从气流中分离出来。惯性除尘器适于非黏性、非纤维性粉尘的去除，设备结构简单，阻力较小，但其分离效率较低，为50%～70%，只能捕集10～20μm以上的粗尘粒，故只能用于多级除尘中的第一级除尘。旋风除尘器是使含尘气流沿某一特定方向做连续的旋转运动，粒子在随气流旋转中获得离心力，使粒子从气流中分离出来的装置，也称为离心式除尘器。在机械式除尘器中，旋风除尘器是效率最高的一种。它适用于非黏性及非纤维性粉尘的去除，对大于5μm的颗粒具有较高的去除效率，属于中效除尘器，还可用于高温烟气的净化，因此是应用广泛的一种除尘器。它多应用于锅炉烟气除尘、多级除尘及预防除尘。它的主要缺点是对细小尘粒（<5μm）的去除效率较低。

2. 过滤式除尘器

过滤式除尘是使含尘气体通过多孔滤料，把气体中的尘粒截留下来，得到净化的方法。按滤尘方式有内部过滤与外部过滤之分。内部过滤是把松散多孔的滤料填充在框架内作为过滤层，尘粒在滤层内部被捕集，如颗粒层过滤器就属于这类过滤器。外部过滤是用纤维织物、滤纸等作为滤料，通过滤料的表面捕集尘粒，故称为外部过滤。这种除尘方式最典型的装置是袋式防尘器，它是过滤式除尘器中应用最广泛的一种。用棉、毛、有机纤维、无机纤维的纱线织成滤布，用此滤布做成的滤袋是袋式除尘器中最主要的滤尘部件，滤袋的形状有圆形和扁形两种，应用最多的是圆形滤袋。袋式除尘器广泛用于各种工业废气除尘中，它属于高效除尘器，除尘效率大于99%，对细粉有很强的捕集作用，对颗粒性质及气量的适应性强，同时便于回收干料。袋式除尘器不适用于含油、含水及黏结性粉尘，同时也不适于处理高温含尘气体，一般情况下被处理气体的温度应低于100℃。在处理高温烟气时需预先对烟气进行冷却降温。

3. 湿式除尘器

湿式除尘也称为洗涤除尘。该方法是用液体洗涤含尘气体，使尘粒与液膜、液滴或雾沫碰撞而被吸附，凝集变大，尘粒随液体排出，气体得到净化。由于洗涤液对多种气态污染物具有吸收作用，因此，它既能净化气体中的固体颗粒物，又能同时脱除气体中的气态有害物质，这是其他类型的除尘器所无法做到的。某些洗涤器也可以单独充当吸收器使用。湿式除尘器的种类很多，主要有各种型式的喷淋塔、离心喷淋洗涤除尘器和文丘里式洗涤器等。湿式除尘器的结构简单，造价低，除尘效率高，在处理高温、易燃、易爆气体时的安全性好，在除尘的同时还可去除气体中的有害物。湿式除尘器的不足是用水量大，易产生腐蚀性液体，产生的废液或泥浆需进行处理，并可能造成二次污染。在寒冷地区和季节，易结冰。

4. 静电除尘器

静电除尘是利用高压电场产生的静电力的作用实现固体粒子或液体粒子与气流分离的方法。常用的除尘器有管式与板式两大类型。含尘气体进入除尘器后，通过以下三个阶段实现尘气分离：①粒子荷电；②粒子沉降；③粒子清除。静电除尘器是一种高效除尘器，对细微粉尘及雾状液滴的捕集性能优异，除尘效率达99%以上，对于<0.1μm的粉尘粒子，仍有较高的去除效率；由于静电除尘器的气流通过阻力小，所消耗的电能是通过静电力直接作用于尘粒上的，因此能耗低；静电除尘器处理气量大，又可应用于高温、高压的场合，因此被广泛用于工业防尘。静电除尘器的主要缺点是设备庞大、占地面积大，因此，一次性投资费用高。

二、气态污染物的治理技术

1. 吸收法

吸收法是采用适当的液体作为吸收剂，使含有有害物质的废气与吸收剂接触，废气中的有害物质被吸收于吸收剂中，使气体得到净化的方法。吸收过程中，依据吸收质与吸收剂是否发生化学反应，可将吸收分为物理吸收与化学吸收。在处理以气量大、有害组分浓度低为特点的各种废气时，化学吸收的效果要比单纯的物理吸收好得多，因此，在用吸收法治理气态污染物时，多采用化学吸收法进行。吸收法具有设备简单、捕集效率高、应用范围广、一次性投资低等特点。但由于吸收是将气体中的有害物质转移到了液体中，因此，对吸收液必须进行处理，否则容易引起二次污染。此外，由于吸收温度越低吸收效果越好，因此，在处理高温烟气时，必须对排气进行降温预处理。

2. 吸附法

吸附法治理废气就是使废气与大比表面多孔性固体物质相接触，将废气中的有害组分吸附在固体表面上，使其与气体混合物分离，达到净化的目的；具有吸附作用的固体物质称为吸附剂，被吸附的气体组分称为吸附质。当吸附进行到一定程度时，为了回收吸附质以及恢复吸附剂的吸附能力，需采用一定的方法使吸附质从吸附剂上解脱下来，谓之吸附剂的再生。吸附法治理气态污染物应包括吸附及吸附剂再生的全部过程。吸附法的净化效率高，特别是对低浓度气体仍具有很强的净化能力。因此，吸附法特别适用于排放标准要求严格或有害物浓度低，用其他方法达不到净化要求的气体净化。因此，常作为深度净化手段或联合应用几种净化方法时的最终控制手段。吸附效率高的吸附剂如活性炭、分子筛等，价格一般都比较昂贵，因此，必须对失效吸附剂进行再生，重复使用吸附剂，以降低吸附的费用。常用的再生方法有升温脱附、减压脱附、吹扫脱附等。再生的操作比较麻烦，这一点限制了吸附方法的应用。另外，由于一级吸附剂的吸附容量有限，因此，对高浓度废气的净化，不宜采用吸附法。

3. 催化法

催化法净化气态污染物是利用催化剂的催化作用转化为无害物或易于去除物质的一种方法。催化方法的净化效率较高，净化效率受废气中污染物浓度的影响较小，而且在治理过程中，无需将污染物与主气流分离，可直接将主气流中的有害物转化为无害物，避免了二次污染。但所用催化剂的价格较贵，操作上的要求较高，废气中的有害物质很难作为有用物质进行回收等是该法存在的缺点。

4. **燃烧法**

燃烧法是对含有可燃有害组分的混合气体进行氧化燃烧或高温分解，从而使这些有害组分转化为无害物质的方法。燃烧法主要应用于碳氢化合物、一氧化碳、恶臭、沥青烟、黑烟等有害物质的净化治理。实用中的燃烧净化方法有三种，即直接燃烧、热力燃烧与催化燃烧。直接燃烧法是把废气中的可燃有害组分当作燃料直接烧掉。热力燃烧是利用辅助燃料燃烧放出的热量将混合气体加热到要求的温度，使可燃的有害物质进行高温分解变为无害物质。直接燃烧与热力燃烧的最终产物均为二氧化碳和水。催化燃烧是在催化剂的作用下将混合气体加热到一定温度，使可燃的有害物质转化为无害的物质。燃烧法的工艺比较简单，操作方便，可回收燃烧后的热量；但不能回收有用物质，并容易造成二次污染。具体来讲，直接燃烧是有火焰的燃烧，燃烧温度高（＞1100℃），一般的窑炉均可作为直接燃烧的设备，因此只适用于净化含可燃组分浓度高或有害组分燃烧时热值较高的废气。热力燃烧为有火焰燃烧，燃烧温度较低（760～820℃），燃烧设备为热力燃烧炉，在一定条件下也可用一般锅炉进行，因此，热力燃烧一般用于可燃有机物含量较低的废气或燃烧热值低的废气治理。催化燃烧只适用于某些特殊的场合。

5. **冷凝法**

冷凝法是采用降低废气温度或提高废气压力的方法，使一些易于凝结的有害气体或蒸气态的污染物冷凝成液体并从废气中分离出来的方法。冷凝法只适于处理高浓度的有机废气，常用作吸附、燃烧等方法净化高浓度废气的预处理方法，以减轻这些方法的负荷。冷凝法的设备简单、操作方便，并可回收到纯度较高的产物，因此也成为气态污染物治理的主要方法之一。

6. **生物法**

废气的生物处理法是利用微生物的代谢活动过程把废气中的气体污染物转化为低害甚至无害的物质。生物处理不需要再生过程和其他高级处理。与其他净化法相比，其处理设备简单，费用也低，并可以达到无害化的目的。因此，生物处理技术被广泛地应用于有机废气的净化，如屠宰厂、肉类加工厂、金属铸造厂、固体废物堆肥、化工厂的臭氧处理等。该法的局限性在于不能回收污染物质，只能处理浓度很低的污染物。

7. **膜分离法**

混合气体在压力梯度的作用下，透过特定薄膜时，由于不同气体有不同的透过速度，从而可使不同组分达到分离的效果。根据构成膜物质的不同，分离膜有固体膜和液体膜两种。目前，在一些工业部门实际应用的主要是固体膜。膜法气体分离技术的优点是过程简单，控制方便，操作弹性大，并能在常温下工作，能耗低。该法已用于合成氮气中回收氢，天然气净化，空气中氧的收集，以及 CO_2 的去除与回收等。

第六节　大气污染综合防治对策

一、大气污染治理的现状和发展趋势

对大气污染的治理在20世纪70年代中期以前，主要采用的是末端治理的方法。但随着人口的增加、生产的发展以及多种类型污染源的出现，大气中污染物的总量非但没有减少，反而不断增加，空气质量仍在不断恶化。特别是在20世纪80年代以后，大面积的生态破坏、酸雨区的扩大、城市空气质量的恶化以及全球性污染的出现，使得大气污染呈现了范围大、危害严重、持续恶化等特点。在全球，城市大气污染每年导致约80万人死亡。目前，我国城市和区域大气污染也已十分严重，并有日益恶化的趋势，而形成这种状况的原因是能耗大、能源结构不合理、污染源的不断增加、来源复杂以及污染物的种类繁多等多种因素。2005年，我国因大气污染造成的环境与健康损失占全国GDP的7%，而且到2020年可能达到13%。因此，只靠单项治理或末端治理措施解决不了大气污染问题，必须从城市和区域的整体出发，统一规划并综合运用各种手段及措施，才有可能有效地控制大气污染。

二、大气污染综合防治的基本原则

1. 技术措施与管理措施相结合

污染综合防治一定要管治结合，污染治理固然十分重要，但在我国财力有限、技术条件比较落后的现实条件下，通过加强环境管理来解决环境问题就显得更为重要。由于粗放经营、管理不善造成的污染物流失约占污染物流失总量的50%。运用管理手段，坚持实行排放申报登记、排污收费、限期治理等各项环境管理制度，可以促进污染治理。而污染治理工程建成投入运行后，也必须建立严格的管理制度，才能保证污染治理设施持续地正常运行。

2. 大气自净与人为措施相结合

大气的自净有物理作用和化学作用。合理利用大气自净能力，既可保护环境，又可节约环境污染治理投资；但污染物的排放量若超过了大气所能承受的负荷，仍会造成严重的后果。应坚持合理利用大气自净能力与人为措施相结合的原则，不仅要从单个污染源的治理来考虑，而且要与大气自净能力综合考虑，组成不同的方案，然后择其最优或较优者。

3. 源头控制与全过程控制相结合

污染物的排放总量是决定一个区域环境质量的根本问题，单纯对污染源排出的污染物进行净化治理，可以控制每个污染源排放污染物的浓度，但却控制不住污染物排放总量的增加，因而也就不能有效地改善区域大气质量。若要从根本上解决大气环境质量问题，就必须要从源头开始控制并实行全过程控制，推行清洁生产，即利用适宜的能源，减少能耗，提高能源利用率和工业生产原料利用率，在生产全过程中最大限度地减少污染物的排放量。这样不但可以提高资源利用率，降低生产成

本，减少污染物发生量，并且可以最大限度地避免因排放废物带来的风险和降低处理、处置费用。因此，以源头控制为主，实施全过程控制是大气污染综合防治的重要原则。

4. **分散治理与综合防治相结合**

分别对分散的污染源进行治理对减少污染物的排放是有利的，但必须与综合防治相结合，才能充分显示出大气污染防治的环境效益和经济、社会效益。区域污染综合防治必须以污染集中控制为主，这样既可达到改善整个区域环境质量的目的，又能以尽可能少的投入获取尽可能大的效益。同时，污染综合防治又要以污染源分散治理为基础，因为区域主要污染物应控制的排放总量是根据该区域的环境目标确定的，并将此总量合理分配落实到污染源，各主要污染源按总量控制指标采取防治措施，如果各主要污染源的治理都达不到总量控制的要求，区域污染综合防治的目标就会落空，因此，分散治理是区域污染综合防治的基础。

5. **总量控制与浓度控制相结合**

按功能区实行总量控制是指在保持功能区环境目标值的前提下，所能允许的某种污染物的最大排污总量。环境功能区的环境质量主要取决于区域的污染物排放总量，而主要不是单个污染源的排放浓度是否达标。如果某一功能区大气污染源的密度大，即使单个污染源都达标排放，整个功能区的污染物排放总量仍会超过环境容量。但实践表明，对污染源排放的浓度控制也是必需的。因此，必须实施污染物排放浓度控制与污染物排放总量控制相结合的原则。

三、大气污染综合防治的主要对策

1. **加强大气环境管理，制定综合防治规划**

大气污染控制是一项综合性很强的技术，由于影响大气环境质量的因素很多，因此，要控制大气环境污染，无论是对一个国家，还是对一个地区或城市，都必须有全面而长远的大气环境保护规划。制定大气污染综合防治规划，是在新形势下实施可持续发展战略、全面改善城市大气质量环境的重要措施。

2. **调整优化产业结构和布局，推行清洁生产**

一些城市的实践证明，因地制宜的优化工业结构，可削减排污量10%～20%。合理、适宜地调整地区的工业结构，将能改善该地区的生态结构，促进良性循环。研究建立各地区资源环境承载能力预警机制，严格控制高耗能、高排放项目。综合运用法律法规、产业政策、安全生产等手段，着力化解产能严重过剩的矛盾。加快淘汰落后产能，会同有关部门确保完成阶段性淘汰任务。大力发展节能环保产业，制订重大节能、环保、资源循环利用等技术装备产业化工程实施方案。在调控工业结构的同时，必须同时实施清洁生产。所谓清洁生产，可以概括为采用清洁的能源和原材料，通过清洁的生产过程，制造出清洁的产品。清洁生产把综合预防的环境策略持续地应用于生产过程和产品中，从而减少排放废物对人类和环境带来的风险，可以提高资源的利用率，降低成本并可降低处理处置费用。

3. **改善能源结构，大力推进节能减排**

目前，我国城市空气质量仍处于较重的污染水平，这主要是由于能源仍以煤为主，且能耗大，浪费严重，而汽车尾气的污染又日益突出。因此，要有效地解决城市大气污染问题，必须要改善能源结构并大力推进节能减排。一方面，要加快发展水电、核电、风电、太阳能、生物质能，推动分布式能源的发展，切实解决可再生能源优先上网问题。控制煤炭消费量，制订重点区域煤炭消费总量控制方案。切实抓好天然气供应保障，做好油品品质提升工作。另一方面，要大力推进节能减排。实施分阶段节能行动计划。实行能源消费总量和能耗强度“双控”考核，暂停未完成目标地区新建高耗能项目的核准和审批。强化节能评估审查，对能源消费增量超出控制目标的地区新上的高耗能项目，实行能耗等量或减量置换。推进工业、建筑、交通和公共机构等重点领域节能，深入开展万家企业节能低碳行动，加快重点用能单位能耗在线监测系统建设。积极推行能效领跑者制度，建立和实施节能量交易制度。加强能效标准制订工作，完善节能监察执法机制，依法查处违法用能行为。

4. **综合防治交通废气污染**

随着经济持续地高速发展，我国汽车的保有量急剧增加，特别是在大城市，表现得更为明显，而目前我国机动车的排放水平基本处于国外未控制时的水平。因而，汽车排气的污染危害日益明显。对于汽车尾气排放的大气污染防治首先应加强立法和管理。由于我国经济、技术发展水平的限制，对机动车排气中有害物的允许排放浓度的限制是比较宽松的，且多年没有改变，因此，需要随经济、技术水平的不断提高和环境质量的要求予以提高和完善，同时应完善相应的配套管理措施，如健全车辆淘汰报废制度等。除了上述措施外，更重要的问题是应在机动车的生产与使用中达到节能、降耗、减少污染物的排出量，大力发展环保汽车，可采取的措施包括机内净化、机外净化以及燃料的改进与替代等。

5. **切实加强扬尘管理**

扬尘是指沉降于地面后由于各种原因重新被扬起于空气中的灰尘或是由于进行各种施工散布于空气中的灰尘。扬尘也属于尘污染，尤其是在城市具有更明显的危害。这主要是由于城市人口密集、居住集中，而扬尘高度一般均在呼吸带高度范围内，因此影响面大，对人的生活干扰也大。对扬尘可采取如下一些措施进行防治：尽量减少土地的裸露；加强环卫工作；开展施工防护等，其关键在于加强管理监督，即必须有相应的法规和管理、监督措施以保证上述办法的有效实行。

6. **植树造林，完善城市绿化系统**

城市绿化系统是城市生态系统的重要组成部分，完善的城市绿化系统不仅可以美化环境，而且对改善城市大气质量有着不可低估的作用。完善的城市绿化系统可以调节水循环和“碳-氧”循环，调节城市小气候；可以防风沙、滞尘、降低地面扬尘；可以使空气增湿、降温、缓解“城市热岛”效应；可以增大大气环境容量，且可吸收有害气体，具有净化作用等。因此，建立完善的城市绿化系统是大气污染综合防治具有长效能和多功能的战略性措施。目前我国大多数城市均注意了城市绿化在大气污染综合防治中的作用，但在城市绿化系统的完善配套上仍存在明显的缺陷，应予改善。这包括应使各类绿地保持合理的比例，应合理调整城市植物群落的结构和组成，应制定并实施改善绿化系统的规划等级等方面。

复习思考题

1. 简述大气的结构和组成。
2. 什么是大气污染？主要的大气污染源有哪些？
3. 简述主要的大气污染物。
4. 大气污染有哪些主要的类型？
5. 全球性的大气环境问题主要有哪些？
6. 全球气候变暖的主要根源及危害有哪些？
7. 控制全球气候变暖的主要对策有哪些？
8. 臭氧层破坏的主要根源及危害有哪些？
9. 控制臭氧层破坏的主要对策有哪些？
10. 酸雨形成的主要根源及危害有哪些？
11. 控制酸雨的主要对策有哪些？
12. 雾霾形成的主要根源及危害有哪些？
13. 控制雾霾的主要对策有哪些？
14. 大气污染的危害主要表现在哪些方面？
15. 简述主要的大气污染治理技术。
16. 开展大气污染综合防治应坚持哪些原则？
17. 大气污染综合防治的主要对策有哪些？

第三章 水环境科学

第一节 水和水环境

一、天然水资源

水资源的定义通常是指可供人们经常使用的水量，即大陆上由大气降水补给的各种地表、地下淡水体的储存量和动态水量。地表水包括河流、湖泊、冰川等，其动态水量为河流径流量；地下水资源是由地下水的储存量和补给量组成的，地下水的动态水量为降水渗入和地表水渗入补给的水量。地球表面的广大水体，在太阳辐射的作用下，大量水分被蒸发，上升到空中，被气流带动输送到各地，遇冷凝结而以降水的形式落到地面或水体，再从河道或地下流入海洋。水分这样往复循环不断转移交替的现象称为水的自然循环。形成水循环的内因是水的物理特性，外因是太阳的辐射和地心引力。地球表面的70%被水覆盖，但淡水资源仅占所有水资源的2.5%，近70%的淡水固定在南极和格陵兰的冰层中，其余多为土壤水分或深层地下水，不能被人类利用，地球上只有不到1%的淡水可为人类直接利用，详见表3-1。

表 3-1 地球上水的分配比

项目	形态	所占比例/%	项目	形态	所占比例/%
地球上的水	海水	97.5	淡水的分配	湖泊、沼泽	0.35
	淡水	2.5		大气	0.04
淡水的分配	冰盖、冰川	77.2		河流	0.01
	地下水、土壤水	22.4			

中国的水资源总量为2.8万亿立方米，居世界第6位。其中地表水2.7万亿立方米，地下水0.83万亿立方米，由于地表水与地下水相互转换、互为补给，扣除两者重复计算量0.73万亿立方米，与河川径流不重复的地下水资源量约为0.1万亿立方米。但按人口平均计算，中国以平均每人每年拥有近2260m^3用水统计数字排在第128位，只有世界人均占有量的1/4，相当于美国的1/5，巴西的1/15，加拿大的1/50。

二、水资源的利用现状

1. 传统水资源的利用现状

世界各国水资源的开发利用率一般为20%～30%，美国为21%。我国水资源的开发利用程度各地很不平衡。南方多水地区的利用程度较低，长江流域16%，珠江流域15%，江西省14%，浙闽沿海诸河不到4%，西南诸河则不到1%。北方少水地区水资源的开发利用程度都比较高，海河流域67%，辽河流域68%，淮河流域73%，黄河流域39%，内陆河32%。我国用水组成是工业用水占11.0%，农业用水占86.3%，生活及其他用水占2.7%。近年来，一些工业发达国家的用水组成发生了很大的变化，即工业用水所占的比重越来越大，加拿大工业用水占总用水量的81.5%，美国占43.5%，法国占41.2%。

2. 非传统水资源利用现状（替代水资源）

非传统水资源的开发正在被世界各国放在重要地位进行研究并已付诸实践，取得了巨大的收益。随着我国经济社会的迅速发展，非传统水资源的利用已经受到社会各界广泛的关注。传统水资源和非传统水资源的耦合互补利用，不仅能缓解水资源缺乏的压力，而且还能改善水环境，减少水灾害，具有巨大的社会效益和生态效益。对于城市而言，非传统水资源的开发利用主要包括城市雨水利用、污水资源化及“海水开源”三方面。发达国家如美国、日本、德国、新加坡以及中东国家在非传统水资源的开发利用方面已经有多年的历史并积累了宝贵的经验。

（1）雨水利用　广义的雨水利用包括水资源利用的各个方面，具有极大的广泛性。狭义的雨水利用是指有目的地采用各种措施对雨水资源进行保护和利用，主要包括收集、储存和净化后的直接利用；利用各种人工或自然水体、池塘、湿地或低洼地对雨水径流实施调蓄、净化和利用，通过各种人工或自然渗透设施使雨水渗入地下，补充地下水资源、集流补灌的农业雨水利用等。

（2）城市污水资源化　城市污水资源化是指城市污水和工业废水经过适当的处理达到一定的水质标准，使之变为城市水源的一部分，这部分水又叫再生水。再生水与雨水相比，水源比较稳定、可靠，受季节的影响较小，可以广泛地用于补充水源、工业用水、环境用水、城市杂用水等。

（3）海水开源　海水开源就是以海水为原水，通过各种工程、技术手段，用海水作为淡水的替代品，来增加淡水的资源量或减少淡水的使用量。海水开源包括海水的直接利用和淡化两方面。海水直接利用是直接采用海水代替淡水以满足工业用水和生活用水的需求。海水直接利用历史久远的国家有日本、美国、前苏联和西欧六国，主要用于火力发电、核电、冶金、石化等企业。与发达国家相比，我国的海水直接利用量较少。海水淡化是运用科技手段使海水变为淡水，从而增加淡水资源量。从地区分布来讲，海水淡化的生产能力大多集中在中东国家，但美国、日本和欧洲国家为了保护本国的淡水资源也竞相发展海水淡化产业。

三、世界性的水荒

当一个地区的需水量大于水资源的供水能力时，则会出现缺水现象，人们称之为“水荒”。按照国际公认的标准，人均水资源低于3000m^3/a为轻度缺水；低于2000m^3/a为中度缺水；低于1000m^3/a为严重缺水；低于500m^3/a为极度缺水。

从世界水资源来看，欧洲、南美洲和北美洲的部分地区水资源较丰富，亚洲、非洲和大洋洲都在不同程度上存在严重的缺水区，特别是我国的华北、西北、美国西部、中东以及北非地区缺水最严重。近年来，世界人口每年净增1.25%，总需水量平均每年递增5%～6%，每过15年淡水消耗量就要增长1倍，有些国家平均每10年增长1倍。因此，世界性水荒日益严重。

四、水与人类社会的关系

1. 水是自然界生命的命脉

人与生物和水有着密切的关系。地球中宇宙射线、紫外线、闪电等高能作用使原始大气中的水蒸气、甲烷、氨、氮、氢合成了一系列的有机物——有机酸、核苷酸等，它们经过长时间的缩合与聚合作用，可以从有机小分子合成到生物大分子——蛋白质、核酸及脂质等，但这些物质只能在水溶液中相互作用才能形成，这就是原始生命的萌芽，然后再经过新陈代谢作用，演变为原始生命。所以说水是自然界生命起源的必要条件之一，没有水就没有生命，而人体平均含水量达70%，植物平均含水量也在40%～60%，有的瓜果含水量达80%～90%。

2. 水是工农业生产及城市不可缺少的宝贵资源

工业上，水可产生蒸汽作动力；可作输送介质；可用水冷却机器设备；可作生产原料；可用于洗涤产品。所以说，世界上几乎没有一种工业不用水，没有水的工厂不能开工。同样，没有水，农业就不能得到灌溉，作物就会枯萎。

3. 水影响着人类环境

正常的降水对淡水循环和调节气候很重要，有时还影响着水系发育，同时对人类环境有着一定的影响。总的来说，我国的水资源状况令人担忧，平均每年有$2\times 10^{12} m^2$地受旱灾威胁，5000万人饮水有困难，我国大部分贫困县位于缺水地区，水资源的不足已经制约了它们的经济发展。此外，我国的水资源浪费严重。以工业用水的重复使用率为例。我国各大城市工业用水的重复使用率一般只有25%，最高的才达49%，但在日本，水的重复使用都达60%，德国更高达64%。

第二节　水体的污染与自净

一、水体污染的定义

1. 水体

所谓水体是江河湖海、地下水和冰川等“贮水体”的总称，是被水覆盖地段的自然综合体。在环境科学领域中，水体不仅包括水，而且也包括水中的溶解物质、悬浮物、底泥及水生生物等。水体可以按“类型”区分，也可以按“区域”区分。按“类型”区分时，地表贮水体可分为海洋水体和陆地水体；陆地水体又可分成地表水体和地下水体。按“区域”划分的水体是指某一具体的被水覆盖的地段，如太湖、洞庭湖、鄱阳湖是三个不同的水体，但按陆地水体类型划分，它们同属于湖泊；又如长江、黄河、珠江同为河流，而按区域划分，则分属于三个流域的三条水系。在环境污染研究中，区分“水”和“水体”的概念十分重要。如重金属污染物易于从水中转移到底泥中，生成沉淀或被吸附和整合。水中重金属的含量一般都不高，仅从水着眼，似乎水未受到污染；但从整个水体来看，则很可能受到较严重的污染。重金属污染由水转向底泥可称为水的自净作用，但从整个水体来看，沉积在底泥中的重金属将成为该水体的一个长期次生污染源，很难治理，它们将逐渐向下游移动，扩大污染面。

2. 水体污染

《中华人民共和国水污染防治法》明确说明，“水污染是指水体因某种物质的介入而导致其化学、物理、生物或放射性等方面的特性的改变，从而影响水的有效利用，危害人体健康或破坏生态环境，造成水质恶化的现象”。造成水体污染的因素是多方面的，向水体排放未经过妥善处理的城市污水和工业废水；施用的化肥、农药及城市地面的污染物，被雨水冲刷，随地面径流而进入水体；随大气扩散的有毒物质通过重力沉降或降水过程而进入水体等。其中第一项是水体污染的主要因素。由此可知，水体污染就是因种种因素尤其是人为因素导致的水体水质恶化以致不能被利用，必须对其进行治理才能恢复正常的现象。

自然界中的水体污染，从不同的角度可以划分为各种污染类别。环境污染物的来源称为污染源。从污染源划分，可分为点污染源和面污染源。点污染是指污染物质从集中的地点排入水体。它的特点是排污经常，其变化规律服从工业生产废水和城市生活污水的排放规律，它的量可以直接测定或者定量化，其影响可以直接评价。而面污染则是指污染物质来源于集水面积的地面上（或地下），如农田施用化肥和农药，灌排后常含有农药和化肥的成分，城市、矿山在雨季，雨水冲刷地面污物形成的地面径流等。面源污染的排放是以扩散的方式进行的，时断时续，并与气象因素有联系。

从污染的性质划分，可分为物理性污染、化学性污染和生物性污染。物理性污染是指水的浑浊度、温度和水的颜色发生改变，水面的漂浮油膜、泡沫以及水中含有的放射性物质增加等；化学性污染包括有机化合物和无机化合物的污染，如水中的溶解氧减少，溶解盐类增加，水的硬度变大，酸碱度发生变化或水中含有某种有毒化学物质等；生物性污染是指水体中进入了细菌和污水微生物等。

3. 水体污染指标

污水和受纳水体的物理、化学、生物等方面的特征是通过水体污染指标来表示的。水体污染指标又是控制和掌握污水处理设备的处理效果和运行状态的重要依据。水体污染指标的检测方法，国家已有明确的规定，检测时应按国家规定的方法或公认的通用方法进行。由于水体污染指标的数目繁多，在水体污染控制工程的应用中，应根据具体情况选定。常用的水体污染指标包括生化需氧量（BOD）、化学需氧量（COD）、总需氧量（TOD）、总有机碳（TOC）、悬浮物、有毒物质、pH值以及大肠杆菌群数等。

（1）BOD　BOD表示在有氧条件下，好氧微生物氧化分解单位体积水中有机物所消耗的游离氧的数量，常用单位为mg/L。这是一种间接表示水被有机污染物污染程度的指标。

(2) COD 用强氧化剂——重铬酸钾在酸性条件下能够将有机物氧化为 H_2O 和 CO_2，此时所测出的耗氧量称为 COD。COD 能够比较精确地表示有机物含量，而且测定需时较短，不受水质限制。因此，多作为工业废水的污染指标。用另一种氧化剂——高锰酸钾，也能够将有机物加以氧化，测出的耗氧量较 COD 低，称为耗氧量，以 OC 表示。

(3) TOD 有机物主要是由 C、H、N、S 等元素所组成的，当有机物完全被氧化时，C、H、N、S 分别被氧化为 CO_2、H_2O、NO 和 SO_2，此时的需氧量称为 TOD。

(4) TOC TOC 表示的是污水中有机污染物的总含碳量，其测定结果以 C 含量表示，单位为 mg/L。

(5) 悬浮物 悬浮物是通过过滤法测定的，过滤后滤膜上或滤纸上截留下来的物质即为悬浮固体，它包括部分的胶体物质，单位为 mg/L。

(6) 有毒物质 有毒物质是指其达到一定浓度后，对人体健康、水生生物的生长造成危害的物质。有毒物质种类繁多，要检测哪些项目，应视具体情况而定。其中，非重金属的氰化物和砷化物及重金属中的汞、镉、铬、铅等是国际上公认的六大毒物（砷有时与重金属放在一起进行研究）。

(7) pH 值 pH 值是反映水的酸碱性强弱的重要指标。

(8) 大肠菌群数 大肠杆菌群数是指单位体积水中所含的大肠菌群的数目，单位为个/L，它是常用的细菌学指标。

二、水体污染的机理

水体污染分别有物理作用、化学作用、生物化学作用等因素，但在某种条件下以某种因素为主。水体污染的物理作用是指污染物进入水体后不改变水的化学性质，也不参与生物作用过程，仅是可改变水的色度、浊度、温度等物理性状及空间位置等，其表现为色度加深，浊度加大，温度上升，悬浮物向底泥中沉降积累，漂浮物及底质被水流冲刷的移动等现象。水体污染的化学作用是指由于化学和物理化学作用，污染物进入水体后发生了化学性质或形态、价态的变化。如酸碱中和、氧化还原、分解和化合等。水体污染的生物、生化作用是指食物链中的物质传递作用，普遍存在于有水生生物存在的近地面水体之中。有的可将有害物质转化为无害物质，甚至是营养物质；有的也可能将一种有害物质转化为另一种有害物质；有的将水中微量污染物浓缩富集千百万倍以上且达到使人体或生物致害的程度。

三、水体污染源

水体污染物致使水体污染的途径有：①大量废水及一部分废渣、垃圾直接排入水中；②废渣、垃圾堆积地面经降雨淋洗，滤入水中；③通过尘埃沉降和气-水界面物质交换，从大气进入水中。第①、②种途径是污染物进入水体的主要途径。向水体排放或释放污染物的来源或场所叫水体污染源。水体污染源可以分为自然污染源和人为污染源两大类。自然污染是指由于特殊的地质或自然条件，使一些化学元素大量富集或天然植物腐烂中产生的某些有毒物质或生物病原体进入水体，从而污染了水质。人为污染则是指由于人类活动引起地表水水体污染，主要是工业、农业和生活污水。工业废水是水体最主要的污染源，它量大、面广、含污染物多、成分复杂，有些成分在水中不易净化，处理也比较困难。工业生产过程的各个环节都可产生废水。影响较大的工业废水主要来自冶金、电镀、造纸、印染、制革等企业。农业污水主要来源于农田灌溉水和生活污水。农业污水面广、分散，难于收集、难于治理。生活污水是人们日常生活中产生的各种污染物质的混合液，其中包括厨房、厕所、洗涤排出的污水。事实上，水体不只受到一种类型的污染，而是同时受到多种性质的污染，并且各种污染互相影响，不断地发生着分解、化合或生物沉淀作用。

四、水体污染物

水体中的污染物按其种类和性质一般可以分为四大类，即无机无毒物（酸、碱及无机盐）、无机有毒物（各种重金属、氰化物、氟化物等）、有机无毒物（如糖类、脂肪及蛋白质等）和有机有毒物（如多环芳烃、有机农药等）。另外，石油类以及生物物质也是水体污染的重要来源之一。除此以外，随着科学技术的发展，新型能源的开发利用及工业的迅猛发展，能源的大量使用特别是能源使用的浪费不仅促使“能源危机”的发展，而且加重了对环境的污染。如火电站和原子能发电站将大量的热废水排入水体造成热污染；原子能反应堆、原子能电站等排泄物又引起水体的放射性污染等。所谓有毒、无毒是根据对人体健康是否直接造成毒害作用而分的。严格来说，污水中的污染物质没有绝对无毒害作用的，所谓无毒害作用是相对而有条件的，如多数的污染物在其低浓度时对人体健康并没有毒害作用，而达到一定浓度后即能够呈现出毒害作用。第一届联合国人类环境会议指出的 28 类环境主要污染物中水体污染物就占 15 类。它们是①致浊物：尘、泥土、沙、灰、渣、屑、漂浮物等。②致色物：色素、染料等。③病原微生物：病毒、病菌、病虫卵等。④需氧有机物：糖类、蛋白质、油质、氨基酸、木质素等。⑤植物营养素：硝酸盐、亚硝酸盐、铵盐、磷酸盐、有机氟磷化合物等。⑥无机有害物：酸、碱、盐。⑦无机有毒物：氰化物、氟化物、硫化物。⑧重金属：汞、铅、铬、镉、砷等。⑨易分解有机有毒物：酚、苯、醛、有机磷农药。⑩难分解有机有毒物：有机氯农药（DDT、六六六等）、多氯联苯。⑪石油类。⑫热。⑬放射性物质：铀、锶等。⑭硫氮氧化物：二氧化硫、氮氧化物。⑮致臭物：胺、硫醇、硫化氢、氨等。工业废水中往往含有多种有害污染物。水质污染的原因主要取决于有害物质含量的多少，如汞、铜、砷、铅、有机磷、六价铬、多氯联苯等等，但这些有害物不是每次必测的项，废水主要控制的水质指标有有毒类物质、有机物质、悬浮物、细菌总数、pH 值、色度、温度等，如表 3-2 所示。

表 3-2 废水中污染物主要控制指标

污染物种类		主要控制的水质指标
固体污染物		固体悬浮物(SS)、浊度、总固体(TS)
需氧污染物		生化需氧量(BOD)、化学需氧量(COD)、总需氧量(TOD)、总有机碳(TOC)
营养性污染物		氮、磷
酸碱污染物		pH 值
有毒污染物	无机化学毒物	金属毒物:汞、铬、镉、铅、锌、镍、铜、钴、锰、钛等 非金属毒物:砷、硒、氰、氟、硫、亚硝酸根等
	有机化学毒物	农药(DDT、有机氯、有机磷等)、酚类化合物、多氯联苯、稠环芳烃(如:苯并芘)、芳香族氨基化合物
	放射性物质	X 射线、α 射线、β 射线、γ 射线
油类污染物		石油类、动植物油类
生物污染物		致病细菌、病虫卵、病毒、细菌总数、总大肠细菌数
感官性污染物		色度、臭味、浊度、漂浮物
热污染		温度

1. 无机无毒物

污水中的无机无毒物质大致可分为三种类型：一是属于沙粒、矿渣一类的颗粒状物质；二是酸、碱、无机盐类；三是氮、磷等植物营养物质。

沙粒、土粒及矿渣一类的颗粒状污染物是无毒害作用的，一般它们和有机类颗粒状污染物混在一起统称悬浮物或悬浮固体。在污水中悬浮物可能处于三种状态：部分轻于水的悬浮物浮于水面，在水面形成浮渣；部分密度大于水的悬浮物沉于水底，这部分悬浮物又称为可沉固体。另一部分悬浮物，由于相对密度接近于水乃在水中呈真正的悬浮状态。由于悬浮固体在污水中是能够看到的，而且它能够使水浑浊，因此，悬浮物是属于感官性的污染指标，是水体主要的污染物之一。水体被悬浮物污染，可能造成以下主要危害：①大大地降低了光的穿透能力，减少了水的光合作用并妨碍水体的自净作用；②对鱼类产生危害，可能堵塞鱼鳃，导致鱼的死亡，制浆造纸废水中的纸浆对此最为明显；③水中的悬浮物又可能是各种污染物的载体，它可能吸附一部分水中的污染物并随水流动迁移。

污染水体中的酸主要来自矿山排水及许多工业废水。矿山排水中的酸由硫化矿物的氧化作用而产生，产生的酸继续与其他成分反应生成各种盐，主要是硫酸盐。矿区排水携至河流中的酸实为酸性盐的水解产物。其他如金属加工酸洗车间、黏胶纤维和酸性造纸等工业部门都可排放酸性工业废水。雨水淋洗含二氧化硫的空气后汇入地表水体也能形成酸污染。水体中的碱主要来源于碱法造纸、化学纤维、制碱、制革及炼油等工业废水。酸性废水与碱性废水相互中和产生各种盐类，它们与地表物质相互反应，也可能生成无机盐类，因此，酸和碱的污染必然伴随着无机盐类的污染。天然水体对排入的酸碱有较强的净化作用，因为酸、碱废水排入天然水体后能和水体中固相的各种矿物相互作用而被同化。这对保护天然水体如缓冲天然水的 pH 值的变化有重要意义。酸碱污染水体使水体的 pH 值发生变化，破坏自然缓冲作用，消灭或抑制微生物生长，妨碍水体自净，如长期遭受酸碱污染，水质逐渐恶化，周围土壤酸化，危害渔业生产；酸碱污染物不仅能改变水体的 pH 值，而且可大大增加水中的一般无机盐类和水的硬度。水中无机盐的存在能增加水的渗透压，对淡水生物和植物生长不利。水体的硬度增加对地下水的影响显著，使工业用水的水处理费用提高。如水的硬度增加，锅炉能源消耗增大，水垢传热系数是金属的 1/50。当水垢厚度为 1～5mm 时，锅炉耗煤量将增加 2%～20%。据北京统计，用于降低硬度而软化水，每年要耗资两亿多元。

营养物质是指促使水中植物生长，从而加速水体富营养化的各种物质，主要是指氮、磷。天然水体中过量的植物营养物质主要来自于农田施肥、农业废弃物、城市生活废水和其他工业废水。污水中的氮可分为有机氮和无机氮两类。前者是含氮化合物，如蛋白质、多肽和尿素等；后者则指氨氮、亚硝酸态氮、硝酸态氮等，它们中的大部分直接来自污水，但也有一部分是有机氮经微生物分解转化作用而形成的。城市生活污水中含有丰富的氮、磷，每人每天带到生活污水中有一定数量的氮，粪便是生活污水中氮的主要来源；由于使用含磷洗涤剂，所以在生活污水中也含有大量的磷。生活污水中氮、磷的含量与人们的生活习惯有关，且因地区和季节而不同。在某些工业废水如洗毛废水、含酚废水、制革废水、化工废水、造纸废水中也含有大量的氮、磷等植物营养物质。随着磷灰石、硝石和鸟粪层的开采，固氮工业的发展，豆科植物种植面积的扩大，日益增多的植物营养物质参加到地表物质循环中来。植物营养物污染的危害是水体富营养化，富营养化是湖泊分类和演化的一个概念，是湖泊水体老化的一种自然现象。如果氮、磷等植物营养物质大量而连续地进入湖泊、水库及海湾等缓流水体，将促进各种水生生物的活性，刺激它们异常繁殖，这样就带来一系列的严重后果。藻类在水体中占据的空间越来越大，使鱼类活动的空间越来越少，衰亡的藻类将沉积塘底；藻类的种类逐渐减少，并由以硅藻和绿藻为主转为以蓝藻为主，而蓝藻有不少种有胶质膜，不适于作鱼饵料，而其中有一些种属是有毒的；藻类过度生长繁殖，将造成水体中溶解氧的急剧变化，藻类的呼吸作用和死亡的藻类的分解作用消耗大量的氧，有可能在一定时间内使水体处于严重缺氧状态，严重影响鱼类的生存。

2. 无机有毒物

无机有毒物质是最为人们所关注的。根据毒性发作的情况，此类污染物可分为两类：一类是毒性作用快，易为人们所注意；另一类则是通过食物在人体内逐渐富集，达到一定浓度后才显示出症状，不易为人们及时发现，但危害一经形成，就可能铸成大祸，如日本发生的水俣病和骨痛病。水体中的无机有毒物主要分为非重金属的无机毒性物质和重金属的无机毒性物质。非重金属的无机毒性物质主要指氰化物和砷。我国饮用水标准规定，氰化物含量不得超过 0.05mg/L，农业灌溉水质标准为不大于 0.5mg/L，渔业用水不大于 0.005mg/L。砷是常见的污染物之一，对人体的毒性作用也比较严重。工业生产排放含砷废水的有化工、有色冶金、炼焦、火电、造纸、皮革等，其中以冶金、化工排放砷量较高。三价砷的毒性大大高于五价砷。对人体来说，亚砷酸盐的毒性作用比砷酸盐大 60 倍，因为亚砷酸盐能够和蛋白质中的硫基反应，而三甲基砷的毒性比亚砷酸盐更大。砷也是累积性中毒的毒物，当饮用水中的砷含量大于0.05mg/L时，就会导致累积，近年来发现砷还是致癌元素（主要是皮肤癌）。另外，重金属是构成地壳的物质，在自然界的分布非常广泛。重金属在自然环境的各部分均存在着本底含量，在通常的天然水中金属含量均很低，汞的含量介于10^{-3}~10^{-2}mg/L量级之间，铬含量小于10^{-3}mg/L量级，在河流和淡水湖中钴的含量平均为0.0043mg/L，镍为0.001mg/L。化石燃料的燃烧、采矿和冶炼是向环境释放重金属的最主要污染源，然后通过废水、废气和废渣向环境中排放重金属。重金属与一般耗氧的有机物不同，在水体中不能为微生物所降解，只能产生各种形态之间的相互转化以及分散和富集，这个过程称之为重金属的迁移。重金属在水体中的迁移主要与沉淀、络合、吸附和氧化还原等作用有关。

3. 有机无毒物

这一类物质多属于糖类、蛋白质、脂肪等自然生成的有机物，它们易于生物降解，向稳定的无机物转化。有机污染物对水体污染的危害主要在于对渔业水产资源的破坏。水中含有充足的溶解氧是保证鱼类生长、繁殖的必要条件之一，只有极少数的鱼类，如鳝鱼、泥鳅等在必要时可利用空气中的氧以外，绝大部分鱼类只能用鳃以水中的溶解氧呼吸，维持生命活动。一旦水中的溶解氧下降，各种鱼类就要产生不同的反应。我国特有的优良饲养鱼种，如草鱼、鲢鱼、青鱼、鳙鱼等对溶解氧含量要求在5mg/L以上。当溶解氧不能满足这些鱼类的要求时，它们将力图游离这个缺氧地区，而当溶解氧降至1mg/L时，大部分的鱼类就要窒息而死。当水中溶解氧消失时，水中厌氧菌大量繁殖，在厌氧菌的作用下有机物可能分解放出甲烷和硫化氢等有毒气体，更不适于鱼类生存。

4. 有机有毒物

这一类物质多属于人工合成的有机物质，如农药、醛、酮、酚以及多氯联苯、芳香族氨基化合物、高分子合成聚合物、染料等。有机有毒物主要存在于石油化学工业的合成生产过程及有关的产品使用过程中排放出的污水，不经处理排入水体后而造成污染引起危害。有机有毒物质种类繁多，其中危害最大的有两类：有机氯化合物和多环有机化合物。有机氯化合物被人们使用的有几千种，其中污染广泛，引起普遍注意的是多氯联苯和有机氯农药。有机多氯联苯是一种无色或淡黄色的黏稠液体，流入水体后，由于它只微溶于水，所以大部分以浑浊状态存在或吸附于微粒物质上；它具有脂溶性，能大量溶解于水面的油膜中；它的相对密度大于1，故除少量溶解于油膜中外，大部分会逐渐沉积水底。由于它的化学性质稳定，不易氧化、水解并难于生化分解，所以多氯联苯可长期保存在水中。多氯联苯可通过水体中生物的食物链富集作用，在鱼类体内的浓度累积到几万倍甚至几十万倍，从而污染供人食用的水产品。多氯联苯是一氯联苯、二氯联苯、三氯联苯等的混合物，它的毒性与它的成分有关，含氯原子愈多的组分，愈易在人体脂肪组织和器官中蓄积，愈不易排泄，毒性就愈大。其毒性主要表现为：影响皮肤、神经、肝脏，破坏钙的代谢，导致骨骼、牙齿的损害，并有亚急性、慢性致癌和致遗传变异等可能性。有机氯农药是疏水性亲油物质，能够为胶体颗粒和油粒所吸附并随其在水中扩散。水生生物对有机氯农药同样有很强的富集能力，在水生生物体内的有机氯农药的含量可比水中的含量高几千倍到几百万倍，通过食物链进入人体，累积在脂肪含量高的组织中，达到一定浓度后就会显示出对人体的毒害作用。有机氯农药的污染是世界性的，从水体中的浮游生物到鱼类，从家禽、家畜到野生动物体内，几乎都可以测出有机氯农药。多环有机化合物一般具有很强的毒性。例如，多环芳烃可能有致遗传变异性，其中3,4-苯并芘和1,2-苯并蒽等具有强致癌性。多环芳烃存在于石油和煤焦油中，能够通过废油、含油废水、煤气站废水、柏油路面排水以及淋洗了空气中煤烟的雨水而径流入水体中，造成污染。酚排入水体后污染水体严重，影响水质及水产品的产量及质量。酚污染物主要来源于焦化、冶金、炼油、合成纤维、农药等工业企业的含酚废水。除工业含酚废水外，粪便和含氮有机物在分解过程中也产生少量的酚类化合物。所以，城市中排出的大量粪便污水也是水体中酚污染物的重要来源。水体中的酚浓度低时能够影响鱼类的洄游繁殖，酚浓度为0.1～0.2mg/L时鱼肉有酚味，浓度高时引起鱼类大量死亡，甚至绝迹。一般来说，低浓度的酚能使蛋白质变性，高浓度的酚能使蛋白质沉淀，对各种细胞都有直接的危害。人类长期饮用受酚污染的水源，可能引起头昏、出疹、瘙痒、贫血和各种神经系统症状。有机有毒物质的污染指标，因为它们也属于耗氧物质，也可以使用BOD这样的综合指标，但它们有些又属于难降解物质，在使用BOD指标时可能产生较大的误差。在综合指标方面常以使用COD、TOC和TOD等指标为宜。此外，在表示其在水体中的含量及其污水被污染程度方面，还经常采用各种物质的专用指标，如挥发酚、醛、酮以及DDT、有机氯农药等。

5. 石油类污染物

近年来，石油及其油类制品对水体的污染比较突出。在石油开采、储运、炼制和使用过程中，排出的废油和含油废水使水体遭受污染。石油化工、机械制造行业排放的废水也含有各种油类。随着石油事业的迅速发展，油类物质对水体的污染愈来愈严重，在各类水体中，以海洋受到的油污染尤为严重。目前，通过不同途径排入海洋的石油数量每年为几百万吨甚至1000万吨。石油进入海洋后造成的危害是很明显的，不仅影响海洋生物的生长，降低海滨环境的使用价值，破坏海岸设施，还可能影响局部地区的水文气象条件和降低海洋的自净能力。据实测，每滴石油在水面上能够形成0.25m^2的油膜，每吨石油可能覆盖$5\times10^6m^2$的水面。油膜使大气与水面隔绝，破坏正常的复氧条件，将减少进入海水的氧的数量，从而降低海洋的自净能力。油膜覆盖海面阻碍海水的蒸发，影响大气和海洋的热交换，改变海面的反射率和减少进入海洋表层的日光辐射，对局部地区的水文气象条件可能产生一定的影响。如圣巴巴腊事件后，该区海面温度比10年来的平均温度降低2℃。海洋石油污染的最大危害是对海洋生物的影响。水中含油0.1～0.01mL/L时对鱼类及水生生物就会产生有害影响。油膜和油块能粘住大量鱼卵和幼鱼或使鱼卵死亡，更使破壳出来的幼鱼畸形，并使其丧失生活能力。因此，石油污染对幼鱼和鱼卵的危害最大。石油污染短期内对成鱼的危害不明显，但石油对水域的慢性污染会使渔业受到较大的危害。同时，海洋石油污染还能使鱼虾类产生石油臭味，降低海产品的食用价值。

6. **生物污染物质**

各种病菌、病毒、寄生虫都属于致病微生物，它们主要来自生活污水、医院污水、制革、屠宰及畜牧污水。致病微生物的特点是：数量大，分布广，存活时间长，繁殖速度快，易产生抗药性。一般的污水处理不能彻底消灭这些微生物。这类微生物进入人体后，一旦条件适合会引起疾病。常见的病菌有大肠杆菌、绿脓杆菌等；病毒有肝炎病毒、感冒病毒等；寄生虫有血吸虫、蛔虫等。对于人类，上述病原微生物引起的传染病的发病率和死亡率都很高。人们一直在与致病微生物做斗争，但它们的污染至今仍然是威胁人类健康和生命的重要水体污染类型。据世界卫生组织统计，在所有已知的疾病中大约有 80%与水体污染有关，而且疾病发生范围大、患者多。例如，1971 年埃及的阿斯旺高坝竣工后，使血吸虫病区的水引入新灌区，使新区血吸虫病由 0 上升到 80%，使埃及很多人患上血吸虫病。我国 1987～1988 年上海的暴发性甲型病毒肝炎，其患病人数之多、传染面之广是新中国成立以来少有的，而这一切都与水体及水体生物污染有关。水质监测中常用细菌总数和大肠杆菌总数作为致病微生物污染的衡量指标。

7. **放射性污染**

水中所含有的放射性核素构成一种特殊的污染，总称放射性污染。核武器试验是全球放射性污染的主要来源，核试验后的沉降物质带有放射性颗粒，造成对大气、地面、水体及动植物和人体的污染。原子能工业特别是原子能电力工业的发展如原子能反应堆、核电站和核动力舰等都可能排放或泄漏出含有多种放射性同性素的废物，致使水体的放射性物质含量日益增高。铀矿开采、提炼、纯化、浓缩过程均产生放射性废水和废物。磷矿石中经常会有相当数量的铀和钍，如使用磷肥不当也可能造成放射性污染。污染水体最危险的放射性物质有铅、铯等。这些物质的半衰期长，化学性能与组成人体的主要元素钙和钾相似，经水和食物进入人体后，能在一定部位积累，从而增加人体的放射线辐射，严重时可引起遗传变异或癌症。

8. **热污染**

因能源的消费而引起环境增温效应的污染称之为热污染。水体热污染主要来源于工矿企业向江河排放的冷却水。其中，以电力工业为主，其次是冶金、化工、石油、造纸、建材和机械等工业。采用矿物燃料的火力发电站需用大量的冷却水，发电 100 万千瓦需水 30～50m^3/s，使用后水温升高 6～8℃。升高同样水温时，原子能发电站需要的冷却水比矿物燃料发电站多 50%以上。一般以煤为燃料的发电站通常只有 40%的热能转变为电能，剩余的热能则随冷却水带走进入水体或大气。热污染致使水体水温升高，增加水体中的化学反应速率，会使水体中有毒物质对生物的毒性提高。如当水温从 8℃升高到 18℃时，氰化钾对鱼类的毒性将提高 1 倍；鲤鱼的 48h 致死剂量，水温 7～8℃时为 0.14mg/L，当水温升到 27～28℃时仅为 0.005mg/L。水温升高会降低水生生物的繁殖率。此外，水温增高可使一些藻类繁殖增快，加速水体“富营养化”的过程，使水体中的溶解氧下降，破坏水体的生态和影响水体的使用价值。

五、水体的自净作用

自然环境包括水环境对污染物质都具有一定的承受能力，即所谓的环境容量。水体能够在其环境容量的范围以内，经过水体的物理、化学和生物的作用，使排入的污染物质的浓度和毒性随着时间的推移在向下游流动的过程中自然降低，称之为水体的自净作用。也可以简单地说，水体受到废水污染后，逐渐从不洁变清的过程称为水体的自净。水体自净的过程很复杂，按其机理可分为：

① 物理过程，其中包括稀释、混合、扩散、挥发、沉淀等过程。水体中的污染物质在这一系列的作用下，其浓度得以降低，稀释和混合作用是水环境中极普遍的现象、又是比较复杂的一项过程，它在水体自净中起着重要的作用。在自净过程中缺少某种物质或多余某种物质的废水，可以通过水体的稀释作用使之无害化。废水中密度比水大的固体颗粒借助自身重力沉至水体的底部形成污泥层，使水体得以净化。废水里的悬浮物胶体及可溶性污染物则由于混合稀释过程，污染浓度渐渐降低。水体的物理自净过程受许多因素的影响，废水排入河流流经的距离，废水污染物的性质和浓度，河流的水文条件，水库、海洋、湖泊的水温、性质、大小等等，都是有关因素。废水能否排入自然水体充分利用其物理自净作用，一般要经过测定调查及相应的评价之后才能确定。

② 化学及物理化学过程。污染物质通过氧化、还原、吸附、凝聚、中和等反应使其浓度降低。例如，水体的难溶性硫化物在水体中能够氧化为易溶的硫酸盐；可溶性的二氧化铁可以转化为不溶性的三氧化二铁。水体中的酸性物质可以中和废水中的碱性物质，碱性物质也可以中和废水中的酸性物质。铝的氧化物能够吸附有害物质使其变成无害物质。当然相反的情况也是存在的，即水体中的化学反应使某种污染物变成另一种污染物，这种过程也是应该考虑到的。影响化学自净过程的主要因素是水体和废水的对应数量及化学成分以及加速或延缓化学反应过程的其他条件，如水温、水体运动情况等。

③ 生物化学过程。污染物质中的有机物由于水体中微生物的代谢活动而被分解、氧化并转化为无害、稳定的无机物，从而使其浓度降低。在有溶解氧存在的条件下，通过微生物的作用，能使有机污染物氧化分解为简单的无害化合物，这就是生物自净过程。例如，废水中的有机污染物经水体好氧微生物的作用变成二氧化碳、水和某些盐类物质，使水体得到净化。生物自净过程要消耗掉一定的溶解氧。水体溶解氧的补充有两个来源，一是大气中的氧靠扩散作用溶入水层。在流动的水中，湍流越大，氧溶解于水中的速度越快，氧的补充越迅速。二是水生植物的光合作用能放出氧气，使水体溶解氧得到补充。如果消耗掉的氧不能得到及时补充，则水中的溶解氧逐渐减少，甚至接近于零。此时，厌氧菌就会大量繁殖，使有机物腐败，水体就要变臭。所以溶解氧的多少是反映水体生物自净能力的主要指标，也是反映水体污染程度的一个指标。水体的生物自净速度取决于溶解氧的多少、水流速度、水温高低以及水量的补给状况诸因素。像大气对污染物的扩散稀释一样，水体的自净作用是废水处理的一种方式。合理利用水体自净能力，既能减轻人工处理的

负担，又能保证水体不受污染。因此，在废水治理时应充分考虑水体自净的作用。氧化塘的利用就是最好的例子。水体的自净作用包含着十分广泛的内容，任何水体的自净作用又常常是相互交织在一起的，物理过程、化学过程和物化过程及生物化学三个过程常是同时、同地产生的，相互影响，其中常以生物自净过程为主，生物体在水体自净作用中是最活跃、最积极的因素。水体通过净化能够实现：a. 可使水质复原；b. 能使复杂的有机物变成简单的有机物、无机物、盐类；c. 高毒转化为低毒或无毒的过程；d. 从耗氧到多氧；e. 放射性污染自我衰减；f. 从不稳定的污染物转化为稳定的污染物。

第三节　水体污染的危害

一、对人体健康的危害

水体污染对人体健康带来的影响可概括为以下几个方面：水体受化学有毒物质污染后通过饮水或食物链造成急、慢性中毒；水体受某些有致癌作用的化学物质污染，如砷、铬、镍、铍、苯胺、苯并芘等，可在悬浮物、底泥和水生生物体内蓄积，长期饮用这种水或通过食物链可能诱发癌症。

1. 汞污染对人体健康的危害

汞在自然或人工条件下均能以单质或汞的化合物两种形态存在，单质汞即元素汞亦称金属汞。汞的化合物又可分为无机汞化合物和有机汞化合物两大类。金属汞中毒常以汞蒸气的形式引起，由于汞蒸气具有高度的扩散性和较大的脂溶性，通过呼吸道进入肺泡，经血液循环运至全身。血液中的金属汞进入脑组织后，被氧化成汞离子，逐渐在脑组织中积累，达到一定的量就会对脑组织造成损害。另外一部分汞离子转移到肾脏。因此，慢性汞中毒的临床表现主要是神经系统症状，如头痛、头晕、肢体麻木和疼痛、肌体震颤、运动失调等。甲基汞在人体肠道内极易被吸收并分布到全身，大部分蓄积在肝和肾中，分布于脑组织中的甲基汞约占15%，但脑组织受损害则先于其他各组织，主要损害部位为大脑皮层、小脑和末梢神经。因此，甲基汞中毒主要是神经系统症状，其症状出现的顺序为：感觉障碍→运动失调→语言障碍→视野缩小→听力障碍。日本著名的公害病——水俣病即为甲基汞慢性中毒。甲基汞易透过胎盘从母体转移给胎儿。对经常食用含甲基汞的鱼的正常妊娠妇女的研究表明，胎儿红细胞中甲基汞量比母亲高30%。因胎盘转移使胎儿产生严重的胎儿性甲基汞中毒的事例在日本已有多起报道，生下来的婴儿多为白痴。日本国立水俣病综合研究中心的研究人员最近对水俣病的研究又有了新的发现，1955年至1959年水俣病高发区的熊本县水俣镇的男婴出生率显著低于女婴，甲基汞污染是造成婴儿比例出现失调的直接原因。

2. 镉污染对人体健康的危害

镉是人体非必需元素，在自然界中常以化合物的状态存在，一般含量很低，在正常环境状态下不会影响人体健康。镉与锌是同族元素，在自然界中镉常与锌、铅等共生。当环境受到镉污染后镉可在生物体内富集，通过食物链进入人体，引起慢性中毒。镉被人体吸收后，在体内形成镉蛋白，选择性地蓄积于肾、肝，其中肾脏可吸收进入体内近1/3的镉，是镉中毒的“靶器官”，其他内脏器官如脾、胰、甲状腺和毛发等也有一定量的蓄积，镉在体内可与含羟基、氨基、巯基的蛋白质分子结合，使许多酶系统受到抑制，影响肝、肾器官中的酶系统的正常功能。由于镉损伤肾小管，病者出现糖尿、蛋白尿和氨基酸尿，特别是使骨骼的代谢受阻，造成骨质疏松、萎缩、变形等一系列症状。日本的公害病之一——骨痛病就是慢性镉中毒最典型的例子。根据日本富山县神通川流域镉污染区流行病学调查、临床观察和动物试验表明，骨痛病是由镉引起的慢性中毒。它首先使肾脏受损，继而引起骨质软化症，在内分泌失调、老年化和钙不足等诱因的作用下形成的疾病。发病是由于神通川上游某铅锌矿的含镉废水和尾矿渣污染了河水，下游稻田用河水灌溉，污染了土壤，农作物吸收镉，籽粒中富积了镉，这就是所谓“镉米”的成因。人们长期食用这种含镉大米，从而引起镉慢性中毒。该病以疼痛为特点，始于腰背疼，继而肩、膝、髋关节痛，逐渐扩至全身。由于髋关节的活动受限，呈现一种特殊的步态不稳即“鸭步态”，疼痛的性质为刺痛，活动时加剧，咳嗽或轻微的外伤即可引起病理性骨折。重症患者四肢可屈曲变形，身长比健康时缩短10～30cm，这是由于全身出现骨萎缩、脱钙所致。由于感觉神经节出血，压迫神经，止痛药不奏效。总之，镉中毒是慢性过程，潜伏期最短为2～8年，一般15～20年。根据摄入镉的量、持续时间和机体机能状况，病程大致分潜伏期、警戒期、疼痛期、骨骼变形期和骨折期。

3. 铬污染对人体健康的影响

铬遍布于自然界，在水和大气中均含有微量的铬。铬有多种价态，其中三价铬与六价铬具有生物学意义。铬是人体必需的微量元素，它与脂质代谢有密切的关系，能增加人体内胆固醇的分解和排泄，是机体内葡萄糖能量因子中的一个有效成分，能辅助胰岛素利用葡萄糖。若食物不能提供足够的铬，人体会出现铬缺乏症，影响糖类及脂质代谢。若大量的铬污染环境，则危害人体健康。铬的价态不同，人体吸收铬的效率也不一样，胃肠道对三价铬的吸收比六价铬低，六价铬在胃肠道酸性条件下可还原为三价铬，大量摄入铬可以在体内造成明显的蓄积，铬中毒主要是指六价铬。由于铬的侵入途径不同，临床表现也不一样。饮用水被含铬工业废水污染，可造成腹部不适及腹泻等中毒症状；铬为皮肤变态反应原，引起过敏性皮炎或湿疹，湿疹的特征是多呈小块、钱币状，以亚急性表现为主，呈红斑、浸润、渗出、脱屑，病程长，久而不愈；由呼吸道进入，可对呼吸道产生刺激和腐蚀作用，引起鼻炎、咽炎、支气管炎，严重时使鼻中隔糜烂、穿孔。镉还是致癌因子。

4. 砷污染对人体健康的危害

砷元素及其化合物广泛存在于环境中。元素形态的砷因其不溶于水，几乎没有毒性。有毒性的主要是砷的化合物，其中三氧化二砷即砒霜是剧毒物。一般情况下，土壤、水、空气、植物和人体都含有微量的砷。环境中的砷化合物不超过人体负荷的量不会对健康构成危害。若因自然或人为因素，人体摄入砷的化合物量超过自身的排泄量，如饮用水含砷量过高，长期饮用会引起慢性中毒。若煤炭中含砷量过高，因烧煤造成的污染使人慢性中毒的事例在国内亦有报道。砷及其化合物进入人体，蓄积于肝、肾、肺、骨骼等部位。砷在体内的毒性作用主要是与细胞中的酶系统结合，使许多酶的生物作用失掉活性而被抑制造成代谢障碍。长期摄入低剂量的砷，经过十几年甚至几十年的体内蓄积才发病。砷慢性中毒主要表现为末梢神经炎和神经衰弱症候群的症状，表现为皮肤色素高度沉着和皮肤高度角化，发生龟裂性溃疡是砷中毒的另外一个特点。急性砷中毒多见于从消化道摄入，主要表现为剧烈腹疼、腹泻、恶心、呕吐，抢救不及时即造成死亡。

5. 酚污染对人体健康的影响

在酚类化合物中以苯酚的毒性最大。炼焦、生产煤气、炼油等工业生产过程中所排废水中的苯酚含量较高。酚类化合物是一种细胞原浆毒，其毒性作用是与细胞原浆中的蛋白质发生化学反应，形成变性蛋白质，使细胞失去活性，侵犯神经中枢，刺激骨髓，进而导致全身中毒症状。酚急性中毒大多发生于生产事故中，可以造成昏迷和死亡。皮肤接触酚液后可引起严重创伤，局部呈灰白色、起皱、软化，继而转为红色、棕红色甚至黑色，因其渗透力强可使局部大片组织坏死。环境中的酚污染多为低浓度，长期饮用被酚污染的水，人体吸收后通过体内解毒功能，可使其大部分毒性丧失并随尿排出体外。若进入体内的量超过正常人体的解毒功能，超出的部分可在体内蓄积并在内脏器官中积累造成慢性中毒，出现不同程度的头昏、头痛、皮疹、皮肤瘙痒、精神不安、贫血及各种神经系统症状和食欲不振、吞咽困难、呕吐和腹泻等慢性消化道症状。这种慢性中毒经适当治疗一般不会留下后遗症。我国生活饮用水水质标准中规定挥发酚类不超过0.002mg/L。

6. 氰化物对人体健康的影响

氰化物通常是指含氰根的无机物。常见的氰化物是氰化钠、氰化钾、氰化氢。这几种简单的氰化物都能溶于水，可统称为氰化物，三者都有剧毒。氰化物非常容易被人体吸收，经口、呼吸道或健康的皮肤都能进入体内。氰化物经消化道进入，在胃酸解离下能立即水解为氢氰酸被吸收，这种物质进入血液循环后，血液中的细胞色素氧化酶的Fe^{3+}与氰根结合，生成氰化高铁细胞色素氧化酶，丧失传递电子的能力，使呼吸链中断，细胞窒息。由于氰化物在脂质中的溶解度比较大，所以中枢神经系统首先受到危害，尤其是呼吸中枢更为敏感。呼吸衰竭是氰化物急性中毒致死的主要原因；氰化物慢性中毒多见于吸入性中毒，经水污染引起人体慢性中毒的比较少见，有时见于家畜直接饮用工矿企业未经处理排放的含氰浓度较高的工业废水而引起死亡的事例。在非致死剂量范围内，氰化物经体内一系列代谢转化与硫结合生成硫氰化物从尿中排出。慢性中毒的主要症状为头痛、呕吐、头晕、动作不协调等，如若生成速度超过排出速度，体内有硫氰化物累积，而硫氰化物能阻碍甲状腺素的合成，引起甲状腺功能低下。有人认为，氰离子能取代甲状腺蛋白，结合较松的碘，从而引起甲状腺功能低下，致使脑垂体前叶代偿性增强分泌促甲状腺素，从而导致甲状腺组织增生肿大。

二、对工业的危害

随着国民经济的发展，工业用水量越来越大，水资源短缺和水体污染成为制约工业发展的主要因素。水质受到污染会影响工业产品的产量和质量，造成严重的经济损失。水质污染同时会使工业用水的处理费用增加。据有关部门统计，沈阳市每年因缺水和水污染造成的工业损失高达 12 亿元。

三、对农业的危害

农业是用水大户，目前我国农业用水量每年达 4195 亿立方米，占全国总用水量的 88%，其中农田灌溉用水占农业用水总量的 95%。水污染对农业的影响突出表现在污水灌溉带来的危害。我国是世界上利用污水灌溉面积最大的国家。全国有污水灌溉的农田 2098 万亩，其中以城市地下水道污水灌溉的占 80%左右，直接利用工厂或矿山的废水来灌溉的占 17%左右，以石油化工污水灌溉的占 3%左右。污水进入农田后，一部分被植物吸收，大部分在土壤中积累。当有毒有害物质达到一定浓度时，农作物会出现有害症状，严重的会使农作物本身含有大量的有毒有害物质。有的地区出现“镉米”“砷米”，有的对果蔬烟茶、禽畜等产品产生危害。2011 年 12 月，江西铜业在江西德兴市下属的多家矿山公司被曝常年排污乐安河，祸及下游乐平市 9 个乡镇 40 多万群众。乐平市政府的调查报告显示，自 20 世纪 70 年代开始，上游有色矿山企业每年向乐安河流域排放 6000 多万吨“三废”污水，废水中的重金属污染物和有毒非金属污染物达 20 余种。由此造成 9269 亩耕地荒芜绝收，1 万余亩耕地严重减产，沿河 9 个渔村因河鱼锐减失去经济来源。近 20 年来，江西乐平市名口镇戴村已故村民中有八成是因癌症去世的，是外界谈之色变的“癌症村”。

四、对水产资源的危害

我国海域辽阔，有许多优良的港湾、渔场和广阔的浅海滩涂，内陆江河纵横交错，湖泊棋布，渔业十分发达。近年来，水环境污染严重，破坏了鱼类生态环境，使淡水水产资源遭到破坏，许多大宗鱼类大幅度减产，有些资源严重衰退，不少名贵鱼类几乎绝迹，天然捕捞量急骤下降。由于水体污染，全国 70%～80%的主要河流不符合渔业水质标准，全国鱼虾绝迹的河流长达 240km。为弥补淡水鱼天然资源的不足，淡水养殖业发展很快，产量在渔业中所占的比重越来越大。但是，淡水养殖水域也受到污染，急性死鱼事件时有发生。2011 年 6 月 4 日，中海油与康菲石油合作的蓬莱 19-3 油田发生漏油事故。这起事故造成渤海 6200km^2 海水受污染，大约相当于渤海面积的 7%，其中大部分海域的水质由原一类沦为四类，所波及地区的生态环境遭严重破坏，河北、辽宁两地大批渔民和养殖户损失惨重。国家海洋局于 2012 年 4 月 27 日宣布，康菲公司和中海油将支付总计 16.83 亿元的赔偿款，此数额创下了我国生态索赔的最高纪录。

第四节　水污染治理技术

一、物理处理法

通过物理作用，以分离、回收污水中不溶解的呈悬浮状的污染物质（包括油膜和油珠），在处理过程中不改变其化学性质。物理法操作简单、经济，常采用的有重力分离法、离心分离法、过滤法、蒸发结晶法以及气浮法等。

1. 重力分离（即沉淀）法

利用污水中呈悬浮状的污染物和水密度不同的原理，借重力沉降（或上浮）作用，使悬浮物分离出来。沉淀（或上浮）处理设备有沉沙池、沉淀池和隔油池。在污水处理与利用方法中，沉淀与上浮法常常作为其他处理方法前的预处理。如用生物处理法处理污水时，一般需事先经过预沉池去除大部分悬浮物质，减少生化处理构筑物的处理负荷，而经生物处理后的出水仍要经过二次沉淀池的处理，进行泥水分离，保证出水水质。

2. 离心分离法

含有悬浮污染物质的污水在高速旋转时，由于悬浮颗粒和污水受到的离心力大小不同而被分离的方法。常用的离心设备按离心力产生的方式可分为两种：由水流本身旋转产生离心力的旋流分离器，由设备旋转同时也带动液体旋转产生离心力的离心分离机。旋流分离器分为压力式和重力式两种。因它具有体积小、单位容积处理能力高的优点，近几十年来广泛用于轧钢污水处理及高浊度河水的预处理。离心机的种类很多，按分离因素分为常速离心机和高速离心机。常速离心机用于分离纸浆废水的效果可达60％～70％，还可用于沉淀池的沉渣脱水等。高速离心机适用于乳状液的分离，如用于分离羊毛废水，可回收30％～40％的羊毛脂。

3. 过滤法

利用过滤介质截流污水中的悬浮物。过滤介质有钢条、筛网、砂布、塑料、微孔管等，常用的过滤设备有格栅、栅网、微滤机、砂滤机、压滤机等。

4. 蒸发结晶法

这种方法可用到酸洗铜的废水，往往是通过蒸发浓缩、冷却来得到铜晶体和酸性母液而达到无害化处理或回收利用的目的。

5. 气浮（浮选）法

将空气通入污水中，并以微小气泡的形式从水中析出成为载体，污水中相对密度接近于水的微小颗粒状的污染物质黏附在气泡上，并随气泡上升至水面，从而使污水中的污染物质得以从污水中分离出来。根据空气打入方式的不同，气浮处理方法有加压溶气气浮法、叶轮气浮法和射流气浮法等。为了提高气浮效果，有时需向污水中投加混凝剂。

二、化学处理法

向污水中投加某种化学物质，利用化学反应来分离、回收污水中的某些污染物质或使其转化为无害的物质。常用的方法有化学沉淀法、混凝法、中和法、氧化还原（包括电解）法等。

1. **化学沉淀法**

向污水中投加某种化学物质，使它与污水中的溶解性物质发生互换反应，生成难溶于水的沉淀物，以降低污水中溶解物质的方法。这种处理法常用于含重金属、氰化物等工业生产污水的处理。按使用沉淀剂的不同，化学沉淀法可分为石灰法、硫化物法和钡盐法等。

2. **混凝法**

向水中投加混凝剂，可使污水中的胶体颗粒失去稳定性，凝聚成大颗粒而下沉。通过混凝法可去除污水中细分散固体颗粒、乳状油及胶体物质等。该法可用于降低污水的浊度和色度，去除多种高分子物质、有机物、重金属毒物和放射性物质等，也可以去除能够导致富营养化物质如磷等可溶性无机物，此外，还能够改善污泥的脱水性能。因此，混凝法在工业污水处理中使用得非常广泛，既可作为独立处理工艺，又可与其他处理法配合使用，作为预处理、中间处理或最终处理。目前，常采用的混凝剂有硫酸铝、碱式氯化铝、铁盐等。当单独使用混凝剂不能达到应有的净水效果时，为加强混凝过程，节约混凝剂用量，常可同时投加助凝剂。

3. **中和法**

用于处理酸性废水和碱性废水。向酸性废水中投加碱性物质如石灰、氢氧化钠、石灰石等，使废水变为中性。对碱性废水可吹入含有 CO_2 的烟道气进行中和，也可用其他的酸性物质进行中和。

4. **氧化还原法**

利用液氯、臭氧、高锰酸钾等强氧化剂或利用电解时的阳极反应，将废水中的有害物质氧化分解为无害物质；利用还原剂或电解时的阴极反应，将废水中的有害物还原为无害物质，以上方法统称为氧化还原法。氧化还原方法在污水处理中的应用实例有：空气氧化法处理含硫污水；碱性氯化法处理含氰污水；臭氧氧化法在进行污水的除臭、脱色、杀菌以及除酚、氰、铁、锰，降低污水的 BOD 与 COD 等均有显著效果。还原法目前主要用于含铬污水处理。

三、物理化学处理法

利用萃取、吸附、离子交换、膜分离技术等操作过程，处理或回收利用工业废水的方法可称为物理化学法。工业废水在应用物理化学法进行处理或回收利用之前，一般均需先经过预处理，尽量去除废水中的悬浮物、油类、有害气体等杂质或调整废水的 pH 值，以便提高回收效率及减少损耗。常采用的物理化学法有以下几种。

1. **萃取（液-液）法**

将不溶于水的溶剂投入污水之中，使污水中的溶质溶于溶剂中，然后利用溶剂与水的密度重差，将溶剂分离出来。再利用溶剂与溶质的沸点差，将溶质蒸馏回收，再生后的溶剂可循环使用。常用的萃取设备有脉冲筛板塔、离心萃取机等。

2. **吸附法**

利用多孔性的固体物质使污水中的一种或多种物质被吸附在固体表面而去除的方法，常用的吸附剂有活性炭。此法可用于吸附污水中的酚、汞、铬、氰等有毒物质，而且还有除色、脱臭等作用。吸附法目前多用于污水的深度处理，吸附操作可分为静态和动态两种。静态吸附是指在污水不流动的条件下进行的操作，动态吸附则是在污水流动的条件下进行的吸附操作。污水处理中多采用动态吸附操作，常用的吸附设备有固定床、移动床和流动床三种方式。

3. **离子交换法**

用固体物质去除污水中的某些物质，即利用离子交换剂的离子交换作用来置换污水中的离子化物质。随着离子交换树脂的生产和使用技术的发展，近年来在回收和处理工业污水的有毒物质方面，由于效果良好、操作方便而得到一定的应用。在污水处理中使用的离子交换剂有无机离子交换剂和有机离子交换剂两大类。采用离子交换法处理污水时必须考虑树脂的选择性。树脂对各种离子的交换能力是不同的，交换能力的大小主要取决于各种离子对该种树脂亲和力的大小。目前，离子交换法广泛用于去除污水中的杂质，例如去除污水中的铜、镍、镉、锌、汞、金、银、铂、磷酸、有机物和放射性物质等。

4. **电渗析法（膜分离技术的一种）**

电渗析法是在离子交换技术的基础上发展起来的一项新技术。它与普通离子交换法不同，省去了用再生剂再生树脂的过程。因此，具有设备简单、操作方便等优点。电渗析是在外加直流电场的作用下，利用阴、阳离子交换膜对水中离子的选择透过性，使一部分溶液中的离子迁移到另一部分溶液中去，以达到浓缩、纯化、合成、分离的目的。该方法广泛应用于海水、苦咸水除盐，制取去离子水等。

5. **反渗透法（膜分离技术的一种）**

利用一种特殊的半渗透膜，在一定的压力下将水分子压过去，而溶解于水中的污染物质则被膜所截留，污水被浓缩，而被压透过膜的水就是处理过的水。目前，该处理方法已用于海水淡化、含重金属的废水处理及污水的深度处理等方面。制作半透膜的材料有醋酸纤维素、磺化聚苯醚等有机高分子物质。

6. **超过滤法（膜分离技术的一种）**

也是利用特殊的半渗透膜的一种膜分离技术。以压力为推动力，使水溶液中的大分子物质与水分离，膜表面孔隙大小是主要控制因素。用于电泳涂漆废液等工业废水处理。

四、生物处理法

污水的生物处理法就是利用微生物新陈代谢功能，使污水中呈溶解和胶体状态的有机污染物被降解并转化为无害的物质，使污水得以净化。根据参与作用的微生物种类和供氧情况，属于生物处理法的工艺又可以分为两大类，即好氧生物处理及厌氧生物处理。

1. **好氧生物处理法**

在有氧的条件下，借助于好氧微生物的作用来进行。依据好氧微生物在处理系统中所呈的状态不同，又可以分为活性污泥法、生物膜法和氧化塘法等。活性污泥法是当前使用最广泛的一种生物处理法。该法是将空气连续鼓入曝气池的污水中，经过一段时间，水中即形成繁殖有巨量好氧性微生物的絮凝体——活性污泥。它能够吸附水中的有机物，生活在活性污泥上的微生物以有机物为食料，获得能量并不断生长繁殖。从曝气池流出并含有大量活性污泥的污水——混合液，进入沉淀池经沉淀分离后，澄清的水被排放，沉淀分离出的污泥作为种泥，部分地回流进入曝气池，剩余的部分从沉淀池排放。活性污泥法有多种池型及运行方式，常用的有普通活性污泥法、完全混合式表面曝气法、吸附再生法等。废水在曝气池内停留一般为4～6h，能去除废水中的有机物90%左右。生物膜法是使污水连续流经固体填料，在填料上大量繁殖生长微生物形成污泥状的生物膜。生物膜上的微生物能够起到与活性污泥同样的净化作用，吸附和降解水中的有机污染物，从填料上脱落下来的衰老生物膜随处理后的污水流入沉淀池，经沉淀泥水分离，污水得以净化而排放。生物膜法普遍采用的处理构筑物有生物滤池、生物转盘、生物接触氧化池及生物流化床等。除此之外，氧化塘法和土地处理系统皆属于生物处理法中的自然生物处理范畴。氧化塘法是利用藻、菌共生系统处理污水的一种方法。污水中存在着大量的好氧性细菌和耐污藻类，污水中的有机物被细菌利用，分解成简单的含氮、磷物，这些物质为藻类的生长繁衍提供了必要的营养，而藻类利用阳光进行光合作用，释放出大量的氧气，供细菌生长需要，这种相互共存的关系被称为藻菌共生系统。氧化塘就是依据这一系统使污水净化。氧化塘法构筑简单，运转费用低，能源消耗少，被广泛用于处理中、小城镇生活污水和造纸、食品加工等工业废水，一般可降低BOD_5 75%～90%，但因此法占地面积较大，所以发展受到限制。

2. **厌氧生物处理法**

在无氧的条件下，利用厌氧微生物的作用分解污水中的有机物，达到净化水的目的。它已有百年的悠久历史，但由于它与好氧法相比存在着处理时间长、对低浓度的有机污水处理效率低等缺点，使其发展缓慢。过去，厌氧法常用于处理污泥及高浓度的有机废水。近30多年来出现世界性能源紧张，促使污水处理向节能和实现能源化的方向发展，从而促进了厌氧生物处理的发展，一大批高效新型的厌氧生物反应器相继出现，包括厌氧生物滤池、升流式厌氧污泥床、厌氧流化床等。它们的共同特点是反应器中的生物固体浓度很高，处理能力大大提高，从而使厌氧生物处理法所具有的能耗小并可回收能源，剩余污泥量少，生成的污泥稳定、易处理，对高浓度的有机污水处理效率高等优点得到充分体现。厌氧生物处理法经过多年的发展，现已成为污水处理的主要方法之一。目前，厌氧生物处理法不但可用于处理高浓度和中等浓度的有机污水，还可以用于低浓度有机污水的处理。

第五节 水污染综合防治对策

一、水污染综合防治的必要性和迫切性

1. 我国水污染现状及原因分析

我国城市河段及其附近河流的污染仍较严重，监测的142条城市河段中，绝大多数受到不同程度的污染。总体情况为城市河流污染程度北方重于南方，工业较发达城镇附近水域污染突出，污染型缺水城市数量呈上升趋势。城市地面水仍以有机污染为主，主要污染指标是石油类、高锰酸盐指数和氨氮。城市地下水总体质量较好，但也受到一定程度的点源和面源污染。在湖泊和水库中，大淡水湖泊的污染程度为中度，水库污染相对较轻。我国水污染严重的主要原因是经济增长方式仍是传统的“粗放型”，即以大量消耗资源，粗放经营为特征的传统模式，投入大、产出小、排污量大，不但严重地损害环境，长此以往经济发展也难以为继。我国约90%的企业设备陈旧，技术落后，管理水平低，资源利用率低，乡镇工业尤为严重。但是，我国人口众多、底子薄，在相当长一段时期内不可能拿出大量投资用于水污染治理，只能走转变经济增长方式、减少排污、以防为主、防治结合、综合治理的道路。

2. 水污染综合防治是发展的必然趋势

我国20世纪70年代初的水污染治理基本上走的是先污染、后治理的道路，收效不大。70年代中期开始提出水污染综合防治，并逐步被越来越多的人所接受。但这时的水污染综合防治虽然已摆脱了点源治理的束缚，却并未摆脱污染以后再去治理的范畴，污染防治还没和经济增长方式联系起来，还没能提出工业生产、商品交换应遵守的环境原则；也还没有真正认识水质、水量的辩证关系。1983年12月31日在北京召开的第二次全国环境保护会议提出：“把自然资源的合理开发和充分利用作为环境保护的基本政策”。1984年中共中央在《关于经济体制改革的决定》中提出要搞好城市环境综合整治，水环境综合整治是重要内容之一。至此，水污染综合防治已形成比较完整的概念。1992年“环境发展大会”以后更加明确。水污染防治的着眼点已不是污染了以后再去研究怎么办，而是着眼于对人类的发展活动进行调节与控制，使之与水环境相协调。

二、水污染综合防治的基本原则

1. 改革生产工艺，实施清洁生产

从“人类-环境”系统和“经济-环境”系统来分析，人类的发展活动特别是经济再生产过程是矛盾的主要方面。人类生态系统中水循环有两个方面，一方面是自然水循环，另一方面是社会用水循环。在水循环过程中要保证安全用水界限，并尽可能不降低水的质量，就只有对经济再生产过程进行调节和控制，包括转变经济增长方式、调整经济结构，特别是要调整工业结构和改善工业布局以及推行清洁生产

等。当前，调控手段和方法还很难做到完全不产生污染、不排放污染物。所以，还需要有污染治理措施，两者相结合。废水和其中的污染物是一定的生产工艺过程的产物，改革生产工艺过程，实施清洁生产，利用无污染原材料，经过清洁生产过程，生产出清洁产品，这样就可能做到不排或少排废水，排出危害性小的或浓度低的废水。这样，就从根本上消除或减轻了废水的危害。

2. 加强管理，实行清浊分流

在水污染综合防治过程中，应坚持技术措施与管理措施相结合。在规划、评价的基础上选定技术方案可以避免盲目性；技术方案实施后只有加强管理，才能使技术措施正常运行，获得良好的效益。具体来说，应加强生产管理，保护设备、管路完好率，防止“跑、冒、滴、漏”，杜绝人为地加重废水污染，同时要加强对废水的管理，防止乱排乱倒，杜绝人为造成的废水危害。对大部分企业而言，受到严重污染的废水通常只占全厂废水的一小部分，因此，使废水清浊分流，便于使不同性质的废水进行回收与处理。

3. 提高水的循环利用率

水是一种宝贵的资源，我国许多城市都存在水资源不足的状况，因此，应尽量使废水循环利用，一水多用，这样既降低了生产用水量，又减少了废水外排量，从而减少了废水处理规模和投资。

4. 综合利用，化害为利

在压缩排污量后，仍会排出一定量的废水，其中的污染物质都是在生产过程中进入水内的原材料、半成品、工作介质或能源物质。排放这些污染物，就会污染环境，造成危害；但如果加以回收，便可变废为宝，化害为利，还可节省水处理费用。如从造纸废水中回收纸纤维，从含油废水中回收油品，从酸洗废液中回收酸、硫酸亚铁、氰化铁等，从含酚废水中回收酚钠等。这样既回收了有用物质，又降低了废水的污染浓度，有利于净化处理。对城市污水处理厂处理后的水要回用。因此，在水污染治理工程中，应坚持生态工程与环境工程相结合，利用生物治理技术，设计合理的工业链和合理的工业用水循环等都是有效的生态工程，但要与环境工程相结合才能发挥更大的作用。

5. 净化废水，力求经济合理

废水经回收利用后，通常在水中仍残存一定量的污染物，对这些废水要进行净化处理，达到无害化要求时，才容许排放。在水污染治理工程中，应坚持污染源分散治理与区域污染集中控制相结合。污水综合排放标准规定的第一类污染物必须由污染源分散治理达标排放，对于小型工业企业可以采用污染治理社会化的方法去解决，对于其他的污染物应以集中控制为主，提高污染治理效益，将两者结合起来。此外，在水污染治理工程中，应坚持合理利用环境的自净能力与人为措施相结合。排海工程、排江工程、优化排污口的分布都是合理利用水环境自净能力的措施，但要从整体出发进行系统分析，土地处理系统，排江、排海工程，一级或二级污水处理，氧化塘等各种措施要优化组合。

三、水污染综合防治的主要对策

1. 合理开展水环境功能分区

根据水环境的现行功能和经济社会发展的需要，依据地面水环境质量标准进行水环境功能区划是水源保护和水污染控制的依据。如，地面水环境质量标准将水域按功能分为五类：Ⅰ类主要适用于源头水，国家级自然保护区；Ⅱ类主要适用于集中式生活饮用水水源地，一级保护区，珍贵鱼类保护区、鱼虾产卵场等；Ⅲ类主要适用于集中式生活饮用水水源地，二级保护区，一般鱼类保护区及游泳区；Ⅳ类主要适用于一般工业用水及人体非直接接触的娱乐用水区；Ⅴ类主要适用于农业用水区及一般景观要求水域。

(1) 原则与方法

① 划分原则　集中式饮用水源地优先保护；水体不得降低现状使用功能，兼顾规划功能；有多种功能的水域依最高功能划分类别；统筹考虑专业用水标准要求；上下游区域间相互兼顾，适当考虑潜在功能要求；合理利用水体自净能力和环境容量；考虑与陆上工业合理布局相结合；考虑对地下饮用水源地的影响；实用可行，便于管理。

② 划分方法　根据因地制宜、实事求是的原则，按实测定量、经验分析、行政决策进行。第一步搜集基础资料，进行综合调查：区域自然条件调查；城镇区域发展规划调查；污染源调查；水资源利用现状和分布调查；水质监测状况调查；水利设施调查；区域经济发展状况调查；水污染现状和管理措施调查。第二步现状评价，综合分析：在掌握资料的前提下，对水环境现状进行评价，预测污染源及污水量的增长与削减，分析各类水质监控断面、点位的实测资料是否合理，是否可靠和有代表性，初步确定功能区划分方案或几种可选择方案。第三步定量计算：在定性分析确定水体功能区的性质和类型的基础上，通过水文特征计算和水质模型建立功能区水质与污染物输入之间的相应关系，进行水质预测，具体划定各功能区的范围或选定最优方案。第四步行政决策：对功能区水质目标可行性做出评价。如可行，则可由行政部门决策。

(2) 按功能区控制污染，保护水资源　一是按水域功能划定保护级别，提出控制水污染的要求。如：特殊保护水域（Ⅰ类、Ⅱ类水域），对这类水域不得新建排污口，现行的排污单位由地方环境部门从严控制，以保证受纳水体的水质符合规定用途的水质标准；而重点保护水域（Ⅲ类水域），对排入本水域的污水执行一级排放标准。二是按功能区实行总量控制。所谓总量控制是指为了保持某环境功能区的环境目标值所能容许的某种污染的最大排放量。所以，水环境功能区划是实施水污染总量控制的依据。

2. 制定水污染综合防治规划

制定水污染综合防治规划的主要内容与工作步骤包括：①在水环境调查评价的基础上分析确定水环境的主要问题。②水污染控制单元的划分。根据水环境问题分析结论考虑行政区划、水域特征、污染源分布特点，将污染源所在区域与受纳水域划分为一个个水污染控制单元。③提出环境目标，进行可行性论证。环境目标要有主要污染物总量控制目标和水环境综合整治各分项具体目标。④确定主要污染物削减量以及削减比例分配方案。⑤制定水污染综合防治规划及实施方案。⑥实施规划的支持和保证。

3. 实行排污许可证制度

实践证明，在推行实行排污许可证制度，对主要污染源逐步由浓度控制向总量控制过渡这项制度时，一定要结合中国目前的技术水平与管理体制，遵循下列要求：①从实际出发确定总量控制目标。②选好发证对象。发放许可证的对象主要是本地区的污染大户，一个城市抓十几户或几十户即可。要经污染源调查评价，选好控制重点。③控制污水总量。因地制宜进行计量，控制污水总量。④强化发证后的环境监督管理。⑤重视实践经验，不断提高水平。实行排污许可证制度，要先行试点，总结经验，逐步推广，但也应注意研究实施过程中出现的新问题，如排污指标有偿转让、排污权交易等。

4. 切实加强中小企业的水污染治理

中小企业的工业废水排放量占全国工业废水排放总量的比例虽然比较小，但中小企业分布广、与农业生态系统交错在一起，对耕地和河流的支流已构成严重威胁，必须尽快进行综合防治。首先，按产业政策调整产业结构和产品结构，使污染型行业所占比例降至15%以下；其次，乡镇企业要合理布局，与农业生态系统组合成良性循环的复合生态系统；最后，对小电镀、小化工、小印染等企业要严加控制。

复习思考题

1. 什么叫水体？什么叫水体污染？水体污染的主要指标有哪些？
2. 主要的水体污染物有哪些？
3. 什么叫水体的自净作用？
4. 水体污染的危害有哪些？
5. 简述主要的水体污染治理技术。
6. 开展水体污染综合防治的必要性和紧迫性主要表现在哪些方面？
7. 开展水体污染综合防治应坚持哪些原则？
8. 水体污染综合防治的主要对策有哪些？

第四章 固体废物与环境

第一节 固体废物及其类型

一、固体废物的定义

固体废物是指在生产、生活和其他活动过程中产生的丧失原有的利用价值或者虽未丧失利用价值但被抛弃或者放弃的固体、半固体和置于容器中的气态物品、物质以及法律、行政法规规定纳入废物管理的物品、物质。不能排入水体的液态废物和不能排入大气的置于容器中的气态物质，由于多具有较大的危害性，一般归入固体废物管理体系。

二、固体废物的来源

固体废物主要来源于人类的生产和消费活动。人们在资源开发和产品制造过程中，必然有废物产生，任何产品经过使用和消费后都会变成废物，固体废物的分类、来源和主要组成物见表 4-1。

表 4-1 固体废物的分类、来源和主要组成物

分类	来源	主要组成物
矿业废物	矿山、选矿	废矿石、尾矿、金属、废木、砖瓦灰石等
工业废物	冶金、交通、机械、金属结构等工业	金属、矿渣、沙石、模型、芯、陶瓷、边角料、涂料、管道、绝热和绝缘材料、黏结剂、废木、塑料、橡胶、烟尘等
	煤炭	矿石、木料、金属
	食品加工	肉类、谷物、果类、蔬菜、烟草
	橡胶、皮革、塑料等工业	橡胶、皮革、塑料、布、纤维、染料、金属等
	造纸、木材、印刷等工业	刨花、锯末、碎木、化学药剂、金属填料、塑料、木质素
	石油化工	化学药剂、金属、塑料、橡胶、陶瓷、沥青、油毡、石棉、涂料
	电器、仪器仪表等工业	金属、玻璃、木材、橡胶、塑料、化学药剂、研磨料、陶瓷、绝缘材料
	纺织服装业	布料、纤维、橡胶、塑料、金属
	建筑材料	金属、水泥、黏土、陶瓷、石膏、石棉、沙石、纸、纤维
	电力工业	炉渣、粉煤灰、烟尘
城市垃圾	居民生活	食物垃圾、纸屑、布料、庭院植物修剪物、金属、玻璃、塑料、陶瓷、燃料、灰渣、碎砖瓦、废器具、粪便、杂品

续表

分类	来源	主要组成物
城市垃圾	商业、机关	管道、碎砌体、沥青及其他建筑材料，废汽车、废电器、废器具，含有易燃性、易爆性、腐蚀性、放射性的废物，以及类似居民生活栏内的各种废物
	市政维护、管理部门	碎砖瓦、树叶、死禽畜、金属锅炉灰渣、污泥、脏土等
农业废物	农林	稻草、秸秆、蔬菜、水果、果树枝条、糠皮、落叶、废塑料、人畜粪便、禽粪、农药
	水产	腥臭死禽畜、腐烂鱼、虾、贝壳、水产加工污水等、污泥
放射性废物	核工业、核电站、放射性医疗单位、科研单位	金属、含放射性废渣、粉尘、污泥、器具、劳保用品、建筑材料

三、固体废物的分类

固体废物有多种分类方法，可以根据其性质、状态和来源进行分类。如按其化学性质可分为有机废物和无机废物，有机废物又可以分成可分解废物与不可分解废物两大类。按固体废物的物理形状，可以分为块状、粉状及黏流状。有些废物的使用价值与其形状大有关系，例如发电厂煤燃烧产生的粉煤灰，如果作为水泥原料，则其粒度的大小及均匀度就成了很重要的指标。按其危害状况可分为有害废物和一般废物。在有害废物中，又有直接使人和动物受到伤害甚至死亡的有毒废物；还有一些废物有极其严重的潜在性危险，如放射性废物、许多化学品等，这些有毒、有害废物又可以称为危险废物。但较多的是按来源分类，按照废物的来源可以把废物分为工业废物、农业废物及生活废物三大类。欧美许多国家按来源将其分为工业固体废物、矿业固体废物、城市固体废物、农业固体废物和放射性固体废物等五类。我国从固体废物管理的需要出发，将其分为工业固体废物、危险废物和城市垃圾等三类。其中，危险废物是一类对环境的影响极为恶劣的废弃物。因为各国对这类废物的管理各不相同，所以对危险废物的限定也有一些细微的差别。世界卫生组织规定："根据其物理或化学性质，要求必须对其进行特殊处理和处置的废物，以免对人体或环境造成影响的废物称危险废物"。美国则规定："能引起或助长死亡率的上升或严重不可恢复的疾病，可造成严重残疾，在操作、储存、运输、处理或其他管理不当时，会对人体健康或环境带来重大威胁的废物称为危险废物"。危险废物大部分来自化学和石油化学工业。据估计，全世界每年危险废物的产量为3.3亿吨，美国产生的危险废物数量居世界之首，估计其每年的产量为2.64亿吨。德国、法国、英国、意大利是欧洲危险废物的主要生产国，日本和其他新兴工业化国家以及正在崛起的发展中国家每年也产生相当数量的危险废物。

1. 工业固体废物

工业固体废物是指在工业生产、加工过程中产生的废渣、粉尘、碎屑、污泥以及在采矿过程中产生的废石、尾矿等。工业固体废物主要来源于冶金、电力、化工、轻工等行业，而以化工废渣的毒性最大、污染最严重。

2. **矿业固体废物**

矿业固体废物来自矿物开采和洗选过程，如废石、尾矿、沙石等。废石是指各种金属、非金属矿石开采过程中从主矿石剥离下的，从工业角度来看利用价值不大的各种岩石。这类废物量大，多在采矿现场就近排放。尾矿是指选矿过程中经提取精矿以后剩余的尾渣，这类废物的排放量也相当大，多弃置于选矿工场附近。

3. **城市固体废物**

城市固体废物主要指城市垃圾，即指居民生活、商业活动、市政建设与维护、机关办公等过程中产生的固体废物，包括生活垃圾、城建渣土、商业固体废物、粪便等。一般来说，城市生活水平愈高，垃圾产生量愈大，在低收入国家的大城市，如加尔各答、卡拉奇和雅加达，每人每天产生 0.5～0.8kg 垃圾；在工业化国家的大城市，每人每天产生的垃圾通常在 1kg 左右。

4. **农业固体废物**

农业固体废物包括耕作业和畜牧业等农业生产和畜禽饲养产生的动物粪便、尸骸、作物枝叶、秸秆、壳屑等。

5. **放射性固体废物**

放射性废物主要来自核工业生产、放射性医疗、科学研究等，还包括核武器试验所产生的具有放射性的各种碎片、弹壳、尘埃等。

四、固体废物的特性

1. **污染性**

固体废物的污染性表现为固体废物自身的污染性和固体废物处理的二次污染性。固体废物可能含有毒性、燃烧性、爆炸性、放射性、腐蚀性、反应性、传染性与致病性的有害废弃物或污染物，甚至含有污染物富集的生物，有些物质难降解或难处理，固体废物排放的数量与质量具有不确定性与隐蔽性，固体废物处理过程生成二次污染物，这些因素导致固体废物在其产生、排放和处理过程中对视角和生态环境造成污染，甚至对身心健康造成危害。

2. **资源性**

固体废物的资源性表现为固体废物是资源开发利用的产物和固体废物自身具有一定的资源价值。固体废物具有时间性、相对性和地域性等特性。①时间性。任何物体，有用还是无用，往往与时间是有联系的。高聚物制品不能长时间使用，因为高聚物虽然由高分子组成，经久耐用，但天长日久，阳光、温度、腐蚀物的联合作用会使高聚物产生老化现象。这些变脆、脱色等性能变差的现象很快使其成为废物。还有一些物品，更新换代极快，也许还来不及使用，就从价格昂贵的商品变成了一堆废物。例如有人估计，计算机不论使用与否，每年都会损失其价值的 25%，所以只要购买了 4 年，这台计算机也就成了“废物”。②相对性。废物的废与不废，在很大程度上取决于人的主观认识。在贫穷落后的年代，“新三年，旧三年，缝缝补补又三年”，这是对衣物的写照，其实对其他物品也是适用的，这是穷人通用的原则，不过只要摆脱了贫困，新的消费观很快就无师自通，废物也就很快增多。③地域性。此处的废物在彼处可能不废。许多国家有不食动物内脏的习俗，然而在别的地区或国家，某些动物的内脏则是美味佳肴，深受食客的喜爱；煤油灯在发达国家至多不过是某些人的收藏品，可是在许多贫困落后的地区，可能还是最适用的照明工具。以上废物的特性，多举了生活中的例子，工业废物、农业废物的废与不废，含有更复杂的科学性和技术含量。

3. **社会性**

固体废物的社会性表现为固体废物的产生、排放与处理具有广泛的社会性。一是社会每个成员都产生与排放固体废物；二是固体废物的产生意味着社会资源的消耗，对社会产生影响；三是固体废物的排放、处理处置及固体废物的污染性影响他人的利益，即具有外部性，产生社会影响，无论是产生、排放还是处理，固体废物事务都影响每个社会成员的利益。固体废物排放前属于私有品，排放后成为公共资源。

第二节　固体废物污染热点环境问题

一、电池污染

电池的组成物质在使用过程中被封存在电池壳内部，并不会对环境造成影响，但经过长期的机械磨损和腐蚀，使得内部的重金属、酸和碱等泄漏出来，进入土壤或水源，就会通过各种途径进入食物链。废旧电池的危害主要集中在其所含的少量重金属上，如铅、汞、镉等。这些有毒物质通过各种途径进入人体内，长期积蓄难以排除，损害神经系统、造血功能和骨骼，甚至可以致癌。其中铅可损害人的神经系统、消化系统、引发血液中毒和其他病变。汞中毒使人的精神状态改变，引起脉搏加快、肌肉颤动、口腔和消化系统病变。镉、锰主要危害神经系统。如果一节一号电池在地里腐烂，它的有毒物质能使1m^2的土地失去使用价值；扔一粒纽扣电池进水里，它其中所含的有毒物质会造成60万升水体的污染，相当于一个人一生的用水量；废旧电池中含有重金属镉、铅、汞、镍、锌、锰等，其中镉、铅、汞是对人体危害较大的物质。而镍、锌等金属虽然在一定浓度范围内是有益物质，但在环境中超过极限，也将对人体造成危害。废旧电池中的重金属会影响种子的萌发与生长。废旧电池渗出的重金属会造成江河湖海等水体的污染，危及水生生物的生存和水资源的利用，间接威胁人类的健康。废酸、废碱等电解质溶液可能污染土地，使土地酸化和盐碱化。因此，对废旧电池的收集与处置非常重要，如果处置不当，可能对生态环境和人类健康造成严重危害。随意丢弃废旧电池不仅污染环境，也是一种资源浪费。以全国每年生产100亿只电池计算，全年消耗15.6万吨锌，22.6万吨二氧化锰，2080吨铜，2.7万吨氯化锌，7.9万吨氯化铵，4.3万吨炭棒。

欧盟、美国、日本等发达国家对废旧电池的处理有很好的经验。欧盟在电池管理方面近几十年来一直走在了世界前列，目前欧盟有12个国家要求零售商将已经销售的电池在用完后全部召回。而德国、奥地利、荷兰和瑞典提出了比欧盟标准更加严厉的电池立法。在废旧电池处理技术方面，德国也十分领先。在德国的马格德堡近郊区，兴建了一个电池“湿处理”装置，在这里除铅酸蓄电池外，各类电池均以硫酸溶解，然后借助离子树脂从溶液中提炼各种金属物，电池中95%的有用物质都能被提炼出来，这套装置年加工能力可达7500t。在日本，强制回收废旧的可充电电池，对于一次性干电池，虽然没有全国性强制回收的规定，但许多地方政府依旧强制回收，这类电池的回收率达30%左右。建于日本北海道的野村兴产株式会社的主要业务是废弃电池和废弃荧光灯处理。对于旧电池，主要回收其中的铁壳和其他金属原料，并进行二次产品的开发制造。每年该株式会社从全国收购的废旧电池达13000t，93%是通过民间环保组织收集的，7%是通过各厂家收集的。在美国，电池管理则按电池的有害成分予以划分，主要通过零售商店、社区回收站等回收体系进行回收。美国和日本在废旧电池回收后，均交由企业处理，每处理一吨政府给予一定的补贴。韩国则规定，生产电池的厂家，每生产一吨要向政府交一定数量的保证金，作为回收和处理的费用，同时要征收环境治理税。对于政府指定的废旧电池处理企业，则减免税收。目前，我国大部分的废旧电池混入生活垃圾被一并埋入地下，久而久之，经过转化使电池腐烂，重金属溶出，既可能污染地下水体，又可能污染土壤，最终通过各种途径进入人的食物链。生物从环境中摄取的重金属经过食物链的生物放大作用，逐级在较高级的生物中成千上万倍地富集，然后经过食物链进入人的身体，在某些器官中积蓄，造成慢性中毒。日本的水俣病就是汞中毒的典型案例。

二、白色污染

“白色污染”主要是指塑料制品、包装品使用后被遗弃于环境中对环境所造成的污染。造成污染的品种主要有塑料包装袋、泡沫塑料餐盒、一次性饮料杯、农用塑料薄膜及其他塑料包装用品等，其中尤以塑料餐盒和包装袋的危害最大。近年来，由于全国各地流动人口的增加、人们生活节奏的加快和消费观念的改变以及农业生产技术改进的需要，这些塑料制品的使用量急剧增加。以一次性使用的快餐盒为例，据统计，仅铁路上每年的消耗量为4亿只，上海快餐业每天用掉的塑料餐具就超过50万份，产生的垃圾多达200t。由于市场需要量大，生产厂家也蜂拥而上，如自1985年引进第一条聚苯乙烯生产线至今，我国生产一次性塑料餐盒等产品的聚苯乙烯泡沫等片材的生产线已有70多条，塑料餐盒年生产能力已超过70亿只。塑料包装袋的使用更是广泛，各类商场、城镇自由市场均用塑料袋作为包装物，且多为一次性使用，随用随扔。这些塑料制品用量的逐年激增，使“白色污染”问题日益加重，甚至已成为继水污染、大气污染之后的第三大社会公害。

“白色污染”最直接的危害是严重损害了环境景观。在铁路、公路沿线，由于沿途抛扔了大量的餐盒和塑料袋，与铁路并行形成两条“白色长廊”；在内河航道的水面到处漂浮着白色餐盒；在旅游景点、城市街道到处散布着塑料袋与餐盒，塑料袋随风飘舞，挂在树枝上或堆积在杂草丛中，使环境景观变得十分恶劣。更为严重的是，塑料制品在自然界中很难降解。据测算，一般塑料制品在自然界的降解周期为200～400年。抛弃的塑料品会造成土壤恶化，影响作物生长；被牲畜误食，会造成生病以致死亡。某些泡沫塑料生产过程中需用氟利昂，这是将被弃用的破坏臭氧层的物质。抛入河流、湖泊等处的塑料制品还会影响航运，使水质变坏，并可影响水电站的正常运行。如漂浮在长江中的塑料包装物等曾使葛洲坝水利枢纽的发电机组多次停机。

“白色污染”已引起社会各界的广泛关注，国家环保总局已将治理“白色污染”列为1997年的一项重点工作，并提出了“以宣传教育为先导，强化管理为核心，回收利用为手段，产品替代为补充”的防治对策。对铁路上的“白色污染”，国家环保总局、铁道部等部门联合发布了《关于维护旅客列车、车站及铁路沿线环境卫生的规定》，于1997年10月1日生效，要求对列车垃圾进行封装、定点投放并严禁沿途抛扔。对长江航道，国家环保总局、建设部、交通部等则制定了《防止船舶垃圾和沿岸固体废物污染长江水域的管理规定》，禁止向江中抛扔垃圾并要求进行转运处理，此规定于1998年3月1日起施行。以上这些都是强化管理、加强回收的具体体现。为消除城市“白色污染”，北京、天津两市作为治理的试点城市。北京市确定了“回收为主、替代为辅、区别对待、综合治理”的基本对策，并以塑料餐盒为突破口，发布了对一次性塑料餐盒必须回收的通告以及禁用超薄塑料袋的通知。自1997年9月通告实施以来，塑料餐盒的回收率目前已达50%，取得了可喜的成果，城市景观也大有改善。此外，作为回收手段的重要辅助的手段，是发展实用替代产品。目前具有实用意义的纸餐具、可降解塑料餐具等相继推出，有的已投入市场使用，这些都将推进根治“白色污染”的进程。加大宣传力度，提高群众环保意识，人人从我做起减少“白色污染”，也是根治“白色污染”的必不可少的措施。

三、电子垃圾污染

电子垃圾现在还没有明确的技术标准来确定。但笼统地说，凡是已经废弃的或者已经不能再使用的电子产品，都属于电子垃圾。电子废物根据其来源，可以分为两类：第一类是指经过使用而报废或淘汰的各类家电及其他电子产品，包括废电脑、废通信器材、废电子元器件、废家电、废电池等；第二类是指在电子产品生产过程中产生的废次品、边角料以及所用各类材料的报废品等废弃物，主要产生于电子信息特色产业基地或高新技术产业园区的相关企业，特点是相对集中，收集比较容易，数量较大。

电子垃圾被认为是世界上增加最快的垃圾。从20世纪80年代中后期开始，各种电子电器开始进入千家万户。家用电器的平均使用寿命一般为10～15年。2010年，北京市电子废物的数量约为15.83万吨，占全国的1/10。据中国家电协会统计，以8～10年的使用周期计算，中国一年家电产品的理论报销量，电冰箱为1500万台，空调近1000万台，洗衣机1800万台，电视机3500万台，电脑近3000万台，单纯这五类旧家电一年就超过了1亿台。即使再按25%计算，中国废旧电子产品的数量也十分巨大。此外，近年来我国电脑、手机的消费量激增。而电脑和手机的更新换代远快于家电产品，这些电子垃圾如果处理不当，危害极其严重，特别是电视、电脑、手机、音响等电子产品，含铅、镉、汞、六价铬、聚合氯化联苯、聚合氯化联苯乙醚等多种有毒有害材料。根据资料显示，每一台电视机或电脑显示器中平均含有 28.35g 铅。而铅一旦进入土壤会严重污染水源，将危害人类、植物和微生物，还会对儿童的脑发育造成极大的影响。

面对如此数目巨大的电子垃圾，如果不经过合理的处理，它所造成的污染后果是巨大的。随着电子产业的蓬勃发展，电子废物带来的危害也正在以很快的速度增加，对环境的影响也越来越大。由于成分原因，电子废物不能按照普通生活废弃物的标准进行再处理。例如，制造一台个人电脑需要耗用 700 多种化学原料，而这些原料一半以上对人体有害。一台电脑显示器就含有镉、汞、六价铬、聚氯乙烯、塑料和溴化阻燃剂等有害物质。电视机、电冰箱、手机等电子产品也都含有铅、铬、汞等重金属。如果将其报废后的电子废物直接填埋，其所含的铅等重金属就会渗透污染土壤和水质，经植物、动物及人的食物链循环，最终造成中毒事件的发生；如果对之进行焚烧，就会释放出大量的有害气体、有毒气体等，严重危害人体健康。广东贵屿、浙江台州、福建的农村等地前几年由于采用的是极其原始的手工拆解，并且毫无环境保护方法，使本地环境严重恶化。经过他们处理的“二次废弃物”，也往往更易对环境造成危害。用这样原始的方法处理电子废物的恶果极其严重。对广东贵屿的环境调查表明，该地区的环境已经被严重污染。河水抽样检测显示，污染水平是世界卫生组织允许指标的 100 多倍。该地区很多土壤的 pH 值已经非常低，呈现明显的酸性，土壤中铅、钡等有毒重金属的含量已超标数百倍至数千倍。由于空气污染严重，这里曾出现过大面积流行肺炎。虽然后来进行了相关的处理，但是造成的环境破坏在相当长的时间内无法消除。除了环境危害，信息安全也随着电子垃圾的随意处理受到了威胁。美国的一项研究表明，废旧电脑和硬盘中存在着大量的未经删除的个人信息，而这些信息的泄漏无疑会带来极大的损失。这些信息包括电子邮件地址、银行账户、个人或者公司的文件等，一旦被一些别有用心的人利用，损失难以估计。

在国外，欧洲大多数国家已经建立了相应的回收体系。在德国，电子废物回收处理企业一般规模都不大，大多为市政系统专业回收处理公司、制造商专业回收处理公司、社会专业回收处理公司、专业危险废物回收公司等。在美国，电子废物的资源化产业已经形成，共有 400 多家公司，主要分为专业化公司、有色金属冶炼厂、城市固体废物处理企业、电子产品原产商和经销商。但是在国内，电子垃圾的回收体系还相当不完善，大多数电子垃圾处理还是采用简单的手工拆卸方式，而一些希望建立起废旧电子产品处理工厂的地方，则由于政策、资金、技术等种种因素的掣肘，发展十分受限，常常陷入“无米下锅”的困境中。目前在我国，对于电子产品的回收处理主要有三种方式：焚烧、酸洗、拆解。三种方式都有一定的历史，但都会造成一定的污染。所谓焚烧，就是将易燃的电子垃圾通过焚烧的方式，把塑料、橡胶等可燃物烧掉，剩下铜、金、银、钯、铂等重金属。塑料等许多物品燃烧会产生大量的有毒气体。这种方式因为简单易行，在 20 世纪 90 年代初比较流行。现在，由于国家以及地方对环境保护的重视，许多地方已经明令禁止这种方式。酸洗也是一种污染非常严重的作业方式，主要是将一些合金重金属通过酸解的方式，将金、钯等物质提炼，但废酸液的危害很大，倒入屋前屋后、田边河滩等，会造成严重的污染。所谓拆解，就是用榔头等相对原始的生产工具，通过手工劳动，将电子垃圾中的贵重金属敲出来。拆解污染相对较小，技术容易掌握。拆解电子垃圾，加工人员长期与铅等重金属和有毒气体接触，会损害身体。另外，这些电子产品长期堆积在室外，任凭风吹雨淋，很难化解。一些重金属会逐渐随着降雨潜入地下，流入农田菜地，最后进入人体。这样简单粗糙的处理方式长期进行无疑会造成极大的污染和严重的后果。

四、洋垃圾污染

大多数发达国家对待危险废物实施两种方法：一是异地生产，二是越境转移。由于危险废物对人类有严重的毒害和潜在的深远的影响，所以人们对其谈虎色变，唯恐避之不及。在工业发达国家，由于公害事件发生较早，人民觉醒较快，危险废物成了既敏感又棘手的问题，危险废物的安置问题有时成了政治筹码，许多公司极力想摆脱危险废物带来的困境。因此，就出现了危险废物的越境转移问题。危险废物的越境转移是一种伤天害理的行为，对危险废物的管理也是人类前所未遇的挑战。许多发达国家率先进行立法，规范管理，但这是一项价格昂贵的负担，例如美国处置危险废物的场所有 2000～10000 处之多，消除和处置所需费用达 200 亿～1000 亿美元，况且有些地方的居民群起攻之，无论花多少钱也拒绝这些“过街老鼠”；有些发展中国家主要出于经济方面的考虑，因渴望得到外汇，表示愿意接受一定的费用来接受危险废物进口；还有一些贪官污吏、不法分子置国家利益人民生命于不顾，非法进口危险废物，这样就形成危险废物在全球范围转移的形势。一些发达国家把大批的危险废物转移到缺乏监控手段的发展中国家，导致污染扩散。对进口的“洋垃圾”处理不当，就会把污染的灾难转移到本国，危害人民的身心健康，更损害了国家和民族的尊严。

中国的环境问题突出，已经成为制约国民经济发展的“瓶颈”。在环境问题中，“洋垃圾”频频闯关成功，是一个不容小觑的问题。据中国环境保护部相关负责人透露，2010 年，中国废纸、废塑料、废五金、废钢铁、铝废碎料、铜废碎料等可用作原料的固体废物实际进口达 4000 多万吨。这是固体废物，没有涉及生活垃圾，我国到底每年进口了多少生活垃圾，可能还是一个未知数。环保部、商务部、国家发展改革委、海关总署、国家质检总局于 2011 年联合发布《固体废物进口管理办法》，对进口固体废物国外供货、装运前检验、国内收货、口岸检验、海关监管、进口许可、利用企业监管等环节提出具体要求，进一步完善进口固体废物全过程监管体系。但是，受利益驱使，“洋垃圾”的进口生意仍很兴旺。据海关总署缉私局统计，2013 年和 2014 年，全国共查处走私废物案件 312 起，查获各种固体废物 143 万吨。其中，涉及禁止进口的固体废物“洋垃圾”142 起，查获电子垃圾、废矿渣、旧衣服等“洋垃圾”共25万吨。

总体而言，危险废物境外转移具有以下特点：①主要是发达国家转移到发展中国家；②向境外转移的危险废物是危险性最高的废物；③危险废物的越境转移是放大灾难。为了保护各国的环境，国际社会和联合国机构制定了国际环境公约和有关规定，禁止危险废物跨国转移。但最根本的是发展中国家要筑起抵御“环境侵略”的防线，坚决拒“洋垃圾”于国门之外。

第三节　固体废物污染的危害

一、浪费资源

固体废物的产量和存量很大，消耗大量的物质资源和土地资源。2012年，全球固体废物年产量估计超过100亿吨，中国达到15亿吨。存量固体废物量全球达到380亿吨，中国高达70亿吨。如果假定填埋废弃物的表观相对密度为1和废弃物堆置平均高度为30m，全球380亿吨存量固体废物将占用1900万亩土地，中国70亿吨存量固体废物也将占用350万亩土地。而且，固体废物的产量增长迅速，增长速率往往超过处理设施处理能力的增长速率，后果是出现“垃圾围城”的困境。与工业快速发展随影同行，发达国家20世纪60年代的固体废物产量迅速发展，曾出现垃圾围城困境。中国从20世纪80年代末开始，固体废物的产量也迅速增长，全国600多座城市，除县城外，已有2/3的大中城市陷入垃圾的包围之中，且有1/4的城市已没有合适的场所堆放垃圾。此外，除浪费大量的物质、土地资源外，妥善处理固体废物还将消耗大量的人力、财力、信息和时间等资源。

二、污染土壤

未经处理的工厂废物和生活垃圾简单露天堆放，占用土地，破坏景观，而且废物中的有害成分通过刮风进行空气传播，经过下雨侵入土壤和地下水源、污染河流，这个过程就是固体废物污染。土壤是许多细菌、真菌等微生物聚居的场所，这些微生物在土壤功能的体现中起着重要的作用，它们与土壤本身构成了一个平衡的生态系统，而未经处理的有害固体废物，经过风化、雨淋、地表径流等作用，其有毒液体将渗入土壤，进而杀死土壤中的微生物，破坏土壤中的生态平衡，污染严重的地方甚至寸草不生。不断增加的产生量相当迅速，许多城市利用大片的城郊边缘的农田来堆放它们，难怪科学家从卫星拍回的地球照片上，围绕着城市的大片白色垃圾是那么显眼。

三、污染水体

固体废物未经无害化处理随意堆放，将随天然降水或地表径流入河流、湖泊，长期淤积，使水面缩小，其有害成分的危害将是更大的。固体废物主要通过以下几种途径污染水体：①固体废物直接倾入江河湖海。一些国家把海洋投弃作为对固体废物处置的一种方法。我国的江湖面积，20 世纪 80 年代比同世纪 50 年代减少 2000 多万亩，除围海造田外，主要是由于大量固体废物的倾入造成的。②固体废物随地面径流进入江河湖泊。许多河流成为污水沟，联邦德国埃森附近的净水设施，每年可收集 60 万吨沉积物。美国俄亥俄州的废渣随雨水流入江河，使 1.6 万公里河域中的鱼类大量死亡。③粉状和粉尘状固体废物随风飘入地面水，造成地面水污染。④固体废物中有毒物质在降水的淋溶、渗透作用下进入土壤，污染地下水。美国已在地下水中检出 175 种有机化学品，这些物质都来自于地面或地下填埋设施的渗漏。

四、污染大气

固体废物一般通过如下途径污染大气：以细粒状存在的废渣和垃圾在大风的吹动下会随风飘散，扩散到很远的地方；运输过程中产生有害的气体和粉尘；一些有机固体废物在适宜的温度和湿度下被微生物分解，能释放出有害气体；固体废物本身或在处理时散发的毒气和臭味等。典型的例子是煤矸石的自燃，曾在各地煤矿多次发生，散发出大量的 SO_2、CO_2、NH_3 等气体，造成严重的大气污染。据美国统计，大气污染物中来自固体废物处理的占 5%左右。我国包头市的粉煤灰堆场，遇 4 级以上风力时，可剥离 1～1.5cm。灰尘飞扬高度达 20～50m，平均视度降低 30%～70%，形成“黑风口”，车辆行人难以通行。固体废物中的干物质或轻质随风飘扬，会对大气造成污染。焚烧法是处理固体废物较为流行的方式，但是焚烧将产生大量的有害气体和粉尘，一些有机固体废物长期堆放，在适宜的温度和湿度下会被微生物分解，同时释放出有害气体。

五、破坏生态

1. 一次污染

如将固体废物简易堆置、排入水体、随意排放、装卸、转移、偷排偷运等不当处理，破坏景观，其所含的非生物性污染物和生物性污染物进入土壤、水体、大气和生物系统，造成一次污染，破坏生态环境；尤其是将有害废物直接排入江河湖泽或通过管网排入水体或粉尘、容器盛装的危险废气等大气有害物排入大气，不仅导致水体或大气污染，而且还导致污染范围的扩大，后果相当严重；偷排偷运导致废弃物去向不明、污染物跟踪监测困难和污染范围难以确定，后果也相当严重。如将有害废物不当处理，可能引致中毒、腐蚀、灼伤、放射污染、病毒传播等突发事件，严重破坏生态环境，甚至导致人身伤亡事故。有些有害物，如重金属、二噁英等，甚至随水体进入食物链，被动植物和人体摄入，降低机体对疾病的抵抗力，引起疾病增加，对机体造成危害，甚至导致机体死亡。

2. 二次污染

固体废物处理过程中，固体废物所含的一些物质参与物理、化学、生物生化反应，生成新的污染物，导致二次污染。二次污染的形成机理复杂，防治比一次污染更加困难。

六、危害健康

固体废物中的病原体和有毒物质，经大气、水体、生物为媒介传播和扩散，危害人群健康。许多种传染病如鼠疫等都同固体废物处置不当有关。固体废物对人群健康的危害潜伏期长，机理非常复杂，其中危险废物对人类的毒害是研究得较多的。危险废物具有一些伤害性特别强的特性，如易燃、易爆、强烈的腐蚀性或剧烈的毒性，所以可能对人类造成短期而强烈、长期而严重的伤害。危险废物对人类的短期危害可能是通过摄入、吸入、吸收、接触等而引起毒害，也可能是燃烧、爆炸等恶性事故；对人类的长期危害包括重复接触导致的长期中毒、致癌、致畸、致突变等。表 4-2 列出了一些危险废物对人体健康的危害情况，人类制造的有毒废物的名单还在不断延长，例如表中尚未列出的二噁英，目前是人类已知的最毒物之一。

表 4-2　一些危险废物对人体健康的危害

废物	类　型	危害神经系统	危害肠胃系统	危害呼吸系统	损伤皮肤	急性死亡
农业废物	各种农药废物	√	√	√		√
	有机磷农药	√		√	√	√
	卤代有机苯类除草剂					√
	有机氯除草剂		√			
工业废物	磷化铝		√			
	多氯联苯		√		√	
	砷		√	√	√	
	锌、铜、硒、铬、镍		√	√		
	汞	√	√			√
	镉		√		√	√
	有机铅化合物	√	√			
	卤化有机物			√		√
	非卤化挥发性有机物			√	√	

七、危害生物

固体废物的有害物质会改变土质成分和土壤结构，有毒废物还能杀伤土壤里的微生物和动物，破坏土壤生态平衡，影响农作物生长。某些有毒物质特别是重金属和农药会在土壤中累积并迁移到农作物中去。联邦德国某冶金厂附近的土壤污染后，使该地生长的农作物含铅量为一般作物的 80～260 倍，含锌量为一般作物的 26～80 倍。英国威尔士北部康维盆地某铅锌尾矿场，由于雨水冲刷，废渣覆盖地面，使土壤中的含铅量超过极限值 100 多倍，严重地危害了草场和牲畜。辽宁铁岭柴河铅锌矿废水含镉量超标，使附近水稻中镉的含量达到 24.34×10^{-6}，超过日本骨痛病的镉含量15.26×10⁻⁶的指标。前苏联的切尔诺贝利核电站1986年爆炸引发的灾难导致寸草不生，时至下一个世纪，周边地区的生态系统也无法恢复。

八、影响卫生

城市的生活垃圾、粪便等由于清运不及时，便会产生堆存现象，严重影响人们居住环境的卫生状况，对人们的健康构成潜在的威胁。当提及固体废物时，人们想到的便是脏、乱、臭、有害、有毒、危险等垃圾形象，引起视觉、听觉、味觉、嗅觉、触觉的不良反应，加之固体废物及其处理存在生态环境破坏的潜在危险，而且，现实中，因传统、意识、人才、资金、技术、管理、地理等原因，固体废物污染又在人们身边发生，使得人们唯恐对固体废物及其处理设施避之不及，固体废物及其处理的“邻避效应”日益彰显，影响所在地的投资环境，给周边居民的荣誉、心理等造成精神伤害，同时，也给居民造成健康损害和不动产损失，减少所在地的发展机会。

第四节 固体废物治理技术

固体废物的处理通常是指用物理、化学、生物、物化及生化方法把固体废物转化为适于运输、储存、利用或处置的过程，固体废物处理的目标是无害化、减量化、资源化。有人认为固体废物是“三废”中最难处置的一种，因为它含有的成分相当复杂，其物理性状也千变万化，要达到上述目标会遇到相当大的麻烦，一般防治固体废物污染的方法首先是要控制其产生量；其次是开展综合利用，把固体废物作为资源和能源对待，实在不能利用的则经压缩和无毒处理后成为终态固体废物，然后再填埋和沉海，主要采用的方法包括压实、破碎、分选、固化、焚烧、生物处理等。

一、物理法

采用物理方法处理固体废物典型的有填埋法和海洋投弃法等。填埋法是指在预先进行地质和水文调查的基础上，选好干旱或半干旱场地来掩埋有害废弃物。要做到安全填埋，必须保证不发生渗漏以致污染地下水体或空气，填埋结束后应覆土、植树以改善环境。此法的特点是有利于恢复地貌，维持生态平衡。将有害固体废物直接或经过处理以后投入海洋的方法称为海洋投弃法。投弃的废物主要是放射性废物或其他剧毒的工业废物。向海洋投弃废物的历史较久，且各国投弃废物的种类也不同，如美国每年向海洋投弃的废物，以污泥的数量为最大，其次是工业废物。废物入海造成的海洋污染，正在引起人们的重视。目前，虽然在应用，但人们呼吁应予以取缔或至少先作无害处理后再投弃。

二、热处理法

固体废物的热处理法主要包括焚烧法和热解法两种类型。焚烧法是高温分解和深度氧化的综合过程。通过焚烧可以使可燃性固体废物氧化分解，达到减少容积、去除毒性、回收能量及副产品的目的。一般地说，差不多所有的有机性固体废物都可用焚烧法处理。对于无机和有机混合性固体废物，若有机物是有毒、有害物质，一般也最好用焚烧法处理，这样处理后还可以回收其中的无机物。而某些特殊的有机性固体废物只适合于用焚烧法处理，例如医院的带菌性固体废物，石化工业生产中某些含毒性中间副产物等。焚烧法的优点在于能迅速而大幅度地减少可燃性固体废物的容积。如在一些新设计的焚烧装置中，焚烧后的废物容积只是原容积的5%或更少。一些有害固体废物通过焚烧处理，可以破坏其组成结构或杀灭病原菌，达到解毒、除害的目的。固体废物通过焚烧处理还能提供热能，其焚烧热可用来供热和发电。这在当前世界能源紧缺而固体废物产量有增无减的情况下，不失为一种新的能源途径。焚烧法的缺点一是危险废物的焚烧会产生大量的酸性气体和未完全燃烧的有机组分及炉渣，如将其直接排入环境，必然会导致二次污染；二是此法的投资及运行管理费高，为了减少二次污染，要求焚烧过程必须设有控制污染设施和复杂的测试仪表，这又进一步提高了处理费用。固体废物热解是利用有机物的热不稳定性，在无氧或缺氧条件下受热分解的过程。热解法与焚烧法相比是完全不同的两个过程。焚烧是放热的，热解是吸热的；焚烧的产物主要是二氧化碳和水，而热解的产物主要是可燃的低分子化合物；气态的氢、甲烷、一氧化碳；液态的甲醇、丙酮、醋酸、乙醛等有机物及焦油、溶剂油等，固态的主要是焦炭或炭黑。

三、固化法

固化法是采用物理的或化学的固化剂使有害废物形成基本不溶解或溶解度较低的物质或将它们包封在惰性固化体中的处理技术。通过这种处理，有害废物的渗透性和浸出性都可大大降低，利于进一步处置和运输，达到无害化或低害化的目的。最常用的方法是用水泥、塑料、水玻璃、沥青等凝结剂和危险废物加以混合进行固化，使得污泥中所含的有害物质封闭在固化体内不被浸出，从而达到稳定化、无害化、减量化的目的。固化法在日本、欧洲及美国已应用多年，我国主要用此法处理放射性废物。根据用于固化凝结剂的不同，此法又分为以下几种。

1. 水泥固化法

水泥固化是以水泥为固化剂将危险废物进行固化的一种处理方法。水泥中加入适当比例的水混合会发生水化反应，产生凝结后失去流动性则逐渐硬化。水泥固化法是用污泥代替水加入水泥中，使其凝结固化的方法。对有害污泥进行固化时，水泥与污泥中的水分发生水化反应生成凝胶，将有害污泥微粒包容，并逐步硬化形成水泥固化体。这种固化体的结构主要是水泥的水化反应物。这种方法使得污泥中的有害物质被封闭在固化体内，达到稳定化、无害化的目的。水泥固化法由于水泥比较便宜，并且操作设备简单，固化体的强度高、长期稳定性好，对受热和风化有一定的抵抗力，因而其利用价值较高。对于含有有害物质的污泥的固化方法来说，水泥固化法是最经济的。水泥固化法的缺点有：水泥固化体的浸出率较高，主要是由于它的孔隙率较高所致。因此，需作涂覆处理。由于污泥中含有一些妨碍水泥水化反应的物质，如油类、有机酸类、金属氧化物等，为保证固化质量，必须加大水泥的配比量，结果固化体的增容比较高；有的废物需进行预处理和投加添加剂，使处理费用增高。

2. 塑料固化法

将塑料作为凝结剂，使含有重金属的污泥固化而将重金属封闭起来，同时又可将固化体作为农业或建筑材料加以利用。塑料固化技术按所用塑料的不同可分为热塑性塑料固化和热固性塑料固化两类。热塑性塑料有聚乙烯、聚氯乙烯树脂等，在常温下呈固态，高温时可变为熔融胶黏液体，将有害废物掺和包容其中，冷却后形成塑料固化体。热固性塑料有脲醛树脂和不饱和聚酯等。脲醛树脂具有使用方便、固化速度快、常温或加热固化均佳的特点，与有害废物所形成的固化体具有较好的耐水性、耐热性及耐腐蚀性。不饱和聚酯树脂在常温下有适宜的黏度，可在常温、常压下固化成型，容易保证质量，适用于对有害废物和放射性废物的固化处理。塑料固化法的特点是：一般均可在常温下操作；为使混合物聚合凝结仅加入少量的催化剂即可；增容比和固化体的密度较小。此法既能处理干废渣，也能处理污泥浆，并且塑性固化体不可燃。其主要缺点是塑料固化体耐老化性能差，固化体一旦破裂，污染物浸出会污染环境。因此，处置前都应有容器包装，因而增加了处理费用。此外，在混合过程中释放的有害烟雾污染周围环境。

3. 水玻璃固化法

水玻璃固化法是以水玻璃为固化剂，无机酸类作为辅助剂，与有害污泥按一定的配料比进行中和与缩合脱水反应，形成凝胶体，将有害污泥包容，经凝结硬化逐步形成水玻璃固化体。水玻璃固化法具有工艺操作简便、原料价廉易得、处理费用低、固化体耐酸性强、抗透水性好、重金属浸出率低等特点，但目前此法尚处于试验阶段。

4. 沥青固化法

沥青固化是以沥青为固化剂与危险废物在一定的温度、配料比、碱度和搅拌作用下产生皂化反应，使危险废物均匀地包容在沥青中，形成固化体。经沥青固化处理所生成的固化体空隙小、致密度高，难于被水渗透。同水泥固化体相比较，有害物质的沥滤率更低；并且采用沥青固化，无论污泥的种类和性质如何，均可得到性能稳定的固化体。此外，沥青固化处理后随即就能硬化，不需像水泥那样经过20～30d的养护。但是，沥青固化时由于沥青的导热件不好，加热蒸发的效率不高，同时倘若污泥中所含水分较大，蒸发时会有起泡现象和雾沫夹带现象，容易使排出的废气发生污染：对于水分含量大的污泥，在进行沥青固化之前，要通过分离脱水的方法使水分降到50%～80%。再有，沥青具有可燃性，必须考虑到如果加热蒸发时沥青过热就会引起大的危险。

四、化学法

化学处理法是利用有害固体废物的化学性质，将有害物质转化为无害的最终产物的方法。最常用的是酸碱中和法、氧化还原法、化学沉淀法等。酸碱中和法可采用弱酸或弱碱就地中和；氧化还原法常用于处理氰化物和铬酸盐类有害废物，需用强氧化剂和还原剂，通常需用一个运转反应池；化学沉淀法是利用沉淀作用使溶解度低的水合氧化物和硫化物沉淀下来，以减少毒性。

五、生物法

许多危险废物可以通过生物降解来解除毒性，解除毒性后的废物可以被土壤和水体所接受。目前，生物法有活性污泥法、气化池法、氧化塘法等。利用微生物的分解作用处理固体废物的技术应用最广泛的是堆肥化。堆肥化是指依靠自然界广泛分布的细菌、放线菌和真菌等微生物，人为地促进可生物降解的有机物向稳定的腐殖质生化转化的微生物学过程，其产品称为堆肥，其主要作用是能够改善土壤的物理、化学和生物性质，使土壤环境适于农作物生产。从发展趋势来看，土地填埋的场所一般难以保证，焚烧处理的成本太高，而且二次污染严重。因此，堆肥得到了广泛的重视。我国的具体情况是垃圾量大，农业又要求提供大量的有机肥料作为土壤改良剂。因此，堆肥是一条可行的垃圾处理途径。

第五节 固体废物的综合防治

一、固体废物的管理现状及发展趋势

固体废物的产生由来已久，但不同时期对固体废物的处理利用方法也不同。原始人类的固体废物主要是粪便，当堆积增多到影响居住条件时，只能利用更换新的住址来解决问题。一千多年前古希腊人就把生活垃圾入坑填埋，直到近几十年才探讨其处理和利用。随着天然资源的短缺和固体废物排量的激增，20 世纪 70 年代以来许多国家把固体废物作为“资源”，积极开展综合利用。日本曾利用废纸造纸，每利用 1 万吨废纸即可节约开采森林 2400m^2。许多国家设立专门的机构，积极开展综合利用，并制定多项法令，加强对固体废物的管理。对于城市垃圾、废物，虽有收购废旧系统，但对农业秸秆可燃成草木灰与粪便、污泥等一起施于农田，因其回收效率不高、秸秆中的有机质不能直接还田而肥效不高，并可能恶化土质及环境，至今这些废弃物仍是危害环境的主要因素。

固体废物的污染控制与管理作为当今世界面临的一个重要环境问题，已引起各国政府的广泛重视。从国外的固体废物管理情况来看，随着经济实力的增强与科技的进步，管理水平也在不断地提高。美国的《资源保护和回收法》和《全面环境责任承担赔偿和义务法》是迄今世界各国比较全面的关于固体废物管理的法规。英国的《污染控制法》有专门的固体废物条款。日本的《废物处理和清扫法》规定了全体国民的义务和废物处理的主体，不仅企业有适当处理其产生的固体废物的义务，公民也有保持生活环境清洁的义务。我国固体废物的管理工作起步较晚，《中华人民共和国固体废物污染环境防治法》是我国第一部关于固体废物污染管理的法规。纵观国内外固体废物管理的发展过程，可以看出大致经历了三个阶段：①未加控制的土地处理阶段；②卫生填埋与简单的资源回收并存阶段；③固体废物的综合管理阶段。固体废物的综合管理模式包括以下几个阶段：①减少废弃物的产量，如推广

无污染生产工艺；提高废弃物内部循环利用率；强化管理手段等。②多途径的物资回收，如采用明智的生产技术，加强废弃物的分离回收以及资源化工厂等。③多途径的能源回收，如 RDF 产品；焚烧；厌氧分解以及热解等。④安全填埋，如废物的干燥；废物的稳定化；废物的封装；混合填埋；废物的自然衰减；正确的填埋工程施工等。⑤废弃物的最终处理等。

二、固体废物综合防治的基本原则

我国在 1995 年 10 月 30 日通过并公布了《中华人民共和国固体废物污染环境防治法》。根据我国国情，我国制定出近期以“无害化”“减量化”“资源化”作为控制固体废物污染的技术政策，并确定今后较长一段时间内应以“无害化”为主，以“无害化”向“资源化”过渡，“无害化”和“减量化”应以“资源化”为条件。固体废物“无害化”处理的基本任务是将固体废物通过工程处理，达到不损害人体健康，不污染周围的自然环境。固体废物“减量化”处理的基本任务是通过适宜的手段，减少和减小固体废物的数量和容积。这一任务的实现，需从两个方面着手，一是对固体废物进行处理利用；二是减少固体废物的产生，推行清洁生产。固体废物“资源化”的基本任务是采取工艺措施从固体废物中回收有用的物质和能源。固体废物“资源化”是固体废物的主要归宿。相对于自然资源来说，固体废物属于“二次资源”或“再生资源”范畴，虽然它一般不再具有原使用价值，但是通过回收、加工等途径可以获得新的使用价值。“资源化”应遵守的原则是：“资源化”技术是可行的；经济效益比较好，有较强的生命力；废物应尽可能在排放源就近利用以节省废物在存放、运输等过程的投资；“资源化”产品应当符合国家相应产品的质量标准，因而具有与之相竞争的能力。

三、固体废物综合防治的主要对策

1. 对固体废物的产生者的管理

对于固体废物产生者，要求其按照有关规定，将所产生的废物分类，并用符合法定标准的容器包装，做好标记，登记记录，建立废物清单，待收集运输者运出。对不同的固体废物要求采用不同的容器包装。为了防止暂存过程中产生污染，容器的质量、材质、形状应能满足所装废物的标准要求。

2. 固体废物的储存、收集与运输的管理

储存管理是指对固体废物进行处理处置前的储存过程实行严格控制。对不同的固体废物要求采用不同的容器包装。为了防止暂存过程中产生污染，容器的质量、材质、形状应能满足所装废物的标准要求。收集管理是指对各厂家的收集实行管理。运输管理是指收集过程中的运输和收集后运送到中间储存处或处理处置厂的过程所需实行的污染控制。

3. 固体废物的综合利用与处理处置管理

综合利用管理包括农业、建材工业、回收资源和能源过程中对于废物污染的控制。处理处置管理包括有控堆放、卫生填埋、安全填埋、深地层处置、深海投弃、焚烧、生化解毒和物化解毒等。

复习思考题

1. 什么叫固体废物？为什么说废物不废？
2. 简述主要的固体废物热点环境问题。
3. 固体废物的危害有哪些？
4. 固体废物有哪些治理技术？
5. 固体废物综合防治应坚持哪些基本原则？
6. 固体废物综合防治的主要对策有哪些？

第五章　物理污染与环境

第一节　噪声污染及其防治

一、噪声的概念

1. 噪声的定义

环境科学领域里所论述的噪声与物理学上的噪声在含义上有所不同。物理学上将节奏有序，听起来和谐的声音称为乐声；将杂乱无章，听起来不和谐的声音称为噪声；而环境科学领域所说的噪声与个体所处的环境和主观感觉反应有关，噪声即是对人身有害和人们不需要的声音。

2. 噪声的分类

产生噪声的声源称为噪声源。若按噪声产生的机理来划分，可将噪声分为机械噪声、空气动力性噪声和电磁性噪声三大类。机械噪声是机械设备运转时，各部件之间的相互撞击、摩擦产生的交变机械作用力使设备金属板、轴承、齿轮或其他运动部件发生振动而辐射出来的噪声。空气动力性噪声是指引风机、鼓风机、空气压缩机运转时，叶片高速旋转使叶片两侧的空气发生压力突变，气体通过进、排气口时激发的声波产生的噪声。电磁性噪声是指由于电机等的交变力相互作用而产生的噪声。

3. 噪声的评价

噪声本身也是声音，具有声音的一切物理特性。物理学上，用频率、声压和声压级、声强和声强级、声功率和声功率级等几个物理量来定量描述一个声音，这些物理量不以人们的意志而存在。然而，噪声与人的感觉密不可分，必须用反映人主观感觉的物理量加以描述，通常可以用声级、等效连续声级等几个物理量来描述噪声，这些是人主体对噪声的感觉物理量。

(1) 频率　噪声以声波的形式在介质中进行传播。声波的频率等于发声体的振动频率，其单位为 Hz。频率的高低，反映了声调的高低。频率高，声调尖锐；频率低，声调低沉。人耳能听到的频率范围为 20～20000Hz，把这一范围的声音叫可闻声，20Hz 以下的声音叫次声，20000Hz 以上的声音叫超声，次声和超声人耳都听不到。人耳对噪声的反应是，低频噪声容易忍受，高频噪声则感觉烦躁。

(2) 声压和声压级　声压是用来度量声音强弱的物理量。声音通过空气传入人耳，引起耳内鼓膜振动，刺激听觉神经，产生声的感觉。声压越大，耳朵中鼓膜受到的压力越大，表明声音越强。正常人耳刚能听到的声音的声压称为闻阈声压。人耳对于不同频率声音的闻阈声压不同，这是因为人耳对高频声敏感而对低频声迟钝。正常人耳刚能感到疼痛的声音的声压称为痛阈声压。在声学测量技术中，声压是一个没有方向性的标量，比较容易测量，所以通常用声压来度量声音的强弱。在仪表制造上，度量最低声压和最高声压比值为 100 万倍的仪表是难以实现的。声压的变化范围如此之大，这使得其在实际应用上极为不便，因此人们引入“级”的概念来度量声音的相对强弱。声压级的单位以符号 B 来表示，称为“贝尔”。实际应用中，贝尔的单位太大，通常采用其值的 1/10 来表示声压的大小，以符号 dB 表示，称为“分贝”。引入了级的概念后，在实用上大大缩小了表示声音强弱的物理量的数值范围。闻阈和痛阈的声压相差 100 万倍，使用了级的概念后，可以压缩到 0～120dB 的变化范围内，大大提高了计算的简明程度。科学研究发现，适合人类生存、工作、学习和生活的最佳环境为 15～45dB。一般而言，噪声级在 80dB 以下时，能保证长期工作不致耳聋；在 85dB 的条件下，有 10％的人可能产生职业性耳聋；在 90dB 的条件下，有 20％的人可能产生职业性耳聋。如果人们突然暴露在 140～160dB 的噪声下，就会使听觉器官发生急性外伤，引起鼓膜破裂流血，螺旋体从基底急性剥离，双耳完全失听。

(3) 声强和声强级　声强也是度量声音强弱的物理量。物体振动发声时，振动以声波的形式通过声场介质进行传播，使声场中的介质质点发生运动，因此，声音具有能量，称为声能。声场中，单位时间内通过与声音前进方向成垂直的、单位面积上的声能称为声强。声强以能量的方式说明声音的强弱。声强越大，表示单位时间内耳朵接受到的声能越多，声音越强。声强与声压有着密切的关系。在噪声测量中，声压比声强容易直接测量。因此，往往根据声压测定的结果间接求出声强。人耳朵的听觉范围十分宽广，刚能听到蚊子飞过的声压约 2×10^{-5} Pa，大型球磨机附近的声压为 20Pa，两者相差 100 万倍，其相应的声强相差 1 万亿倍。在如此宽广的范围内，用声压和声强的绝对值去度量声音的强弱是很不方便的。因此，与声压和声压级的概念类似，在实际应用中声强通常也用声强级来表示。

(4) 声功率和声功率级　声功率是指在单位时间内声源发射出来的总声能。声功率是声源特性的物理量，它的大小反映声源辐射声能的本领，声功率与声强或声压等有着密切的关系。因此，在实际应用中为了便于度量声音的强弱同样引入了声功率级的概念。

(5) 声级和等效连续声级　声压级只反映了人对声音强度的感觉，不能反映人对频率的感觉。人们感觉声音响不响，不仅与声压有关，而且与频率也有关，很可能声压级和频率不同的声音听起来一样响。这样，表示噪声的强弱就必须同时考虑声压级和频率对人的作用，这种共同作用的强弱称为噪声级。噪声级通常可用噪声计来测定，即把声音变为电压信号，经过滤波处理用指针指示其分贝数。用噪声能量平均值的方法来等效地评价不连续噪声对人的影响，这就是平均声级或等效连续声级。

二、噪声污染的来源

1. 工厂生产噪声

工厂生产噪声，特别是地处居民区而没有声学防护措施以及防护设施不好的工厂辐射出的噪声，对居民的日常生活干扰十分严重。一般电子工业和轻工业的噪声在90dB以下，纺织厂的噪声为90～106dB，机械工业的噪声为80～120dB，凿岩机、大型球磨机为120dB，风铲、风镐、大型鼓风机在120dB以上。发电厂高压锅炉、大型鼓风机、空压机放空排气时，排气口附近的噪声级可高达110～150dB，传到居民区常常超过90dB，严重影响居民的正常生活。工厂噪声是造成职业性耳聋的主要原因。

2. 交通运输噪声

许多国家的调查结果表明，城市噪声的70%来自于交通运输。载重汽车、公共汽车、拖拉机等重型车辆的行进噪声为89～92dB，电喇叭为90～100dB，汽喇叭为105～110dB，市区内这些噪声的平均值都超过了人的最大允许值85dB。一般大型喷气客机起飞时，距跑道两侧1km内语言通信受干扰，4km内不能睡眠和休息。超音速客机在15000m高空飞行时，其压力波可达30～50km范围的地面，使很多人受到影响。

3. 建筑施工噪声

随着我国城市现代化建设，建筑施工噪声越来越严重。尽管建筑施工噪声具有暂时性，但是由于城市人口骤增，建筑任务繁重，施工面广且工期长。因此，噪声污染相当严重。据统计，距离建筑施工机械设备10m处，打桩机为88dB，推土机、刮土机为91dB等等。这些噪声不但给操作工人带来危害，而且严重地影响了居民的生活和休息。

4. 社会生活噪声

社会生活噪声主要是指社会人群活动出现的噪声，人们的喧闹声、沿街的吆喝声以及家用电视机、缝纫机和洗衣机等发出的声音都属于社会生活噪声。一般电视机的噪声为60～83dB，缝纫机的噪声为50～80dB，洗衣机的噪声为50～60dB，干扰较为严重的有沿街安装的高音宣传喇叭声及秧歌锣鼓声。这些噪声虽对人没有直接的危害，但能干扰人们正常的谈话、工作、学习和休息。

三、噪声污染的危害

1. 危害人和其他生物的健康和生存

噪声污染会直接损害人的健康，其影响不仅取决于声音的物理性质，而且与人的心理和生理状态有关。吵闹的噪声会损伤人的听力，使人讨厌、烦恼，精神不宜集中，影响工作效率，妨碍休息和睡眠等。在强噪声下，还容易掩盖交谈和危险警报信号，分散人的注意力，发生工伤事故。具体说来，对于人和生物而言，噪声的危害主要表现为以下几个方面。

（1）听力损伤　噪声对听力的损害是人们认识最早的一种影响。一般噪声对听力的损害可分为两种，一种是暂时性的，一种是职业性的。当人进入较强噪声的环境中时，会感到刺耳难受，听力下降，但当离开噪声场所，在安静的地方待一段时间后，听觉又逐步恢复原状，这种现象叫做暂时听阈偏移，也叫做听觉疲劳。它是暂时性的生理现象，内耳听觉器官并未受到损害。长期在噪声环境中工作的人，由于持续不断地受到噪声的刺激或者说是一种慢性刺激，日积月累，这种听觉疲劳现象不但逐渐加深，而且不能复原，内耳感受器发生器质性的病变，其听力发生不可恢复的永久性听阈偏移，这就是噪声性耳聋，又称作职业性听力损失。随着年龄的增加，在正常生活中，人耳也会逐渐变聋．但长期暴露在80dB以上的噪声环境中耳聋得会更快。85dB是听觉细胞不会受到损害的极限，因此，长期暴露在强噪声环境中会受到耳聋的困扰。目前，大多数国家规定85dB为人耳的最大允许噪声值。一般来讲，在85dB以上的噪声环境中长期工作，就会发生噪声性耳聋。另外，还有一种噪声性耳聋，这就是爆震性耳聋。当人们突然听到强烈的噪声时，比如爆破、爆炸等，可使人的听觉器官发生急性外伤，引起鼓膜破裂流血。爆震性耳聋多发生在噪声强度高达130～150dB的特殊场合。噪声污染是城市居民老年性耳聋的重要因素，目前世界人口中10%的人听力有问题。中老年耳聋者中，男性多于女性，因为男性接触噪声的机会比女性多。噪声对正在成长发育的孩子的影响极为严重，城里的孩子听觉普遍不如农村的孩子，因为城里的孩子长期生活在噪声环境中，听力已呈下降趋势。

(2) 引发疾病　长期在强噪声下工作的工人，除了耳聋外，还有头昏、头痛、神经衰弱、消化不良等症状，往往导致高血压和心血管病。《北京晚报》(2001年12月25日）报道：采石场机器轰鸣，养殖场牲畜“发疯”。房山一农民2000年承包了村里的十几亩荒山并办起了一个具有一定规模的养殖场。2001年11月，村里的养殖场边上又建起了一座石子厂。石子厂每天机器日夜轰鸣，噪声不断，结果养殖场内的牲畜出现各种异常情况：有的不进食；有的无睡眠；还有的牲畜到处乱窜、相互哄挤，造成部分小鸡骨折，许多小猪被踩死。眼看着损失与日俱增，养殖场主急在心头，一怒之下将石子厂告上了法院，要求消除噪声并赔偿经济损失。研究同样证实，170dB的噪声大约6min就可使半数试验豚鼠致死。

(3) 影响睡眠　噪声会影响人的睡眠，老年人和病人对噪声的干扰更敏感。当睡眠受到噪声干扰后，工作效率和健康都受到影响。研究表明，连续噪声可以加快熟睡到轻睡的回转，使人多梦，熟睡的时间缩短；突发的噪声可使人惊醒。一般来说，40dB的连续噪声可使10%的人受到影响，70dB可影响50%的人休息；而突发的噪声在40dB时，可使10%的人惊醒，到60dB时，可使70%的人惊醒。

(4) 干扰交流　在噪声环境下，妨碍人们之间的交谈以及通讯联络是常见的。同时，影响人们的思维活动和语言信息交流，对生产和生活造成一定的影响和损失。

(5) 引起烦恼　噪声引起的心理影响主要是使人烦恼激动、易怒甚至失去理智。强噪声对人体的影响不能进行试验观察，因此，用动物来进行试验以获取资料来推断噪声对人的影响。试验证明，动物在噪声场中会失去行为控制能力，不但烦躁不安而且失去常态。如，在165dB噪声场中，大白鼠会疯狂蹿跳、互相撕咬和抽搐。一般说来，噪声越强，引起人们烦恼的可能性越大。短促强烈的噪声会引起人吃惊，而连续噪声比非经常性噪声引起的烦恼小；人为噪声比同样响的自然界声音令人讨厌；人在夜间的听觉灵敏度比白天高，所以夜间的噪声比白天的更易引起烦恼。此外，各人的听觉适应性不同，对噪声的烦恼程度也会不同。

(6) 影响安全生产和降低劳动生产率　噪声也容易使人疲劳，往往会影响精力集中和工作效率，尤其是对那些要求注意力高度集中的复杂作业和从事脑力劳动的人影响更大。另外，由于噪声的心理学作用，分散了人们的注意力，容易引起工伤事故。特别是在能够遮蔽危险警报信号和行车信号的强噪声下，更容易发生事故。据世界卫生组织估计，美国每年由于噪声的影响而带来的工伤事故以及低效率所造成的损失将近40亿美元。有人曾对打字、排字、校对、速记等工作做过调查，发现随着噪声强度的增加，差错率都会上升。另外，噪声具有掩蔽效应，即一个声音为另一个声音所掩盖。一般如果大声源超过小声源10dB，小声源就被掩盖，使人听不到事故的前兆及各种危险警报信号，导致发生伤亡事故，影响安全生产。

2. 破坏建筑物

一般的噪声只能损害人的听觉和身心健康，对建筑物的影响无法觉察。随着火箭和宇宙飞船以及超音速飞机的发展，噪声对建筑物的影响问题开始引起人们的注意。试验证实：噪声在强度为140dB时对轻型建筑物开始具有破坏作用。在超音速飞机飞行中，产生一种称为“轰声”的噪声，它是由于后时刻发出的声音量加到前时刻发出的声音，产生于飞机头部的冲击波。冲击波对建筑物的门窗、瓦片等大面积轻质结构件具有显著影响，但有时也会影响房屋的结构。例如，在英、法合制的超音速运输机试飞时，航线下的古建筑物有震裂受损的情况。据美国轰声受损统计，在3000起建筑受损事件中，抹灰开裂占43%，窗损坏占32%，墙开裂占15%，还有瓦和镜子损坏等。

3. 损害仪器设备

机器本身也会受到噪声的损害。飞机和火箭等飞行器的金属结构在声频交变负载的反复作用下，可能产生裂纹或断裂，这种现象称为声疲劳。资料表明，135dB的噪声就有可能对电子元器件以及对噪声振动敏感的部件造成损害。常见的现象是：电子管产生电噪声，输出假信号；继电器抖动或短路，使电路不稳定；引线脱焊；微调电容器失调；印刷电路板连接部分接触不良甚至断裂等。然而，航空、航天飞行器产生的噪声强度常可达到150～160dB，在如此强的噪声中，仪器设备的工作性能必定会受到更大的影响。在航空航天事业如此发达的今天，由于噪声疲劳还可能会造成飞机及导弹失事等严重事故。

四、噪声污染的控制技术

噪声在传播过程中有三个要素，即声源、传播途径和接受者。只有当上述因素同时存在时，噪声才能对人造成干扰和危害。因此，控制噪声必须考虑这三个因素。

1. **声源控制技术**

控制噪声的根本途径是对声源进行控制，控制声源的有效方法是降低辐射声源的声功率。在工矿企业中，经常遇到各种类型的噪声源，它们产生的机理各不相同，所采用的声源控制技术也不相同。一个实际的噪声源产生噪声的机理往往不是单一的，如一台鼓风机工作时产生机械性、气流性和电磁性三个方面的噪声。此外，尽管振动和噪声是两种不同的概念，但它们有着密切的联系，许多噪声是由振动诱发产生的。因此，在对声源进行控制时必须同时考虑隔振。控制振动的目的不仅在于消除因振动而激发的噪声，而且还在于消除振动本身对周围环境造成的有害影响。

2. **传播途径控制技术**

（1）有源降噪　有源降噪是利用电子线路和扩音设备产生与噪音波形相同但相位相反的声音——反声来抵消原有噪声而达到降噪目的的技术。有源降噪在低频段的效果较好。到目前为止，除在小范围内用于降低低频噪声或在较大范围内用于降低简单声源的噪声以外，并未普遍采用。

（2）消声降噪　消声器是一种既能使气流通过又能有效地降低噪声的设备，通常可用消声器降低各种空气动力设备的进出口或沿管道传递的噪声。

（3）绿化降噪　绿化降噪是栽植树木和草皮以降低噪声的方法。一般地说，树木和草皮构成的绿化带不是有效的噪声屏障，对噪声的衰减作用有限。低于地面的干道和绿化带组合的方式是降低交通噪声的有效手段。绿化带如不是很宽，降噪作用就不会明显，但心理作用是很重要的。在街道两旁、办公室外、公共场所和庭院中用草木点缀给人以宁静的感觉。

（4）隔声降噪　按照噪声的传播方式，一般可将其分为空气传声和固体传声两种。空气传声是指声源直接激发空气振动并借助于空气介质而直接传入人耳。固体传声是指声源直接激发固体构件振动后所产生的声音。事实上，声音的传播往往是这两种声音传播方式的组合。在一般情况下，无论是哪种传声，大都需要经过一段空气介质的传播过程，才能最后到达人耳，两种传播形式既有区别又有联系。对于空气传声的场合，可以在噪声传播途径中，利用墙体、各种板材及其构件将接受者分隔开来，使噪声在空气中的传播受阻而不能顺利地通过，以减少噪声对环境的影响，这种措施通称为隔声。对于固体传声，可以用弹簧、隔振器及隔振阻尼材料进行隔振处理，这种措施通称为隔振。隔振不仅可以减弱固体传声，同时可以减弱振动直接作用于人体和精密仪器而造成的危害。隔声是噪声控制中常用的一种技术措施，采用适当的隔声设施能降低噪声级20～50dB。

（5）吸声降噪　吸声降噪是一种在传播途径上控制噪声强度的方法。当声波入射到物体表面时，部分入射声能被物体表面吸收而转化成其他能量，这种现象叫做吸声。物体的吸声作用是普遍存在的，吸声的效果不仅与吸声材料有关，还与所选的吸声结构有关。相同的机器，在室内运转与在室外运转相比，其噪声更强。这是因为在室内，除了能听到通过空气介质传来的直达声外，还能听到从室内各种物体表面反射而来的混响声。混响声的强弱取决于室内各种物体表面的吸声能力。光滑坚硬的物体表面能很好地反射声波，增强混响声；而像玻璃棉、矿渣棉、棉絮、海草、毛毡、泡沫塑料、木丝板、甘蔗板、吸声砖等材料，能把入射到其上的声能吸收掉一部分，当室内物体表面由这些材料制成时，可有效地降低室内的混响声强度。这种利用吸声材料来降低室内噪声强度的方法称为吸声降噪。它是一种广泛应用的降噪方法，试验证明，一般可将室内噪声降低 5～8dB。应该指出的是，利用吸声材料和吸声结构来降低噪声的方法，其效果是有一定条件的。吸声材料只是吸收反射声，对声源直接发出的直达声是毫无作用的。也就是说，吸声处理的最大可能性是把声源在房间的反射声全部吸收。故在一般条件下，用吸收材料来降低房间的噪声，其数值不超过 10dB，在特殊条件下也不会超过 15dB。若房间很大，直达声占优势，此时用吸声降噪处理的效果较差，甚至在吸声处理后还察觉不到有降噪的效果。如房间原来的吸声系数较高时，还用吸声处理来降噪，其效果是不明显的。因此，吸声处理的方法只是在房间不太大或原来吸声效果较差的场合下才能更好地发挥它的减噪作用。

3. 个人防护

当在声源和传播途径上控制噪声难以达到标准时，往往需要采取个人防护措施。在很多场合下，采取个人防护还是最有效、最经济的方法。耳塞、防声棉、耳罩、头盔等这些个人防护工具主要起隔声作用，使强烈的噪声不致进入耳内而造成危害，一般的护耳器可使耳内噪声降低 10～45dB。

(1) 防声耳塞　防声耳塞是插入外耳道的护耳器。它是用软橡胶或软塑料等柔软及可塑性大的材料制成的。其优点是隔声量较大，体积小，便于携带，使用方便，价格便宜，但必须塞入外耳道内部并与外耳道大小形状相匹配，否则效果不好，适用于 115dB 以下的噪声环境。国产耳塞低频隔声量为 10～15dB，中高频隔声量可达 30～40dB。因此，在球磨机、铆接点布车间均可选用此种耳塞。其缺点是佩戴不适会引起耳道疼痛。防声耳塞可按大中小号选用佩戴，佩戴耳塞应注意保持清洁卫生。

(2) 防声棉　防声棉是由直径 1～3μm 的超细玻璃棉经化学软化处理制成的，使用时只要撕一小块卷成团，塞进耳道入口处即可。其优点是柔软，耳道无痛感，隔声能力强，如在 125～8000Hz 范围内，隔声值可达 20～40dB；特别是对高频声的效果好。织布、铆钉等车间工人均适用；缺点是耐用性差，易破碎。

(3) 防护耳罩　佩戴耳罩不必考虑外耳道的个体差异，隔声性能较耳塞优越，易于保持清洁，适于在高温下佩戴，但会受到佩戴者的头发及眼镜的影响。防护耳罩如同一副耳机，它的优点是适于佩戴，无需选择尺寸，缺点是对高频噪声的隔声量比耳塞小。耳罩的高频隔声量可达 15～30dB，国产的防噪声耳罩对 100dB 以上的高频噪声，平均隔声值在 20dB 以上。

(4) 防声头盔　头盔的隔声效果比耳塞、耳罩优越，不仅可以防止噪声的气导泄漏，而且可防止噪声通过头骨传导进入内耳，其优点是隔声量大，可以减轻声音对内耳的损害，对头部还有防振和保护作用，缺点是制作工艺复杂，笨重，佩戴不便，透气性差，价格较贵。一般只在高强噪声条件下才将帽盔和耳塞连用，通常用于如火箭发射场等特殊环境和场所。

五、噪声污染的综合防治

1. 合理调整城市工业布局，制定环境噪声区划

对现有的噪声污染严重、群众反映强烈而短期内又无法治理的企业，应坚决实行关停并转迁。新建企业必须考虑所在地的环境功能，不得在文教、旅游、居住区内增加新的噪声污染源，在建筑布局上除考虑噪声源的位置外，还要考虑利用地形和已有建筑物作屏蔽。制定科学合理的城市规划和区域环境规划，划分每个区域的社会功能，加强土地使用和规划中的环境管理，规划建设专用工业园区，组织并帮助高噪声工厂企业实施区域集中整治，对居民生活地区建立必要的防噪声隔离带或采取成片绿化等措施，缩小工业噪声的影响范围，使住宅、文教区远离工业区或机场等高噪声源，以保证要求安静的区域不受噪声污染。为了减少交通噪声的污染，应加强城市绿化，必要时，在道路两旁设置噪声屏障。

2. 加强立法和行政监督

实行噪声超标收费或罚款等管理制度，用法律手段促进企业治理噪声污染。发展噪声污染现场实时监测分析技术，对工业企业进行必要的污染跟踪监测监督，及时有效地采取防治措施，并建立噪声污染申报登记管理制度，充分发挥社会和群众的监督作用，大幅度消除噪声扰民的矛盾。严格贯彻执行《中华人民共和国环境噪声污染防治法》和有关环境噪声标准、劳动保护卫生标准、有关工业企业噪声污染防治技术政策，积极采用现有的、成功的控制技术，限期治理。

3. 强化管理，增强服务

一方面，有组织有计划地调整、搬迁噪声污染扰民严重而就地改造又有困难的中小企业，严格执行有关噪声环境影响评价和“三同时”项目的审批制度，以避免产生新的噪声污染。另一方面，建立有关研究和技术开发、技术咨询的机构，为各类噪声源设备制造商提供技术指导，以便在产品的设计、制造中实现有效的噪声控制，如开发运用低噪声新工艺、高阻尼减振新材料、包装式整机隔声罩设计等，有计划有目的地推动新技术。

4. 以科技为指导，防治和利用相结合

首先，对不同的噪声源机械设备实施必要的产品噪声限制标准和分级标准。把噪声控制理论成果和现代产品设计方法与技术有机地结合起来，以使我国机电产品的噪声振动控制水平得以大幅度提高。有关政府部门应加强对制造销售厂商的管理，促使发展技术先进的低噪声安静型产品，逐步替代淘汰落后的高噪声产品。其次，提高吸声、消声、隔声、隔振等专用材料的性能，以适应通风散热、防尘防爆、防腐蚀等技术要求；改进噪声污染影响的评价分析方法；开发应用计算机技术，提高预测评价工作的效率和精度，节省防治工程的费用。最后，多途径合理利用噪声。噪声是一种污染，这是讲的它有害的一面。从另一方面看，噪声是能量的一种表现形式。因此，有人试图利用噪声做一些有益的工作使其转害为利。首先，噪声可以用于农业生产。美国一位科学家试验发现，某些农作物在受到强噪声作用后，植物的根、茎、叶表面的小孔会扩张到最大限度，从而使喷

洒的营养物和肥料很容易渗透进去被植物吸收。在对试验田里的一株番茄进行施肥和喷洒营养物时，用 100dB 的尖锐的汽笛声共熏陶 30 多次后，这株番茄结了多达 200 多个果子，而且每一个都比一般的番茄大 1/3。对水稻和大豆进行类似的试验也同样获得了成功。其次，噪声还可以用来除草。不同的植物对不同频率的噪声的敏感程度是不同的。美国、日本、英国和德国等国家的研究人员根据这一原理，针对不同的杂草制造出不同的"杂草除草器"，只要将其置于田间，其发出的噪声能够诱发杂草种子提高萌芽生长的速度，这样就可以在农作物生长之前施以相应的除草剂，将杂草除掉。最后，噪声用于干燥食物，干燥的效果比传统方法更理想。传统的食品干燥法是采用热处理法脱水，这样会使食品丧失营养成分，从而影响食品的质量。如果用噪声声波高速地冲击食品，不仅卫生方便而且效率高，其吸水能力为目前干燥技术的 4～10 倍，还能保持食品的质量和营养成分。

"防治结合，以防为主，综合治理"是我国环保工作的一项基本方针。近年来，我国的噪声污染防治已取得了长足的进展。然而，总的来说，城市环境噪声的质量还不尽如人意。现阶段，我国正处在进一步改革开放、加速经济发展的新时期，各行各业有许多新建改建项目，许多噪声污染源需要采取防治措施。若把噪声的污染控制放在事前来考虑解决，比事后解决可取得事半功倍的效果。因此，首先必须严格控制新的污染源的产生，同时对历史遗留下来的噪声污染源给予充分的重视和解决。总之，噪声污染防治工作是一项复杂而艰巨的任务，它涉及许多部门，需要从系统的观点出发，结合各个部门的实际情况，做出整体的规划安排。

第二节 电磁辐射污染及其防治

一、电磁辐射污染的概念

自 1820 年人类发现通电的导线可以使罗盘针偏转，从而发现电磁辐射的存在后，人们便陆续为电磁辐射找到了用途。电气与电子设备在工业生产、科学研究与医疗卫生等各个领域中都得到了广泛的应用。随着经济、技术水平的提高，其应用范围还将不断扩大与深化。据统计，电子设备的平均辐射功率正在以每 10 年 10～30 倍的速度增长。除此之外，各种视听设备、微波加热设备等也广泛地进入人们的生活之中，应用范围不断扩大，设备功率不断提高。所有这些都导致了地面上的电磁辐射大幅度增加，已直接威胁到人的身心健康。据国家环保总局统计，目前我国广播电视电磁辐射设备达 1 万多台，总功率超过 13 万千瓦。这些强电磁波正包围着居民区，威胁着人类的健康。因此，对电磁辐射所造成的环境污染必须予以重视并加强防护技术的研究与应用。我国自 20 世纪 60 年代以来，在这方面已经做了大量的工作，研制了一些测量的设备，制定了有关高频电磁辐射安全卫生标准及微波辐射卫生标准，在防护技术水平上也有了很大的提高，取得了良好的成效。电磁波是电场和磁场周期性变化产生波动通过空间传播的一种能量，也称作电磁辐射。

大功率的电磁辐射能量可以作为能源利用，但也有可能产生危害，构成环境污染因素，这就是电磁辐射污染。一些环境专家把电磁波污染称为第五大公害，虽然它不像废气、废水、废渣一样，能使天变浑、水变黑，它是一种能量流污染，看不见、摸不着，但却实实在在存在着。它不仅直接危害着人类的健康，还在不断地“滋生”电磁辐射干扰事端，进而威胁着人类的生命。

二、电磁辐射污染的来源

1. 天然污染源

天然的电磁污染是由大气中的某些自然现象引起的。最常见的是大气中由于电荷的积累而产生的雷电现象；也可以是来自太阳和宇宙的电磁场源。天然电磁污染的污染源及其分类情况见表 5-1。这种电磁污染除对人体、财产等产生直接的破坏外，还会在更大范围内产生严重的电磁干扰，尤其是对短波通讯。

表 5-1 天然电磁污染的污染源及其分类

分类	来源
大气与空气污染源	自然界的火花放电、雷电、台风、火山喷烟等
太阳电磁污染源	太阳的黑子活动与耀斑等活动
宇宙电磁污染源	新星爆发、宇宙射线等

2. 人为污染源

人为污染源指人工制造的各种系统、电气和电子设备产生的电磁辐射，可以危害环境。人为源包括某些类型的脉冲放电、工频场源与射频场源。脉冲放电主要指切断大电流电路时产生的火花放电等，其瞬时电流变化率很大，会产生很强的电磁干扰。工频场源主要指大功率输电线路产生的电磁污染，加大功率电机、变压器、输电线路等产生的电磁场，它不是以电磁波的形式向外辐射，而主要是对近场区产生电磁干扰。射频场源主要是指无线电、电视和各种射频设备在工作过程中所产生的电磁辐射和电磁感应，这些都造成了射频辐射污染。这种辐射源的频率范围宽，影响区域大，对近场工作人员的危害也较大。因此，已成为电磁污染环境的主要因素。人为电磁污染源分类见表 5-2。

表 5-2 人为电磁污染源分类

分类		设备名称	污染来源与部件
放电所致污染源	电晕放电	电力线(送配电线)	由于高电压、大电流而引起的静电感应、电磁感应、大地漏泄电流所造成
	辉光放电	放电管	日光灯、高压水银灯及其他放电管
	弧光放电	开关、电气铁道、放电管	点火系统、发电机、整流装置等
	火花放电	电器设备、发动机、冷藏车、汽车等	整流器、发电机、放电管、点火系统等
工频交变电电磁场源		大功率输电线、电气设备、电气铁道	污染来自高电压、大电流的电力线场电器设备

续表

分类	设备名称	污染来源与部件
射频辐射场源	无线电发射机、雷达等	广播、电视与通风设备的振荡与发射系统
	高频加热设备、热合机、微波干燥机	工业用射频利用设备的工作电路与振荡系统
	理疗机、治疗机	医学用射频利用设备的工作电路与振荡系统
建筑物反射	高层楼群以及大的金属构件	墙壁、钢筋、吊车等

三、电磁辐射污染的传播途径

1. 空间辐射

空间辐射指通过空间直接辐射。各种电气装置和电子设备在工作过程中不断地向其周围空间辐射电磁能量，每个装置或设备本身都相当于一个多向的发射天线。这些发射出来的电磁能在距场源不同距离的范围内以不同的方式传播并作用于受体。

2. 线路传导

线路传导指借助电磁耦合由线路传导。当射频设备与其他设备共用同一电源时或它们之间有电气连接关系时，电磁能可通过导线传播。此外，信号的输出、输入电路和控制电路等也能在强磁场中拾取信号并将所拾取的信号进行再传播。

3. 复合传播

通过空间辐射和线路传导均可使电磁波的能量传播到受体，造成电磁辐射污染。有时通过空间传播与线路传导所造成的电磁污染同时存在，这种情况被称为复合传播污染。

四、电磁辐射污染的危害

1. 引燃引爆

电磁辐射污染可以使金属器件之间互相碰撞而打火，从而引起火药、可燃油类或气体燃烧或爆炸。

2. 干扰工业

特别是信号干扰与破坏，这种干扰可直接影响电子设备、仪器仪表的正常工作，使信息失误、控制失灵，对通信联络造成意外。1991 年，奥地利劳达航空公司的一次飞机失事，导致机上 223 人全部遇难。据英国当局猜测，可能是由飞机上的一台笔记本电脑或是便携式摄录机造成的。

3. 危害人体健康

电磁辐射危害人体的机理主要是热效应、非热效应和累积效应等。①热效应：人体 70%以上是水，水分子受到电磁波辐射后相互摩擦，引起机体升温，从而影响到体内器官的正常工作。生物机体在射频电磁场的作用下，可以吸收一定的辐射能量，并因此产生生物效应。这种效应主要表现为热效应。热效应可造成人体组织或器官不可恢复的伤害，如眼睛产生白内障、男性不育；当功率为 1000W 的微波直接照射人时，可在几秒内致人死亡。②非热效应：射频电磁辐射对人体的影响，在强度大时主要是热效应，即机体把吸收的射频能转换为热能，形成由于过热而引起的损伤，射频辐射还有非致热作用。长期在非致热强度的射频电磁辐射的作用下会出现乏力、记忆力减退为主的神经衰弱症候群和心悸、心前区疼痛、胸闷、易激动、脱发、月经紊乱等症状。临床检查还可发现脑电波呈现慢波增多、血压偏低、心率减慢、心电图上波形改变等；此外，还可出现眼晶状体浑浊和空泡增多、白内障、男性睾丸受损伤和雄性激素分泌减少等。有关专家还认为，家用电器在室内产生的电磁波虽然辐射半径很小，但如果在离人体很近的地方使用，也会对人体造成危害，如电吹风和电动剃须刀。每天使用电动剃须刀的时间超过 2.5min 就会对身体造成危害。补过牙的人受电磁波伤害而患病的可能性比一般人更大一些，据说是因为补牙材料汞合金的水银物质与电磁波有某种亲和力，而医治龋齿所用的铅中所含的水银也会使人体受电磁波的危害加大。德国研究人员发现，移动电话发射出的无线电频率的电磁场 35min 内能使人体血压升高 5～10mmHg（1mmHg＝133.322Pa）。血压升高可能是由于无线电频率的电磁场使动脉收缩而引起的。因此，电磁辐射对高血压患者有不良影响。电磁辐射对人体危害的程度与电磁波的波长有关。按对人体危害程度由大到小排列，依次为微波、超短波、短波、中波、长波，即波长愈短，危害愈大。微波对人体作用最强的原因，一方面是由于其频率高，使机体内分子振荡激烈，摩擦作用强，热效应大；另一方面是微波对机体的危害具有积累性，使伤害不易恢复。人体的器官和组织都存在微弱的电磁场，它们是稳定和有序的，一旦受到外界电磁场的干扰，处于平衡状态的微弱电磁场即将对人体的非热效应体现在以下几个方面。神经系统：人体反复受到电磁辐射后，中枢神经系统及其他方面的功能发生变化。如条件反射性活动受到抑制，出现心动过缓等。感觉系统：低强度的电磁辐射，可使人的嗅觉机能下降，当人头部受到低频小功率的声频脉冲照射时，就会使人听到好像机器响，昆虫或鸟儿鸣的声音。免疫系统：长期接触低强度微波的人，其体液与细胞免疫指标中的免疫球蛋白降低，T 细胞花环与淋巴细胞转换率的乘积减小，使人体的体液与细胞免疫能力下降。内分泌系统：低强度的微波辐射，可使人的丘脑——垂体肾上腺功能紊乱；CRT、ACTH 活性增加，内分泌功能受到显著影响。遗传效应：微波能损伤染色体。动物试验已经发现；用 195MHz、2.45GHz 和 96Hz 的微波照射老鼠，会在 4%～12%的精原细胞中形成染色体缺陷，老鼠能继承这种缺陷，染色体缺陷可引起受伤者智力迟钝、平均寿命缩短。③累积效应：热效应和非热效应作用于人体后，对人体的伤害尚未来得及自我修复之前，再次受到电磁波辐射的话，其伤害程度就会发生累积，久之会成为永久性病态，危及生命。

五、电磁辐射污染的综合防治

1. 区域控制及绿化

对工业集中的城市可以将电磁辐射源相对集中在某一区域，使其远离一般工作区或居民区，并对这样的区域设置安全隔离带，从而在较大的区域范围内控制电磁辐射的危害。由于绿色植物对电磁辐射能具有较好的吸收作用，因此，加强绿化是防治电磁污染的有效措施之一。绿色植物，特别是高大的树木、茂密的花丛对电磁辐射能有较好的吸收作用。主要表现在，当电磁波在空中传播时，遇到林木之后，由于树干、植物叶子的表面粗糙不平且多绒毛，能够对电磁能量有较好的吸收作用。尤其是有些树叶与树干能分泌出某些油脂或黏液，它们是良好的电磁波吸收体。有人估算，在工业辐射区域与居民之间的安全防护带上，若种植有10m宽的林带，那么电磁能量通过林带后，将被树林吸收许多，使得林带后面的电磁场强度大幅度的衰减。因此，从防止电磁辐射、减少对环境的污染角度出发，也应当大力提倡植树造林，绿化环境。从城市规划与布局考虑，必须按区域统筹规划，在各个区域之间、厂区之间、住宅区等地带种植树木等高大的绿色植物，设立自然的吸收屏蔽，有效地防止电磁辐射对环境的污染。

2. 屏蔽防护

使用某种能抑制电磁辐射扩散的材料，将电磁场源与其环境隔离开来，使辐射能被限制在某一范围内，达到防止电磁污染的目的，这种技术手段称为屏蔽防护。从防护技术的角度来说，屏蔽防护是目前应用最多的一种手段。具体方法是在电磁场传递的路径中，安设用屏蔽材料制成的屏蔽装置。屏蔽防护主要是利用屏蔽材料对电磁能进行反射与吸收。传递到屏蔽上的电磁场，一部分被反射，且由于反射作用使进入屏蔽体内部的电磁能减到很少；进入屏蔽体内的电磁能又有一部分被吸收。因此，透过屏蔽的电磁场强度会大幅度衰减，从而避免了对人与环境的危害。

3. 吸收防护

吸收防护是减少微波辐射危害的一项积极有效的措施，采用对某种辐射能量具有强烈吸收作用的材料敷设于场源外围，以防止大范围污染，多用于近场区的防护上。常用的吸收材料有以下两类：①谐振型吸收材料。利用某些材料的谐振特性制成的吸收材料，特点是材料厚度小，只对频率范围很窄的微波辐射具有良好的吸收率。②匹配型吸收材料。利用某些材料和自由空间的阻抗匹配，吸收微波辐射能，其特点是适于吸收频率范围很宽的微波辐射。实际应用的吸收材料种类很多，可在塑料、橡胶、胶木、陶瓷等材料中加入铁粉、石墨、木材和水等制成。

4. 个人防护

个人防护的对象是个体的微波作业人员。当因工作需要操作人员必须进入微波辐射源的近场区作业或因某些原因不能对辐射源采取有效的屏蔽、吸收等措施时，必须采取个人防护措施，以保护作业人员的安全。个人防护措施主要有穿防护服、戴防护头盔和防护眼镜等。这些个人防护装备同样也是应用了屏蔽、吸收等原理，用相应的材料制成的。

第三节 放射性污染及其防治

一、放射性污染的定义

原子核由中子和质子所组成；在原子核中，质子的数目等于它的电荷数，中子的数目等于它的质量数和电荷数之差。质子和中子统称为“核子”，核子数等于核的质量数。在人类环境中，存在着这样一些物质，如地壳中的铀系、钍系和钾的放射性同位素^{40}K等，它们能自发地放射出一种特殊的有一定穿透能力的、但肉眼又看不见的射线。这种射线能透过黑纸使胶片感光，能被放射线仪器探测到。这种能自发地放出射线的性质就叫放射性。到目前为止，天然存在的核素有300余种，其中280种是稳定的非放射性核素，其余的是放射性核素，绝大多数为原子序数大于84的核素。一般而言，较重的核素稳定的条件是中子数和质子数的比值接近3∶2，当中子数比上述情况多时就不稳定，比如^{238}U的原子核中，质子数为92，中子数为146，中子数与质子数之比大于3∶2，因而，就不稳定，具有放射性。而较轻的核素中的中子数和质子数的比值接近于1，这个核是稳定的，比如^{12}C是稳定的，而它的同位素^{14}C就不同了，中子数大于质子数，就不稳定而具有放射性。这里^{12}C和^{14}C的电荷数相同，在元素周期表中位于同一位置，称为同位素。天然存在的具有放射性的核素的数量并不多，只有300多种；而用人工方法通过核反应可以产生更多的放射性核素，其总数已超过1600种。放射性核素进入环境后会对环境及人体造成危害，成为放射性污染物。

放射性污染物与一般的化学污染物有着明显的不同，主要表现在：每一种放射性核素均具有一定的半衰期，在其放射性自然衰变的这段时间里，它都会放射出具有一定能量的射线，持续地产生危害作用；除了进行核反应之外，目前，采用任何化学的、物理的或生物的方法，都无法有效地破坏这些核素，改变其放射的特性；放射性污染物所造成的危害，在有些情况下并不立即显示出来，而是经过一段潜伏期后才显现出来。因此，对放射性污染物的治理也就不同于其他污染物的治理。放射性污染物主要是通过放射的射线的照射危害人体和其他生物体。造成危害的射线主要有：α射线、β射线和γ射线。α粒子实际上是一个氦（^{4}He）原子核，它由2个质子和2个中子组成，带2个正电荷。α粒子流形成的射线称为α射线。α粒子的穿透力较小，在空气中易被吸收，外照射对人的伤害不大，但其电离能力强，进入人体后会因内照射造成较大的伤害。β射线是带负电的电子流，穿透能力较强。γ射线是波长很短的电磁波，穿透能力极强，对人的危害最大。此外，所有射线具有下列共同的特性：①每一种射线都具有一定的能量。例如，α射线具有很高的能量，它能击碎^{27}Al核，产生核反应。②它们都具有一定的电离本领。所谓电离是指使物质的分子或原子离解成带电离子的现象。α粒子或β粒子会与原子中的电子有库仑力的作用，从而使原子中的某些电子脱离原子，而原子变成了正离子。带电粒子在同一物质中电离作用的强弱主要取决于粒子的速率和电量。α粒子带电量大、速率较慢，因而，电离能力比β粒子强得多。γ光子是不带电的，在经过物质时由于光电效应和电子偶效应而使物质电离。所谓电子偶效应是指能量在1.02MV以上的光子可转变成一个正电子和一个负电子，即电子对。它们附着于原子则产生离子对。γ射线的电离能力最弱。③它们各自具有不同的贯穿本领。所谓贯穿本领是指粒子在物质中所走路程的长短，路程又称射程。射程的长短主要是由电离能力决定的。每产生一对离子，带电粒子都要消耗一定的动能，电离能力愈强，射程愈短。因此，三种射线中α射线的贯穿能力最弱，用一张厚纸片即可挡住；β射线的贯穿能力较强，要用几毫米厚的铅板才能挡住；γ射线的贯穿能力最强，要用几十毫米厚的铅板才能挡住。④它们能使某些物质产生荧光。人们可以利用这种致光效应检测放射性核素的存在与放射性的强弱。⑤它们都具有特殊的生物效应。可以损伤细胞组织，对人体造成急性和慢性伤害，有时还可改变某些生物的遗传特性。

处于某一特定能态的放射性原子核的数目衰减到原来的一半所需的时间，称为该种核素的半衰期。一定数量的核素的核并不是同时都进行衰变的，具体某一个核的衰变与否是偶然性事件。但总体而言，总有一定比例的放射性核在进行衰变。由于比例的大小不同，衰减到原来的一半的时间也不同。放射性核素半衰期的长短差别很大，例如，^{144}Nd（钕）的α衰变的半衰期长达5×10^5年，而^{212}Po（钋）的半衰期仅是$3\times10^{-7}s$。半衰期是放射性核素的一个特性常数，基本上不随外界条件的变化和元素所处状态的不同而改变，半衰期是描述放射性核素衰变快慢的物理量。比较不同元素的半衰期可以了解它们放射性的强弱。在质量相同的情况下，半衰期越短的元素，放射性就越强烈，对人体的损伤和对环境的污染效应就越明显，只不过持续作用时间短而已。

二、放射性污染的来源

1. 自然界中存在的天然系列放射性核素

天然放射性是指存在于地表圈、大气圈和水圈中的放射性核素，主要由铀系、钍系、氚、碳14、钾40和铷87等组成。1896年，贝可勒尔发现铀的化合物能不断自发地放射出某种人眼看不见的，但能使包在黑纸里的照相底片强力感光的射线。随后，1898年，居里夫妇又发现钋和镭也能发射出类似的射线。进一步的研究发现，这种射线还可以电离气体并使荧光物质发光，此外，还发现这种射线的性质不会随外界条件的影响而有所改变。这种自发放射出射线的现象称为放射性现象，能够自发发生放射性现象的核素叫做放射性核素。原子序数在84以上的所有元素都有天然放射性，小于此数的某些元素如碳、钾等也有这种性质。放射性核素自发发射出射线转变成另一种核素的过程，叫做核衰变。常见的衰变形式有α衰变、β衰变和γ衰变。

2. 大气层核武器试验爆炸后的沉降物

自1945年美国进行人类首次核爆炸试验，并在日本广岛和长崎投放两枚原子弹以来，美国、俄罗斯、法国、英国和中国等国家进行核爆炸试验研究已达2000多次。在进行大气层、地面或地下核试验时，核试验导致大量的^{90}Sr、^{137}Cs和^{131}I等200多种放射性核素释放到环境中。这些放射性核素到达平流层后，随降雨落到地面，然后在对流层停留较短时间后，再沉降到整个地球表面，沉降物中主要含有^{90}Sr、^{131}I、^{137}Cs和^{239}Pu、^{240}Pu等放射性核素。

3. 核设施废物的正常排放和偶然的大量释放

截止到2014年4月30日，全球共有在役核电机组435个，长期关停的核电机组2个。核电站排放到环境中的放射性废物的正常排放以及发生事故后的偶然大量排放，也会引起环境中放射性很大程度的增加。核电站在正常运行时产生的具有较强放射性的废水、废气和废渣，虽然经过适当的废气处理系统进行处理，但也会对环境造成轻微的污染。同时，一旦核电站或其他核反应堆发生偶然事故就会向环境排放极强的放射性，产生不可预知的重度污染。例如 1986 年 4 月 26 日前苏联基辅附近的切尔诺贝利事故，事故中向环境释放的裂变产物的总量就达 0.2EBq（约 5MCi，1Ci＝37GBq）。

4. 医疗、工农业、科研和采矿业等排放富集的天然放射性废料

放射性废料是指包含放射性物质的废料，一般产生于核裂变一类的核反应中。除此以外，来源还包括用于人体疾病诊断和治疗的放射性标记化合物，包含放射性核素制剂、工业放射性核素及在加工、使用的一些化石燃料或其他稀土金属和其他共生金属矿物的开采、提炼过程中浓缩的铀、钍、氡等天然放射性核素。

三、放射性污染的分类

由各种辐射污染源产生的放射性废物按其物理形态可分为放射性废气、放射性废水和放射性固体废物。但不同场合、不同设备所产生的这些放射性废物，其放射性水平各不相同。在处理这些放射性废物时，为了能采用更经济有效的方法，针对不同情况可按照放射性比例进行分类。最常见的放射性污染主要有以下几种类型：①石材放射性污染。石材产品主要包括花岗岩和大理石，主要用于建筑物室内、外装饰，其次是建造广场、道路、灯杆及各种工艺品。由于其质地坚硬、绚丽多彩，深受消费者的喜爱，但一谈到石材的放射性就很令消费者生畏。究竟石材的放射性危害有多大，也是消费者关注的问题。石材的放射性主要与地质结构、生成年代和条件有关，按石材的放射性水平可分为 A、B、C 三类。A 类产品可在任何场合中使用，包括写字楼和家庭居室；B 类产品的放射性程度高于 A 类，不可用于居室的内饰面，但可用于其他一切建筑物的内、外饰面；C 类产品的放射性高于 A、B 两类，只可用于建筑物的外饰面；超过 C 类标准控制值的天然石材，只可用于海堤、桥墩及碑石等其他用途。其中，花岗岩的放射性较高，大理石的放射性较低，而且对其他材料的放射性有很好的屏蔽作用。由于石材放射性水平的高低只能通过仪器检测才能知道，因此，有关专家提醒消费者，在建材市场选购石材和陶瓷产品时，要向经销商索要产品放射性检测报告。要注意报告是否为原件，报告中商家名称及所购品名是否相符，另外还要注意检测结果类别（A、B、C）。②燃煤的放射性污染。一般的燃煤中常含有一定的放射性矿石，分析研究表明，许多燃煤烟气中含有铀、钍、镭 226、钋 210 及铅 210 等。尽管这些物质的含量很少，但长期的慢性蓄积，可随空气及被烘烤的食物进入人体，对人体造成不同程度的损害。③饮用水中的放射性污染。我国地大物博，矿泉水十分丰富，但其中也有不少水源受到天然或人工的放射性污染。据有关部门检测，有些盲目开发的矿泉水，其氡浓度高达 5×10^{-9}Ci/L。如果长期饮用这种矿泉水就会有害健康。尤其值得警惕的是，某些使用储藏放射性物质的厂矿及肿瘤医院排放的废水，可对水源及水生植物造成放射性污染。④新宅的放射性污染。由于地基、岩石或矿渣、大理石装饰板等往往含有一定的氡，可对新房造成放射性污染。⑤香烟中的放射性污染。烟叶中含有镭

226、钋 210、铅 210 等放射性物质，其中以钋 210 为甚。一个每天吸一包半香烟的人，其肺脏一年所接受的放射物量相当于他接受 300 次胸部 X 光线照射。⑥食品中的放射性污染。鱼及许多水生动植物都可富集水中的放射性物质。某些茶叶中天然钍的含量与一些冶炼厂、化工厂、综合医院等使用射线的区域的蔬菜，放射性物质的含量也都普遍偏高。

四、放射性污染的特点

放射性污染具有以下特点：①危害作用的持续性和长效性。放射性污染一旦产生和扩散到环境中，就不断对周围发出放射线，永不停止。②放射性核素的放射性活度不会随自然环境的阳光、温度改变。③放射性污染对生物的作用效果具有累积性。④放射性剂量的大小只有辐射探测仪才可以探测，非人的感觉器官所能知晓。

五、放射性污染的传播途径

放射性物质进入人体的途径主要有三种：呼吸道吸入、消化道食入、皮肤或黏膜侵入。①呼吸道吸入。从呼吸道吸入的放射性物质的吸收程度与其气态物质的性质和状态有关。难溶性气溶胶吸收较慢，可溶性较快；气溶胶的粒径越大，在肺部的沉积越少。气溶胶的被肺泡膜吸收后，可直接进入血液流向全身。②消化道食入。消化道食入是放射性物质进入人体的重要途径。放射性物质既能被人体直接摄入，也能通过生物体经食物链途径进入体内。③皮肤或黏膜侵入。皮肤对放射性物质的吸收能力波动范围较大，一般为1%～1.2%。经由皮肤侵入的放射性污染物，能随血液直接输送到全身。由伤口进入的放射性物质的吸收率较高。无论以哪种途径，放射性物质进入人体后，都会选择性地定位在某个或某几个器官或组织内，叫做“选择性分布”。其中，被定位的器官称为“紧要器官”，将受到某种放射性的较多照射，损伤的可能性较大，如氡会导致肺癌等。放射性物质在人体内的分布与其理化性质、进入人体的途径以及机体的生理状态有关。但也有些放射性在体内的分布无特异性，广泛分布于各组织、器官中，叫做“全身均匀分布”，如有营养类似物的核素进入人体后，将参与机体的代谢过程而遍布全身。

环境中的放射性物质和宇宙射线不断照射人体，即为外照射。这些物质也可进入人体，使人受到内照射，放射性物质主要是通过食物链经消化道进入人体的，其次是放射性尘埃经呼吸道进入人体。内照射有以下几个特点：①单位长度电离本领大的射线的损伤效应强。同样能量的 α 粒子比 β 粒子的损伤效应强，如果是外照射的话，α 粒子穿透不过衣物和皮肤。②作用持续时间长。核素进入体内持续作用时间要按 6 个半衰期时间计算，除非因新陈代谢排出体外。例如以下几种核素的半衰期是：^{32}P，14d；^{60}Co，560d；^{90}Sr，6400d；^{131}I，7d；^{239}Po，18000d。③绝大多数放射性核素都具有很高的比活度（单位质量的活度）。如以^{210}Bi 为例，10^{-6}g 数量级的铋即可引起辐射效应。就化学毒性而言，这么小的质量对机体无明显的作用。④放射性核素进入机体后，不是平均分配地分散于人体，常显示其在某一器官或某一组织选择性累积的特点。例如，^{131}I 进入机体后，甲状腺中^{131}I 的活度占体内总量的68%，肝中占0.5%，脾中仅占0.05%。其他放射性核素也有类似的特性，如^{32}P对于骨也呈现出高度的蓄积作用。这一特性造成内照射对某一器官或某几种器官的损伤力的集中。

六、放射性污染的危害

放射性核素释放的辐射能被生物体吸收以后要经历辐射作用的不同时间阶段的各种变化，它们包括物理、物理化学、化学和生物学的四个阶段。当生物体吸收辐射能之后，先在分子水平发生变化，引起分子的电离和激发，尤其是生物大分子的损伤。这种损伤既来自电离辐射的直接作用，也来自辐射诱发的自由基所致的间接作用。分子的变化有的发生在瞬间，有的需经物理的和化学的以及生物的放大过程才能显示所致组织器官的可见损伤。因此，需时较久甚至延迟若干年后才表现出来。人体对辐射最敏感的组织是骨髓、淋巴系统以及肠道内壁。环境中的放射性核素主要以电离辐射的方式释放射线，并通过多种途径进入人体。发射出X射线、γ射线和中子的射线会破坏机体细胞的大分子结构，更甚者直接破坏细胞或组织结构，给人体造成严重损伤。如果辐射强度过高的话，长期接触会引发急性白血病等癌症，而且会损害人体的生殖能力，造成不孕症等。在极高剂量的照射下，会在短期内致人死亡。多次少量累积照射会引起慢性损伤，使造血系统、心血管系统和中枢神经系统等系统受到损害，癌症的患病率较正常人大大增加。迄今最严重的核事故主要包括：1957年9月29日，苏联乌拉尔山中的秘密核工厂“车里雅宾斯克65号”一个装有核废料的仓库发生大爆炸，迫使当局紧急撤走当地11000名居民。1957年10月7日，英国东北岸的温德斯凯尔一个核反应堆发生火灾，这次事故产生的放射性物质污染了英国全境，至少有39人患癌症死亡。1961年1月3日，美国爱荷华州一座实验室里的核反应堆发生爆炸，当场炸死3名工人。1967年夏天，苏联“车里雅宾斯克65号”用于储存核废料的“卡拉察湖”干枯，结果风将许多放射性微粒子吹往各地，当局不得不撤走了9000名居民。1971年11月9日，美国明尼苏达州“北方州电力公司”的一座核反应堆的废水储存设施发生超库存事件，结果导致5000US gal（1US gal＝3.785dm^3）放射性废水流入密西西比河，其中一些水甚至流入圣保罗的城市饮水系统。1979年3月28日，美国三里岛核反应堆因为机械故障和人为的失误而使冷却水和放射性颗粒外逸，但没有人员伤亡报告。1979年8月7日，美国田纳西州浓缩铀外泄，结果导致1000人受伤。1986年1月6日，美国俄克拉荷马一座核电站因错误加热发生爆炸，结果造成一名工人死亡，100人住院。1986年4月26日，前苏联切尔诺贝利核电站发生大爆炸，其放射性云团直抵西欧，造成约8000人死于辐射导致的各种疾病。

放射性污染所引起的危害表现为生物体的急性效应和远期效应两个方面。

（1）急性效应　大剂量辐射造成的伤害表现为急性伤害。核爆炸或反应堆意外事故产生的辐射生物效应立即呈现出来。1945年8月6日和9日，美国在日本的广岛和长崎分别投了两颗原子弹，几十万日本人民无辜死于非命。急性损伤的死亡率取决于辐射剂量。辐射剂量在6Gy以上，通常在几小时或几天内立即引起死亡，死亡率达100%，称为致死量；辐射剂量在4Gy左右，死亡率下降到50%，称为半致死量。

（2）远期效应　放射性核素排入环境后，可造成对大气、水体和土壤的污染。由于大气扩散和水流输送可在自然界稀释和迁移，放射性核素可被生物富集，使一些动植物特别是一些水生生物体内放射性核素的浓度比环境浓度增高许多倍。例如牡蛎肉中的Zn的同位素^{65}Zn的浓度可以达到周围海水中浓度的10万倍。环境中的核素可以通过空气、食品、接触等多种途径进入人体，使人体受到放射性伤害，其中危害最大的是^{89}Sr、^{90}Sr、^{137}Cs、^{131}I、^{14}C和^{239}Po等。进入人体的放射性核素不同于体外照射，可以隔离、回避，这种照射直接作用于人体细胞内部，这种辐射方式被称为内照射。综合放射性核素内照射的上述特点，可以看出，一旦环境污染后，内照射难以早期觉察，体内核素难以清除，照射无法隔离，照射时间持久，即使小剂量，长年累月之后也会造成不良后果。内照射远期效应的结果会出现肿瘤、白血病和遗传障碍等疾病。此外，人体接受大剂量照射时，可以引起基因突变和染色体的畸变。有的在第一代子女中出现，有的在下几代陆续出现，主要表现为流产、死胎、婴儿死亡率高以及先天缺陷等。有时也把这种现象称为胚胎效应。

七、放射性污染的综合防治

1. 辐射防护

外照射防护的目的主要是为了减少射线对人体的照射，人体接受的照射剂量除与源强有关外，还与受照射的时间及与距辐射源的距离有关。源强越强，受照时间越长，距辐射源越近，受照量越大。为了尽量减少射线对人体的照射，应使人体远离辐射源并减少受照时间。在采用这些方法受到限制时，常用屏蔽的办法，即在放射源与人之间放置一种合适的屏蔽材料，利用屏蔽材料对射线的吸收降低外照射剂量。一般说来，α射线的射程短，穿透力弱，因此，用几张纸或薄的铅膜即可将其吸收。β射线穿透物质的能力强于α射线，因此，对屏蔽β射线的材料可采用有机玻璃、烯基塑料、普通玻璃及铅板等。γ射线的穿透能力很强，危害也最大，常用具有足够厚度的铅、铁、钢、混凝土等屏蔽材料。总体而言，辐射防护方法分为时间防护、距离防护和屏蔽防护，它们可单独使用，也可结合使用。内照射防护的基本原则是阻断放射性物质通过口腔、呼吸器官、皮肤、伤口等进入人体的途径或减少其进入量。

2. 放射性废物的处理与处置

对放射性废物中的放射性物质，现在还没有有效的办法将其破坏以使其放射性消失。因此，目前只是利用放射性自然衰减的特性，采用在较长的时间内将其封闭使放射强度逐渐减弱的方法，达到消除放射污染的目的。

（1）放射性废液的处理与处置　对不同浓度的放射性废水可采用不同的方法处理：①稀释排放。对符合我国《放射防护规定》中规定浓度的废水，可以采用稀释排放的方法直接排放，否则应经专门的净化处理。②浓缩储存。对半衰期较短的放射性废液可直接在专门的容器中封装储存，经一段时间待其放射强度降低后，可稀释排放。对半衰期长或放射强度高的废液，可使用浓缩后储存的方法。常用的浓缩手段有共沉淀法、离子交换法和蒸发法。共沉淀法所得的上清液、蒸发法的二次蒸汽冷凝水以及离子交换出水，可根据它们的放射性强度回用、排放或进一步处理。用上述方法处理时，分别得到了沉淀物、蒸渣和失效树脂，它们将放射物质浓集到了较小的体积中。对这些浓缩废液，可以用专门的容器储存或经固化处理后埋藏。对中、低放射性废液可用水泥、沥青固化；对高放射性的废液可采用玻璃固化。固化物可深埋或储存于地下，使其自然衰变。③回收利用。在放射性废液中常含有许多有用的物质，因此，应尽可能回收利用。这样做既不浪费资源，又可减少污染物的排放。可以通过循环使用废水回收废液中的某些放射性物质，并在工业、医疗、科研等领域进行回收利用。

(2) 放射性固体废物的处理与处置　放射性固体废物主要是指铀矿石提取铀后的废矿渣、被放射性物质玷污而不能再用的各种器物以及前述的浓缩废液经固化处理后所形成的固体废物。具体说来，①对于铀矿渣的处置。对于铀矿渣，目前采用的是土地堆放或回填矿井的处理方法。这种方法不能从根本上解决污染问题，但目前尚无其他更有效的可行办法。②对被玷污器物的处置。这类废弃物包含的品种繁多，根据受玷污的程度以及废弃物的不同性质可以采用不同的方法进行处理：对于被放射性物质玷污的仪器、设备、器材及金属制品，用适当的清洗剂进行擦拭、清洗可将大部分放射性物质清洗下来。清洗后的器物可以重新使用，同时减小了处理的体积。对大表面的金属部件还可用喷镀的方法去除污染。对容量小的松散物品用压缩处理减小体积，便于运输、储存及焚烧。对可燃性固体废物可以通过高温焚烧大幅度减容，同时使放射性物质聚集在灰烬中。焚烧后的灰烬可在密封的金属容器中封存，也可进行固化处理。采用焚烧方式处理，需要良好的废气净化系统，因而费用高昂。对无回收价值的金属制品，还可在感应炉中熔化使放射性被固封在金属块内。经压缩、焚烧减容后的放射性固体废物可封装在专门的容器中或固化在沥青、水泥、玻璃中，然后将其埋藏于地下或储存于设于地下的混凝土结构的安全储存库中。

(3) 放射性废气的处理与处置　对于低放射性废气一般可以通过高烟筒直接稀释排放。对于含有粉尘或含有半衰期长的放射性物质的废气则需经过一定的处理，如用高效过滤的方法除去粉尘，碱液吸收去除放射性碘，用活性炭吸附碘、氪、氙等。经处理后的气体，仍需通过高烟筒稀释排放。

3. 加强防范意识

(1) 防止居室内的氡气污染　氡是惰性气体，通常对人体有害的是氡的同位素^{222}Rn，它的半衰期为3.8d，释放出α粒子后变成固态放射性核素^{218}Po，随后再经过7次衰变，最终变成稳定性元素^{206}Pb。在衰变过程中，既有α辐射，也有β辐射和γ辐射。其整个衰变过程中，以α辐射的能量最多。氡是铀和镭的衰变产物，由于铀和镭广泛存在于地壳内，因此，在通风不良的情况下，几乎任何空间都可能有不同程度的氡的积累，例如矿井、隧道、地穴甚至普通房间内也有氡。当然，氡浓度最高的场所是矿井，特别是铀矿井。这些问题已经引起人们的重视，而居民室内氡及其子体水平和致肺癌危险，近年来开始受到国内外的注意。居民室内氡的主要来源是建筑材料、室内地面泥土、大气等。据有关媒体报道，美国每年有20000人患肺癌与室内氡气有关，法国每年有1500人与此有关。我国在建材的制砖工艺中广泛使用煤渣，即将煤渣粉碎后掺入泥土，焙烧过程中煤渣中的未烧尽的炭可生余热，因而，节约燃煤又可烧透，但是煤中原含有的放射性核素既不改变放射性且又被浓缩。因此，某些产地的煤渣砖中铀和镭的放射性比活度较大。此外，许多建筑使用花岗岩作装饰材料，据最近我国有关部门检测，某些品种中镭和铀的含量超标。室内氡气是镭和铀的衰变生成物，会慢慢地从建材中释放到空气中。

预防室内氡气辐射应当引起人们的重视。可以采取的措施有以下几个方面：第一，建材选择要慎重，可以事先请专业部门做鉴定。例如，最近我国对花岗岩放射性核素含量制定了分类标准。一类只适用于外墙装潢，一类适用于空气流通的过道与大厅，一类适用于室内。如果自己不知道某些花岗岩属于哪一种类型的话，千万别用来作居室装潢材料，尤其是色彩艳丽的，特别要慎重选择。第二，室内要保持通风，以稀释氡的室内浓度。这是最有效又是最简便的方法。第三，市场有售一种检测片，形状如同硬币大小，放在室内，如果氡浓度过大能使其变色，提示主人采取预防措施。据说这种检测片的价格不贵，在国外已得到推广应用。

（2）防止意外事故　医院里的X光片和放射治疗、夜光手表、电视机、冶金工业用的稀土合金添加材料等都多少含有放射性，要慎重接触。现在一些医院、工厂和科研单位因工作需要使用的放射棒或放射球，有时保管不当遗失或当作废物丢弃了。因为它一般制作比较精细，在夜晚还会发出各种荧光，很能吸引人，所以，有人把它当作什么稀奇之物把玩甚至让亲友一起玩，但不知它会造成放射性污染，轻者得病，重者甚至死亡，这是需要特别引起注意的。

第四节　热污染及其综合防治

一、热污染的概念

一般把由于人类活动影响和危害热环境的现象称为热污染。热污染包含如下内容：①燃料燃烧和工业生产过程所产生的废热向环境的直接排放；②温室气体的排放，通过大气温室效应的增强引起大气增温；③由于消耗臭氧层物质的排放，破坏了大气臭氧层，导致太阳辐射的增强；④地表状态的改变，使反射率发生变化，影响了地表和大气间的换热等。温室效应的增强、臭氧层的破坏都可引起环境的不良增温。对这些方面的影响，现在都已作为全球大气污染的问题专门进行了系统的研究。因此，作为热污染问题，在此主要讨论的是废热排放的影响和防治。

二、热污染的来源

1. 改变大气的构成，改变太阳辐射和地球辐射的透过率造成热污染

近百年来，大气中的二氧化碳增加了10%左右。如果矿物燃料的消耗量每年增加3%～4%，温室效应气体也将随之增加。科学家们预测，照此发展下去，21

世纪 30～50 年代，地球气温可能增加 2.5～4.5℃。大气中粒子增加、对流层上部水汽增加以及臭氧层破坏都可改变太阳辐射和地球辐射的透过率，造成热污染。

2. 改变地表状态，改变反射率，改变地表和大气间的换热过程，造成热污染

由于人类砍伐森林，使森林面积锐减，不合理地垦荒为田，使土地沙漠化，都改变了反射率和地表与大气之间的换热过程，从而造成热污染。在城市中，由于人口集中、大量耗用煤炭等能源、建筑和裸露地面增多、植被减少等原因使城市形成了“热岛”现象，也造成了热污染。

3. 直接向环境放热

按照热力学定律，人类使用的全部能量最终将转化为热，传入大气，逸向太空。随着人口的增加，全球耗能量也急剧增加。很多发电或其他工业生产过程中产生的废热，用水冷却后产生的热水直接向水体排放，可引起江河湖泊和海洋局部水温升高，造成热污染。热污染主要来自能源消费。发电、冶金、化工和其他的工业生产通过燃料燃烧和化学反应等过程产生的热量，一部分转化为产品形式，一部分以废热形式直接排入环境，转化为产品形式的热量最终也要通过不同的途径释放到环境中。以火力发电为例：在燃料燃烧的能量中，40％转化为电能，12％随烟气排放，48％随冷却水进入到水体中。在核电站，能耗的 33％转化为电能，其余的 67％均变为废热全部转入水中。由以上数据可以看出，各种生产过程排放的废热大部分转入到水中，使水升温成温热水排出。这些温度较高的水排进水体，形成对水体的热污染。电力工业是排放温热水最多的行业。据统计，排进水体的热量，有 80％来自发电厂。

三、热污染的危害

热污染对于环境的影响主要表现在以下三个方面：大气中二氧化碳的温室效应；城市的“热岛”效应；水体的热污染。

1. 大气中二氧化碳的温室效应

当前全人类非常关心的一个世界性环境问题，就是全球变暖问题。热污染及生态遭到破坏等因素使世界性的干旱灾害更趋严重。撒哈拉牧区、乌干达等地区持续的干旱，造成大量人畜死亡。

2. 城市的“热岛”效应

一个地区由于人口稠密、工业集中所致的能源消耗量大而且集中，可造成温度高于周围农村的现象，称为“热岛”效应。“热岛”效应是因为城市中热空气悬于对流层上面，形成逆温层，不利于城市污染物的扩散，会造成大气污染；对于火炉城市，夏季的危害尤其严重。为了降温，机关、单位、家庭普遍安装使用空调，又新增了能耗和热源，形成恶性循环，加剧了环境的升温，人们更会发生中暑，甚至加剧死亡。

3. 水体的热污染

由于向水体排放温水，使水体温度升高到有害程度，引起水质发生物理的、化学的和生物的变化，称为水体热污染。水体热污染主要是由于工业冷却水的排放，其中以电力工业为主，其次为冶金、化工、石油、造纸和机械工业等。一般热电厂燃料中只有1/3的热量转为电能，其余2/3的热量流失在大气或冷却水中。在工业发达的美国，每天所排放的冷却水达4.5亿立方米，接近全国用水量的1/3。这些废热水含热量约2500亿千卡，足够使2.5亿立方米的水温升高10℃。发电厂及其他工业的冷却水是水体遭受热污染的主要污染源。温热水的排放量大，排入水体后会在局部范围内引起水温的升高，使水质恶化，对水生物圈和人的生产、生活活动造成危害。水生生物对温度变化的敏感性较一般陆地生物高，温度的骤变会导致水生生物的病变及死亡，例如虾在水温为4℃时心率为30次/min，22℃时心率为125次/min，温度再高则难以生存。水的各种性质受温度影响，随温度升高，氧气在水中的溶解度会降低；水体中的物理化学和生物反应速率会加快，因此，导致有毒物质的毒性加强，需氧有机物的氧化分解速度加快，耗氧量增加，水体缺氧加剧，引起部分生物缺氧窒息，抵抗力降低，易产生病变乃至死亡。由于不同生物的温度敏感性不一致，热污染改变了生物群落的种类组成，使生物多样性下降，喜冷的生物减少，耐热的植物增加，造成水质恶化，影响水体饮用和渔业用等功能。水体增温加速了水生态系统的演替或破坏。硅藻在20℃的水中为优势种；水温32℃时，绿藻为优势种；37℃时，只有蓝藻才能生长。鱼类种群也有类似的变化。对狭温性鱼类来说，在10～15℃时，冷水性鱼类为优势种群；超过20℃时，温水性鱼类为优势种群；当水温为25～30℃时，热水性鱼类为优势种群。水温超过33～35℃时，绝大多数鱼类不能生存。水生生物种群之间的演替，以食物链相联结，升温促使某些生物提前或推迟发育，导致以此为食的其他种生物因得不到充足的食料而死亡。食物链中断可能使生态系统组成发生变化，甚至破坏。由于水体温度的异常升高，会直接影响水生生物的繁殖行为。如水温升高，会导致鱼在冬季产卵及异常回游；水生昆虫提前羽化，由于陆地气温过低，羽化后不能产卵、交配；生物种群发生变化，寄生生物及捕食者的相互关系混乱，影响生物的生存及繁衍。水体温度的升高直接导致水分子运动加速，并且水面上方的空气受热膨胀上升，加快水体表面的水分子向空气中扩散的速度，陆地水大量变成大气水，使陆地严重失水。

四、热污染的综合防治

1. 防止地球变暖

1992年联合国召开的环境与发展的大会上，100多个国家在《气候变化框架公约》上签了字，这是一个很好的开端。防止全球变暖，首先是减少二氧化碳的排放量，这需要人类的共同努力。

2. 保护生态平衡

要保护生态平衡，特别是保护森林和草原，禁止乱砍滥伐森林和在草原上超载放牧。

3. 控制向环境直接放热

要加强对污染源的控制。有些国家已经制定了关于水质的水温标准。根据水体内的生物状况，限定夏季、冬季和短时间内极限排水的允许温度；工业排放的余热可以通过使用冷却塔、冷却池，将水冷却并循环使用。另外，这些余热可积极应用，可以利用温热水进行水产养殖或在冬季引入大棚和暖室中浇灌、取暖。这样，既防治了热污染，又取得了经济效益。

4. **发展清洁能源**

发展除矿物燃料以外的清洁能源不仅可以减少热排放的影响，而且有利于防止CO_2、NO_x、SO_2等对大气的污染。从长远来看，现在应用的矿物能源将被已开发和利用的或将要开发和利用的无污染或少污染的能源所代替。这些无污染或少污染的能源有太阳能、风力能、海洋能、地热能以及核能等。在适当的范围内，因地制宜地发挥其他补充或替代能源的作用会收到良好的效果。

5. **提高现有能源的利用效率**

目前运转的各类火电站中，热能的利用平均效率不足30%，即燃料潜能的2/3以上没有发挥其应有的功能。因此，发展大功率的蒸汽轮机，提高发电动力装置的效率是很有必要的。

6. **提高热能利用率**

目前，因燃烧装置效率较低使得大量能源以废热的形式消耗，并产生热污染。据统计，民用燃烧装置的热效率为10%～40%，工业锅炉为20%～70%，火力发电厂的能量利用效率约为40%，核电站约为33%。我国热能的平均有效利用率仅为30%左右。如果把热能利用率提高10%，就意味着热污染的15%得到了控制。我国把热效率提高到40%左右（相当于工业发达国家水平）是完全可能的。通过提高热能利用率，既节约了能源，又可以减少废热的排放。

7. **废热综合利用**

对于工业装置排放的高温废水，可通过如下途径加以利用：利用排放的高温废水预热冷的原料气；利用废热锅炉将冷水或冷空气加热成热水和热气用于取暖、淋浴、空调加热等。对于温热的冷却水，可通过如下途径加以利用：利用电站温热水进行水产养殖，如国内外均已试验成功用电站温排水养殖非洲鲫鱼；冬季用温热水灌溉农田可延长适于作物的种植时间；利用温热水调节港口水域的水温，防止港口冻结等。通过上述方法，对热污染起到一定的防治作用。但由于对热污染研究得还不充分，防治方法还存在许多问题，因此，有待进一步探索提高。

8. **降温冷却**

电力等工业系统的温排水，主要来自工艺系统中的冷却水，对排放后可能造成热污染的这种冷却水，可通过冷却的方法使其降温，降温后的冷水可以回到工业冷却系统中重新使用。

9. **开展绿化**

绿化是降低城市及区域热岛效应及热污染的有效措施。这是因为森林对环境有重要的调节和控制作用。有人在夏季做了测定，表明林区气温比无林区低1.4～2℃，林地比林外相对湿度高4%～6%，林带年平均风速比无林区低0.2～0.85 m/s。并且，林区的水分蒸发量比无林区低，而降雨量比无林区高。这些能明显地控制大气热污染。

第五节 光污染及其综合防治

一、光污染的概念

人类活动造成的过量的或不适当的光辐射对人类的生活和生产环境形成不良影响的现象称为光污染。目前，对光污染的成因及条件研究得还不充分。因此，还不能形成系统的分类及相应的防治措施。

二、光污染的类型

依据不同的分类原则，光污染可以分为不同的类型。国际上一般将主要的光污染分成三类，即白亮污染、人工白昼和彩光污染。

（1）白亮污染 当太阳光照射强烈时，城市里建筑物的玻璃幕墙、釉面砖墙、磨光大理石和各种涂料等装饰反射光线，明晃白亮、眩眼夺目。长时间在白色光亮污染的环境下工作和生活的人，容易导致视力下降，产生头昏目眩、失眠、心悸、食欲下降及情绪低落等类似神经衰弱的症状，使人的正常生理及心理发生变化，长期下去会诱发某些疾病。夏天，玻璃幕墙强烈的反射光进入附近的居民楼房内，破坏室内原有的良好气氛，也使室温平均升高4～6℃。影响正常的生活。

（2）人工白昼 夜幕降临后，商场、酒店上的广告灯、霓虹灯闪烁夺目，令人眼花缭乱。有些强光束甚至直冲云霄，使得夜晚如同白天一样，即所谓人工白昼。在这样的“不夜城”里，光入侵造成过强的光源影响了他人的日常休息，使夜晚难以入睡，扰乱人体正常的生物钟，导致白天的工作效率低下。过度照明对能源的无意义使用造成浪费，美国每天由于“过度照明”所浪费掉的能源相当于200万桶石油。人工白昼还对生态环境产生破坏，如伤害鸟类和昆虫，强光可能破坏昆虫在夜间的正常繁殖过程。使天空太亮，看不见星星，影响了天文观测、航空等，很多天文台因此被迫停止工作。据天文学统计，在夜晚天空不受光污染的情况下，可以看到的星星约为7000颗，而在路灯、背景灯、景观灯乱射的大城市里，只能看到20～60颗星星。

（3）彩光污染 舞厅、夜总会安装的黑光灯、旋转灯、荧光灯以及闪烁的彩色光源构成了彩光污染。据测定，黑光灯所产生的紫外线强度大大高于太阳光中的紫外线，且对人体的有害影响持续时间长。人如果长期接受这种照射，可诱发流鼻血、脱牙、白内障，甚至导致白血病和其他癌变。彩色光源让人眼花缭乱，不仅对眼睛不利，而且干扰大脑中枢神经，使人感到头晕目眩，出现恶心呕吐、失眠等症状。要是人们长期处在彩光灯的照射下，其心理积累效应，也会不同程度地引起倦怠无力、头晕、神经衰弱等身心方面的病症。

此外，按波长的不同，一般认为，光污染应包括可见光污染、红外光污染和紫外光污染。

（1）可见光污染

① 眩光污染。可见光污染比较多见的是眩光污染，如：电焊时产生的强烈眩

光在无防护的情况下会对人的眼睛造成伤害；夜间迎面驶来的汽车头灯的灯光会使人视物极度不清，造成事故；冶炼工和玻璃工长期工作在强光条件下面对的高温烈焰，视觉会受损；车站、机场、控制室过多闪动的信号灯以及在电视中为渲染舞厅气氛，快速地切换画面，也可属于眩光污染，使人视觉不舒服；厂房里不合理的照明布置、镜面对阳光的反射、金属帘或玻璃帷幕强烈反光、照相的闪光、聚光灯，这些过强的直射光或反射光有的可对人的眼睛造成伤害，甚至使人失明。②灯光污染。工厂、车站、中心控制室里交替闪烁的信号灯，舞台、舞厅的各式旋转照明灯，商业闹市频繁变换闪烁的霓虹灯及电视中的画面的频繁变化等就是这类例子。它们的光线虽然不强，但因明灭不定、光线游移，很容易引起视觉疲劳，使人眼花缭乱、头昏目眩。长期在闪烁光线下工作的人或经常出入舞厅等场所的人，视力及神经系统将受到影响。有些光线如汽车灯、机场灯、闪电等在白天并不显得很亮，也不会有令人不舒服的感觉。③视觉污染。不仅强光是一种污染，过杂、过乱的光线也是一种污染，城市中杂乱的视觉环境，如杂乱的垃圾堆物，乱摆的货摊，五颜六色的广告、招贴等，是一种特殊形式的光污染。杂乱无章的环境对人的视觉和环境产生不良的影响。④激光污染。激光污染是近年来出现的污染形式，可直接伤害眼底。这是因为激光的单色性好，方向性强，功率大，若射入眼底时，经晶状体聚焦可使光的强度增大几百倍至几万倍，所以，激光可使人眼遭受较大的伤害作用。激光光谱的一部分属于紫外光和红外光的范围，会伤害眼睛的结膜、虹膜和晶状体。功率很大的激光可伤害人体的深层组织和神经系统。由于激光的应用范围越来越广泛，所以，激光污染日益受到人们的重视。⑤其他可见光污染。如现代城市的商店、写字楼、大厦等，外墙全都用玻璃或反光玻璃装饰，在阳光或强烈灯光的照射下，所发出的反光会扰乱驾驶员或行人的视觉，成为交通事故的隐患。

（2）红外光污染　近年来，红外线在军事、科研、工业、卫生等方面的应用日益广泛，由此可产生红外线污染。红外线是一种热辐射，对人体可造成高温伤害。红外线通过高温灼伤人的皮肤，还可透过眼睛角膜对视网膜造成伤害，波长较长的红外线还能伤害人眼的角膜，长期的红外照射可以引起白内障。红外线对眼的伤害有几种不同的情况，波长为750～1300nm的红外线对眼的角膜透过率较高，可造成眼底视网膜的伤害；波长大于1400nm的红外线，能量绝大部分被角膜和眼内液所吸收，透不到虹膜；波长1900nm以上的红外线几乎全部被角膜吸收，会造成角膜烧伤；只是1300nm以下的红外线才能透到虹膜，造成虹膜伤害。人若长期暴露于红外线中，可能会引起白内障。

（3）紫外光污染　紫外线污染主要来自太阳辐射，主要伤害表现为角膜的损伤和皮肤的灼伤。由于臭氧层的破坏，人类异常关心起紫外线的伤害。紫外线对人体的伤害主要是皮肤和眼角膜。造成角膜伤害的紫外线主要为250～320nm的部分。例如，电焊时不当心被弧光刺激，会产生一种叫畏光眼炎的、极痛的、角膜白斑伤害。除了剧痛外，还会导致流泪、眼睑疼、眼结膜充血和睫状肌抽筋。紫外线对皮肤的伤害主要是引起表皮的坏死和蜕皮。

三、光污染的主要特点

光污染具有以下特点：①局部性。光污染随距离的增加而迅速减弱。②不残留性。在环境中光源消失，污染即消失。③相对性。相对性分为两个方面，一是只有在一定的环境背景下才会有光污染，光污染是相对于背景说的；二是对一些人光属于污染，是否是光污染不同人员具有不同的结论。

四、光污染的危害

1. 危害人类健康

（1）损害眼睛　据统计，我国高中生近视率达60%以上，居世界第二位。20世纪30年代，科学研究发现，荧光灯的频繁闪烁会迫使瞳孔频繁缩放，造成眼部疲劳。如果长时间受强光刺激，会导致视网膜水肿、模糊，严重的会破坏视网膜上的感光细胞，甚至使视力受到影响。“光照越强，时间越长，对眼睛的刺激就越大。”中国每年都要投入大量的资金和人力用于对付近视，见效却不大，原因就是没有从改善视觉环境这个根本入手。

（2）诱发癌症　多个研究指出，夜班工作与乳腺癌和前列腺癌发病率的增加具有相关性。2001年，美国《国家癌症研究所学报》发表文章称，西雅图一家癌症研究中心对1606名妇女调查后发现，夜班妇女患乳腺癌的概率比常人高60%；上夜班的时间越长，患病的可能性越大。2008年，《国际生物钟学》杂志的报道证实了这一说法。科学家对以色列147个社区调查后发现，光污染越严重的地方，妇女罹患乳腺癌的概率大大增加。原因可能是非自然光抑制了人体的免疫系统，影响激素的产生，内分泌平衡遭破坏而导致癌变。

（3）产生不利情绪　光污染可能会引起头痛，疲劳，性能力下降，增加压力和焦虑。科学家最新的研究表明，彩光污染不仅有损人的生理功能，而且对人的心理也有影响。“光谱光色度效应”测定显示，如以白色光的心理影响为100，则蓝色光为152，紫色光为155，红色光为158，紫外线最高，为187。要是人们长期处在彩光灯的照射下，其心理积累效应，也会不同程度地引起倦怠无力、头晕、性欲减退、阳痿、月经不调、神经衰弱等身心方面的病症。视觉环境已经严重威胁到人类的健康生活和工作效率，每年给人们造成大量的损失。为此，关注视觉污染，改善视觉环境，已经刻不容缓。

2. 引发生态问题

光污染影响了动物的自然生活规律，受影响的动物昼夜不分，使得其活动能力出现问题。此外，其辨位能力、竞争能力、交流能力及心理皆会受到影响，更甚的是猎食者与猎物的位置互调。有研究指出，光污染使得湖里的浮游生物的生存受到威胁，如，水蚤因为光害会帮助藻类繁殖，制造赤潮，结果杀死了湖里的浮游生物及污染水质。光污染还会破坏植物体内的生物钟节律，有碍其生长，导致其茎或叶变色甚至枯死；对植物花芽的形成造成影响，并会影响植物休眠和冬芽的形成。光污染亦可在其他方面影响生态平衡。例如，人工白昼还可伤害昆虫和鸟类，因为强光可破坏夜间活动昆虫的正常繁殖过程。同时，昆虫和鸟类可被强光周围的高温烧死。鳞翅类学者及昆虫学者指出，夜里的强光影响了飞蛾及其他夜行昆虫辨别方向的能力。这使得那些依靠夜行昆虫来传播花粉的花因为得不到协助而难以繁衍，结果可能导致某些种类的植物在地球上消失，并在长远而言破坏了整个生态环境。候鸟亦会因为光污染的影响而迷失方向。据美国鱼类及野生动物部门推测，每年受到光污染影响而死亡的鸟类达400万～500万只。此外，刚孵化的海龟亦会因为光污染的影响而死亡。这是因为它们在由巢穴步向海滩时受到光害的影响而迷失方向，结果因不能到达合适的生存环境而死亡。年轻的海鸟也会受到光污染的影响使它们在由巢穴飞至大海时迷失方向。

五、光污染的综合防治

光对环境的污染是实际存在的，但出于缺少相应的污染标准与立法，因而不能形成较完整的环境质量要求与防范措施，今后需要在这些方面进一步探索。目前，所采取的策略主要包括以下几个方面：①加强管理，控制污染源。加强城市规划和管理，改善工厂的照明条件，减少光源集中布置，以减少光污染的来源。②综合采取多种防护措施。一方面，对有紫外光、红外光污染的场所，采取必要的安全防护措施；另一方面，采取个人防护措施，主要是戴眼镜和防护面罩。③全球合作，制止臭氧层破坏。全人类都来关心和制止人类对臭氧层的破坏。

复习思考题

1. 什么叫噪声？其主要来源有哪些？
2. 噪声污染的危害主要表现在哪些方面？
3. 简述主要的噪声控制技术。
4. 噪声污染的综合防治对策有哪些？
5. 什么叫电磁辐射污染？其主要来源有哪些？
6. 电磁辐射污染有哪些传播途径？其危害有哪些？
7. 电磁辐射污染的综合防治对策有哪些？
8. 什么叫放射性污染？其来源主要有哪些？
9. 放射性污染有哪些危害？
10. 放射性污染可以采取哪些综合防治策略？
11. 什么叫热污染？其来源和危害分别有哪些？
12. 热污染的综合防治对策主要有哪些？
13. 什么叫光污染？它有哪些主要类型？
14. 光污染的危害有哪些？
15. 光污染综合防治可以采取哪些策略？

第六章 生态环境科学

第一节 概　　述

一、生态学

生态学是德国生物学家海克尔于1866年定义的一个概念，是研究生物体与其周围环境相互关系的科学。生物的生存、活动、繁殖需要一定的空间、物质与能量。生物在长期进化过程中，逐渐形成对周围环境某些物理条件和化学成分，如空气、光照、水分、热量和无机盐类等的特殊需要。各种生物所需要的物质、能量以及它们所适应的理化条件是不同的，这种特性称为物种的生态特性。生态学最早是生物学的一个分支学科，20世纪初，生态学正式成为一门年轻的学科。自20世纪60年代以来，生态学已迅速发展成为当代最活跃的前沿学科之一。生态学有很多分支学科，若按研究的范围及其复杂程度来分，则有个体生态学、种群生态学、群落生态学。研究个体与其生存环境之间相互关系的科学叫个体生态学。研究种群与其生存环境之间相互关系的科学叫种群生态学。研究群落与其生存环境之间相互关系的科学叫群落生态学。近年来，由于全球生态环境问题的日益发展，生态学的研究重心已集中到对生态系统的研究上来。

二、生物圈

银河系九大行星之一的地球是一个生机盎然、绚丽多彩的生物世界。它的中心是地核和地幔，在地核和地幔的外面包裹着形状不规则、厚度既不均匀又不相同的岩石圈、水圈和大气圈，地球的表面层就由它们构成。在地球的表面层里有清新的空气、温暖的阳光、涓涓的流水、肥沃的土壤、丰富的资源……这些五光十色的自然因素是一切生物赖以生存、发展、进化和繁殖必不可少的物质条件。因而，地球的表面层是一个十分适宜于生物生活和生存的领域。生态学把地球上所有的生物及其生活领域的总和叫生物圈。最早提出生物圈这一概念的时间是在1875年，由奥地利地质学家休斯提出的。这一概念将生命活动与生存环境融为一体，充分反应了生物与环境共存不可分割的一面。由于生活领域是指地表部分，所以又可将生物圈说成是有生命存在的地表部分。生物圈尽管庞大，但却有界。生物活动的范围约可高达海平面以上15km，深达海平面以下11km。所以，一般就将海平面以上15km作为生物圈的上限，而将海平面以下11km作为生物圈的下限。绝大部分生物是生活在地下100m到地上100m之间。在这辽阔的区间里有着风、云、雷、电、雨、雪、冰、霜；有江、湖、河、海、绿地、青峰。鱼翔水底，鹰击长空，呈现出一派生机勃勃、欣欣向荣的兴旺景象。从生物圈的活力来看，生物圈主要由生命物质、生物生成物质和生物惰性物质所组成。生命物质是所有生物体的总和。据估计，生物圈的生命物质约1.8×10^{12}t，这样大的物质量与地球的大小相比较，只不过像是地球表面的一层薄膜。这些生物体的生活必需品是类似的，即参与细胞结构及维持能量代谢的营养物质。生物生成物质则是由生命物质所产生的有机-矿化作用和有机作用的生成物，如煤、石油、泥炭、土壤有机质等。生物惰性物质是指大气底层的气体、沉积岩、黏土矿物和水。

三、食物链

食物链的概念是1942年美国生态学家林德曼在研究生物种群能量流动规律时提出来的。生态系统中各种生物以其独特的方式获得生存、生长、繁殖所需的能量，生产者所固定的能量和物质通过一系列取食的关系在生物间进行传递，这种不同生物间通过食物而形成的链锁式单向联系称为食物链。食物链在自然界是普遍存在的，是生物之间有着错综复杂关系的重要体现。食物链具有以下特点：①生物富集。如果一种有毒物质被食物链的低级部分吸收，如被草吸收，虽然浓度很低，不影响草的生长，但兔子吃草后有毒物质很难排泄，当它经常吃草，有毒物质会逐渐在它体内积累，鹰吃大量的兔子，不易分解也难以排出的有毒物质会在鹰体内进一步积累。因此，食物链有累积和放大的效应，称为生物富集。美国国鸟白头鹰之所以面临灭绝，并不是被人捕杀，而是因为有害化学物质滴滴涕逐步在其体内积累，导致生下的蛋皆是软壳，无法孵化。一个物种灭绝，就会破坏生态系统的平衡，导致其他物种数量的变化，因此，食物链对环境有非常重要的影响。并且，如果食物链有一环缺失，会导致生态系统失衡。②能量单向流动，逐级递减。食物链是一种食物路径，以生物种群为单位，联系着群落中的不同物种。食物链中的能量和营养素在不同生物间传递，能量在食物链的传递表现为单向传导、逐级递减的特点。一条食物链一般包括3～5个环节。食物链很少包括6个以上的物种，因为传递的能量每经过一阶段或食性层次就会减少一点，所谓“一山容不了二虎”便是这个道理。③捕食食物链的起点都是生产者，终点是不被其他动物所食的动物，即最高营养级，中间不能有间断，不出现非生物物质和能量及分解者，即只有生产者和消费者。④单方向。食物链中的捕食关系是长期自然选择形成的、不会倒转，因此，箭头一定是由上一营养级指向下一营养级。

食物链在生态系统中起着极其重要的作用。首先，食物链是污染物入侵生物体以及在生物体内得到富集的途径。当今环境污染已遍及全球，使环境遭到污染的污染物种类繁多，但绝大多数的污染物都是通过食物链侵入生物体的。举世闻名的环境公害之一的日本水俣病事件，就有力地证明了这一点。含汞的废渣进入水俣湾，无机汞转化为毒性更大的有机汞。生活在水俣湾中的鱼，因吞食了被有机汞污染的食物以及浮游动物，有机汞便进入到了鱼体。人食用了此鱼，有机汞又转入人体，导致了疾病的发生。由此可见，浮游植物→浮游动物→鱼→人这条食物链就是有机汞入侵生物体的途径。科学家们还做了定量的测定，所得数据充分说明污染物不仅通过食物链入侵生物体，而且还通过食物链在生物体内富集。经测定发现，弥散在大气层中的滴滴涕的浓度约为 3×10^{-12}，一旦出现了降雨过程，大气中的滴滴涕就随同雨水一起降落至海洋。海洋里的浮游动物因饮用了含滴滴涕的海水，它体内滴滴涕的浓度就上升到 4×10^{-8}。小鱼食用了浮游动物，体内滴滴涕的浓度上升为 5×10^{-7}。大鱼吞食了小鱼，体内滴滴涕的浓度上升至 2×10^{-6}。海鸟捕食了大鱼，海鸟体内滴滴涕的浓度上升为 2.5×10^{-5}。由计算可知，处于食物链末端的海鸟体内滴滴涕的浓度为大气层中滴滴涕浓度的 833 万倍，足以使海鸟及残食海鸟的动物致害、致死，富集程度之大是十分惊人的。其次，食物链是能量流动的渠道。食物链在生态系统中也具有积极的作用，能量可以通过食物链来达到流动的目的，正是这一作用的具体表现。

四、生态金字塔

生物学家在研究生态系统中的营养结构食物链时发现，如果把每一个营养级上所有生物具备能量的大小用一块梯形面积来表示，并将代表各营养级上所有生物具备能量大小的梯形面积，沿垂直方向按营养级由低到高的次序，由下向上叠放在一起的话，便可形成一个底部宽、上部窄的尖塔一样的图形。由于该图形和埃及金字塔的形状相似，所以，科学上把它叫做能量金字塔。能量金字塔形象地描绘了营养级之间能量的配置关系。因为能量在流动过程中要逐级递减约 9/10，所以前一个营养级的能量，只能满足后一个营养级少数生物的需要，于是营养级愈高，生物数量就愈少，生物数量少，其重量就小。因此，就生物的数量和生物量而言，如按各营养级由低到高的顺序排列，也必然呈阶梯般递减，形成金字塔形。这种金字塔分别叫做数量金字塔和生物量金字塔。数量金字塔形象地描绘了各营养级之间生物的数量关系。生物量金字塔形象地反映了各营养级之间生物的重量关系。由于能量、数量递减规律所决定，食物链不可能无限增长下去，一般为 3～4 个。城市人工生态系统形成“倒金字塔”，必须通过更大的农田生态系统和自然生态系统才能组成一个良性循环的生态系统。因此，城市及人类社会是不可能无限膨胀下去的，否则就会崩溃。自然能量金字塔、数量金字塔、生物量金字塔统称为自然生态金字塔。

第二节 生态系统

一、生态系统的概念

生态系统这一具有深湛构思和经典意义的概念，是英国生态学家坦斯利于 1935 年首次提出的。生态系统概念的建立标志着生态学的研究已进入了一个崭新的历史阶段。所谓生态系统，是指在一定的空间范围内，生物群落与其生存环境，通过物质循环和能量流动所构成的综合体。生态系统的概念也可以用一个简明的公式来表达，即生态系统＝生物群落＋环境条件。根据上述概念，可以将任何生物群体与其生存环境所构成的占有一定空间的自然实体叫生态系统。自然界的生态系统多种多样，一个池塘、一片森林、一块草地、一个水库、一个城市，均为一个生态系统。尽管它们有大有小，有的简单有的复杂，但其结构和功能都相同，而且都是自然界的一个基本活动单元。无数个形形色色、丰富多彩的生态系统有机地组合起来，便构成了生物圈。由此可见，生物圈是地球上最大的生态系统，其余的生态系统都是构成生物圈的功能单元。

二、生态系统的组成

生态系统由生物群落及其生存环境有机地组合而成。任何一个完整的生态系统都是由生产者、消费者、分解者和无机环境这四个部分组成的。

1. 生产者

生产者包括所有的绿色植物和化能合成细菌，它们是系统中最积极的因素。因为一切有叶绿素的绿色植物都能利用太阳能，通过光合作用，把从环境吸取的水、二氧化碳和无机盐类制备成有机物，与此同时，太阳能转变成化学能潜藏在有机物分子的化学键内。除满足植物本身生长和发育的需要之外，还是人类和一切动物食物和能量的根本来源。因而，把绿色植物誉为地球上的生产者，显然是很贴切的。化能合成细菌也具有绿色植物同样的功能，所不同的是，它们在把无机物合成有机物时，利用的不是太阳能，而是某些物质在化学反应过程中释放出来的能。

2. 消费者

消费者包括各类动物以及某些腐生和寄生菌类。它们的共同特点是都要从生产者那里获取营养以维持自身的生命活动。直接以植物的茎、叶、果实为食的动物是草食动物，它们是生态系统中的一级消费者，如牛、羊、虾等。以一级消费者为食的动物是二级消费者，它们均为肉食动物，但很弱小，如小鱼、青蛙等。又由于肉食动物之间存在着“弱肉强食”的现象，所以还可以划分出三级和四级消费者。三级消费者以二级消费者为食，以此类推。三级、四级消费者往往是群落中强大、凶猛的动物，例如虎、豹。但总的说来，它们都只能依附于植物而生存于自然环境之中。相对于生产者而言，它们当然都是消费者，但消费者在保证生态系统能量流动和物质循环能正常进行方面所起的积极作用是不容忽视的。作为万物之灵的人类在生态系统中也属于消费者这一类群。人既以植物为食，又以动物为食，所以是一种杂食动物。

3. 分解者

分解者是生态系统的“保洁员”，包括细菌、真菌和土壤中的小型动物。细菌、真菌能分泌消化酶，使动植物尸、残体内的有机物被分解成可溶性的基本元素和简单的无机物，用以维持自身的生命活动，余下的分解产物及分解过程中释放出来的能，又回到环境，供植物再次吸收和利用。土壤中的小型动物能加速有机物的分解和转化，在清除动植物尸、残体以及保证物质正常循环方面起着积极的作用。

4. 无机环境

无机环境是生态系统中的无生命物质，它由无机物、有机物以及自然因素共同组成。无机物包含水、水中的溶解氧、底泥里的矿物质、沙、土壤和无机盐类。有机物是指底泥里的腐殖质。自然因素有大气和阳光等等，其中太阳是万物生长所需能量的源泉；水、空气、无机盐类是生物生长不可缺少的要素；土壤、沙是植物生长的温床。

由此可见，生态系统是由生产者、消费者、分解者以及与它们共存的环境组合而成的综合体。就一个池塘生态系统而言，高等水生植物、单细胞和多细胞藻类能完成光合作用，制造有机物。所以，它们是池塘生态系统中的生产者。生活在池水中的浮游动物，它们直接以藻类为食，所以是系统中的一级消费者。池水中的鱼以浮游动物为饵，是二级消费者。生活在池塘周围以鱼为食的鸟是三级消费者。池水和底泥中的微生物，能把池塘中的尸、残体分解成简单的无机物，故为分解者。池中的水、水中的溶解氧、池中的底泥、底泥中的无机物和有机物、水面上空的大气、阳光、温度等自然因素是这个生态系统的无机环境。于是，便构成了一个完整的池塘生态系统，成为自然界的一个基本活动单元。

三、生态系统的类型

根据地理环境和生物群落特点的不同，可将生态系统分为陆地生态系统和水域生态系统。除此之外，还包含由农田和城市构成的人工生态系统。

1. 陆地生态系统

根据陆地生态环境和生物群落的特征，可将陆地生态系统分为森林生态系统、草原生态系统、荒漠生态系统和冻原生态系统，其中以森林生态系统和草原生态系统为主。森林生态系统是一种生物种类最多、生物生产量最高的复杂的生态系统。这里幅员辽阔，自然资源丰富，除能为生物提供栖息之地、提供食物和能量之外，还能对水循环起调节作用，保证氧循环的正常进行。因而，森林生态系统具有极其重要的生态意义。草原生态系统降雨量少，气候干旱，但牧草丰盛，是草食动物理想的生活场所，还为人类提供了大量的肉、奶类畜产品。

2. 水域生态系统

水是天然的化学溶剂，地壳中的 90 多种元素，其中的 70 多种能溶于水，这就为水生生物的生长和繁殖创造了必要的前提。水域生态系统包括海洋生态系统和湖泊生态系统。由于海洋不是静水系统，所以海洋生态系统比较稳定，远不如陆地生态系统那样复杂。海水中含有大量的营养物质，海洋生物都生息在这里。由于湖泊中的水流速度缓慢，阳光充足，溶解氧的含量较高，湖水中营养又丰富，因而，湖泊是淡水水生生物适宜的生存环境。

3. 人工生态系统

人工生态系统主要分为农田生态系统和城市生态系统。农田生态系统是人类在改造大自然的过程中诞生的。全世界 70 亿人口的粮食均来源于此系统。农田生态系统的种类繁多，有水田、旱田生态系统，还有经济作物圈、果园和蚕场等。城市是人类生活和从事生产活动的基地。人在城市生态系统中占有特殊的位置，城市生态系统是否兴旺发达，全由他们来主宰。

四、生态系统的功能

生态系统不仅有一定的组成和结构，而且具有一定的功能。生态系统的功能主要通过生物生产、能量流动、物质循环和信息传递来体现。

1. 生物生产

生物生产是生态系统的基本功能之一。它包含植物性生产和动物性生产。绿色植物以太阳能为动力，水、二氧化碳为原料，通过光合作用来合成有机物。与此同时，又把太阳能转变为化学能储存于有机物之中，这样就生产出了植物性产品。动物采食植物后，经动物的同化作用，将采食得来的物质和能，又转化成自身的物质和潜能，这些动物性产品使动物不断繁殖和生长。生产动物性产品的过程叫动物性生产。由于动物性生产要以植物性生产的产品为原料，所以，动物性生产为次级生产，而植物性生产则为初级生产。

2. 能量流动

能是做功的本领，生物有机体要把生命活动持续下去，就不能没有能。维持生物有机体生命活动所需的能归根到底来源于太阳。太阳像一个巨大的“火球”，它中心的温度约高达 1.4×10^{7}℃，这样的超高温为氢核聚合提供了必要的条件，于是太阳的中心便几十万万年如一日地在进行着热核反应，热核反应产生的能量不断向宇宙空间辐射。据统计，每秒钟地球上接收到的能量约为 3.8×10^{26}J，它与每秒钟燃烧 115 亿吨煤所发出的能量相当。所以，太阳既是生物圈中能量的发源地，又是能量取之不尽、用之不竭的源泉。能量在生态系统中的流动是从绿色植物开始的，但绿色植物对光能的利用率很低，真正被绿色植物利用的能仅占辐射到地面上太阳能的 1%左右。由于草食动物直接以植物为食，故绿色植物的能量首先传递给草食动物，与太阳能不能全部被绿色植物吸收和利用一样，绿色植物的能也无法全部被草食动物吸收和利用。因为植物为了维持自身的生命活动要消耗掉一部分能量，这部分能以热能的形式逸散于环境中。另外，被草食动物采食的植物有相当一部分不能被消化和吸收，蕴藏在这些物质中的能量就随同粪便一起排出体外。基于上述原因，真正被草食动物利用的能量一般仅为绿色植物总能量的 1/10 左右。随着肉食动物对草食动物捕食过程的发生，能量便由草食动物传给了肉食动物，但草食动物的能量仍然不能全部被肉食动物吸收和利用，真正被肉食动物吸收和利用的能量，一般也只是草食动物所含总能量的 1/10 左右。因而，有些学者便把这种定量关系叫做“十分之一定律”。“十分之一定律”是林德曼在 20 世纪 30 年代末期对天然湖泊和实验室水族箱的研究中得到的，实际上是对食物链营养级之间能量传递效率的一个粗略定量的描述。“十分之一定律”指的是食物链营养级之间的能量传送效率大约平均为 10%。即当能量在食物链流动时，某一级所储存的能量大约只有 10%能够被其上一级的营养级所利用，其余大部分能量消耗在该营养级生物的呼吸作用上，以热量的形式释放到大气中去。尽管该定量关系并不十分精确，但它却反映了能量在沿食物链流动和传递时效率不高这一客观规律。动植物死后，其尸、残体被分解者分解，在分解过程中，储存于有机体内的能量被释放到环境中。

另外，生产者、消费者通过呼吸作用也把被消耗的能量散发到环境之中，这就是能量在生态系统中的流动。总之，能量流动的过程，就是能量在生物与环境之间、生物与生物之间传递、分配和消耗的过程。

绿色植物是生态系统中最积极的因素，一切动物所需的食物和能量最初都来源于它。因而，绿色植物处于食物链的首端，为第一营养级。草食动物以绿色植物为食，位于第二营养级。当草食动物采食植物之后，能量就由第一营养级流入第二营养级。当肉食动物捕食草食动物后，能量就由第二营养级流入第三营养级。当大型肉食动物吞食小型肉食动物后，能量便由第三营养级流入第四营养级。由此可见，能量在生态系统中正是沿着绿色植物→草食动物→小型肉食动物→大型肉食动物这条最典型的食物链逐级流动的。既然能量的流动必须借助于食物链来实现，那么，食物链当然是能量流动的渠道。

生态系统中的能量流动有两个显著的特点：①能量在流动过程中，数量逐级递减。由于生物体要消耗一部分能量以维持呼吸和代谢活动，因而，只有一小部分能量作为潜能储存起来。于是能量在流动的过程中势必逐级递减直到以废热的形式全部散失为止。②能量流动的方向是单程的，不可逆的。太阳能以光能的形式进入生态系统后，绝不可能再以光能的形式返回到太阳中去。同样，草食动物所获得的能也不能还给绿色植物。可见，能量的流动是非循环的。因而，要使生态系统的功能正常运行，就应不断地向生态系统输入能量。

3. 物质循环

绿色植物不断地从环境中吸取营养物质，通过光合作用，将简单的无机物转变为复杂的有机物，于是物质就开始进入食物链。当草食动物采食绿色植物时，植物体内的营养物质就向草食动物体内迁移。同样，当肉食动物捕食草食动物时，物质就又迁移到肉食动物体内。动植物死亡后，它们的尸、残体被微生物分解，并将有机物又转化为无机物复原于环境。这些被释放回环境的物质再一次被植物吸收利用，重新进入食物链，参加生态系统物质的再循环。生态学把生态系统中生物从环境吸取营养物质，物质沿食物链迁移再被其他生物重复利用，最后经分解者分解又复归于环境的过程叫物质循环。物质循环周而复始，才能使营养物质不致枯竭，生态系统才会生机盎然。细胞是组成生物有机体的基本单元，细胞里有细胞核和原生质。原生质主要由碳、氢、氧、硫、磷、氮等元素组成，它们约占原生质总成分的97%，这六种元素的循环是生态系统基本的物质循环。锰、锌、铜、钴、钙、镁、钾等生物所需的微量元素在生态系统中也有各自的循环，但最基本的、与环境污染关系密切的主要是水、碳、氮三大循环。

(1) 水循环　植物根系从土壤中吸收的水分，大部分通过叶子表面的蒸腾作用，也形成水蒸气进入大气。大气中的水蒸气上升，遇到冷空气便凝成雨、雪、冰、雹，它们在重力的作用下又返回地面。其中一部分直接降落到海洋、河流、湖泊等水域，部分到达陆地表面，这些水部分渗入地下，变成地下水再供植物根系吸收，部分在地面形成径流后又流入湖泊、河流和海洋，这样就完成了一个水循环。回到水域和地下的水经蒸发和蒸腾，水蒸气又一次进入大气层，参加生态系统水的再循环。水是一切物质循环的介质，因为物质只有溶解于水才能进行循环。所以，水循环是一切物质循环的中心。水循环不正常，其他物质的循环就会受到干扰。

(2) 碳循环　碳是构成生物有机体的基本元素，约占原生质总重量的1/49。生物有机体内有碳，无机环境中也有碳；有机体内的碳是以糖类及碳氢化合物的形式存在的。无机环境中的碳主要以二氧化碳和无机盐的形式存在。植物通过光合作用，把从环境中吸收来的二氧化碳和水合成糖类。通过草食动物、肉食动物以及人类的取食过程，这些糖类沿着食物链逐级迁移，并被转化为其他形式的含碳化合物，成为生物体自身的物质。另外，通过生产者和消费者的呼吸作用，把二氧化碳又释放回环境。分解者在分解动植物尸体时，也有二氧化碳重返环境，供植物再次吸收和利用。科学上把二氧化碳从环境进入生物体，又从生物体以二氧化碳的形式返回环境的过程叫生物碳循环。除此之外，地质时代埋藏在地层下的生物残体，经长期的地质作用而形成的化石燃料——煤、石油、天然气燃烧时，释放出大量的二氧化碳，这些二氧化碳被植物吸收和利用，也加入了碳循环的行列。

(3) 氮循环　氮是构成生命物质——蛋白质的重要元素之一。大气层中游离的氮含量丰富，但游离的氮只有被转变成氨、亚硝酸盐或硝酸盐之后才能被植物吸收和利用。氮转变成氨、亚硝酸盐和硝酸盐的过程叫硝化。除生物能固氮以外，闪电和宇宙射线也能使氮被氧化成硝酸盐，硝酸盐溶解于雨水并随同雨水一起进入土壤。工业上还可用化学合成的方法将氮合成氮肥。土壤中的氨在硝化细菌的硝化作用下，转变为硝酸盐或亚硝酸盐。它们被植物吸收，与植物体内的碳结合，生成氨基酸，进而合成蛋白质和核酸，这些物质又和其他化合物进一步合成植物有机体。当植物被消费者采食后，氮就以蛋白质的形式转入消费者体内，并以它作为合成自身物质的原料。消费者在代谢过程中，产生尿和尿酸等含氮的废物排入土壤。动植物尸、残体中的蛋白质由细菌分解成氨、铵盐，氨和铵盐进入土壤，经反硝化作用产生的氮气逸散回大气层。重新进入土壤的氨和铵盐经硝化细菌的作用又转变为硝酸盐，再次供植物吸收，开始了新的氮循环。逸散回大气层中的氮也加入了这一新的氮循环。由此可见，是物质循环和能量流动维持着生态系统的平衡，并促使它不断演变和发展。两者之间的关系是：在生态系统中，能量流动和物质循环是同时进行的，两者相互依存、不可分割——能量作为生物运动和生长的动力，促使物质反复地循环；物质作为能量的载体，使能量沿着食物链而逐步转移。两者之间的不同是：能量在生态系统中的流动是一种单向流失过程，要保持体系的运转就必须由太阳不断地供给能量；物质在生态系统中的流动是一种周而复始的循环运动，物质能被反复利用。

4. 信息传递

生态系统的功能除了可以通过生物生产、能量流动、物质循环来体现之外，还可通过信息传递来体现。信息传递发生在生物有机体之间，把系统各组成部分连成一个统一的整体。信息的形式多种多样，有强有弱，有物理信息、化学信息、营养信息和行为信息。

(1) 物理信息　蜜蜂通过花的颜色可以判断花蜜的有无，因而，花的颜色就向蜜蜂传递了花蜜有无的信息。野兽格斗时，要发出吼叫声，这吼叫声就向对方传递了威吓和警告的信息。大雁发现敌情时，发出鸣叫声，这鸣叫声就向同伴传递了报警的信息。这些通过花的颜色、兽吼、鸟鸣等物理因素来传递的信息叫物理信息。

(2) 化学信息　信息素是生物在某些特定的条件下或在生长的过程中分泌出来的化学物质，它可在个体或种群间传递信息。蚂蚁外出寻食时，沿途要留下能被同伴识别的信息素，向同伴们指明行踪。这种通过信息素来传递的信息叫化学信息。

(3) 营养信息　信息也可以通过营养关系来传递，这种通过营养关系来传递的信息叫营养信息。例如狐狸既以野兔为食，又以鼠类为食。当狐狸大量捕捉鼠类时，便向鼠类传递了野兔数量不多的信息。又如啄木鸟以昆虫为食，昆虫多的区域，啄木鸟就能迅速生长和繁殖，所以昆虫就成为啄木鸟的营养信息。

(4) 行为信息　动物常常通过自己的行为和动作来向同伴传递信息。蜜蜂采用不同的飞行格式传递不同的信息；丹顶鹤通过雌雄双双起飞的动作来传递求偶的信息。这种通过行为和动作在种群内或种群间来传递识别、威吓、求偶和挑战的信息叫行为信息。

五、生态系统的平衡

1. 生态平衡的概念

生态系统是动态系统。随着时间的改变，一个生态系统类型会被另一个生态系统类型所取代，最终建立一个稳定的生态系统或进入顶极稳定状态。生态系统的结构和功能随时间而发生的这种改变，即称为生态系统的演替。生态系统演替的原因有内因和外因，内因是生态系统内部各组成部分之间的相互作用，是系统演替的主要原因。以内因为动因的演替，称内因演替。外因是加给生态系统外界因素，以外因为动因的演替，称外因演替。但演替过程本身是生物学过程，所以，外因也只能通过使生态系统各组成部分之间的相互关系发生改变，进而使系统发生演替。强大的物理因素的干扰以及人类过度的开发和大量污染物的输入往往会使生态系统的演替受到抑制，甚至使演替终止。

生态系统随时间的演替，通常按以下三个阶段进行。①正过渡状态，又称增长系统。该系统的能量输入超过输出，总生产量超过呼吸量，多余的能量参与系统内部结构的改变，使系统增大。②负过渡状态，又称衰老系统。该系统能量的输入低于输出，库存能量消耗的速度超过补充的速度，系统变小或不活跃。③稳定状态系统，又称平衡系统。该系统能量的输入和输出相等，生物量没有净增长，系统处于稳定状态。生态系统演替的早期幼年发展阶段和增长成熟顶极稳定阶段，在结构和功能方面，具有明显不同的特征，生态系统的演替是沿着一定方向进行的，是在内外因素的作用下，向稳定的平衡状态发展。

在生态系统内，植物性生产和动物性生产在不断进行，物质和能量在各因素间不断迁移和流动，信息在生物种群内和种群间不断地传递，整个生态系统始终处于不停的运动和变化之中。经过长时间的演变过程，系统内各因素间便有可能建立起相互适应、相互协调、相互补偿和相互制约的关系，并具备了通过自我调节来排除外来干扰的能力，此时，生态系统趋于完善、成熟，于是系统内的生物的种类和数量，物质和能量的输入和输出，即系统内各部分的组分、结构和功能便可在较长的时间内保持相对稳定。科学上把生态系统内各因素间已相互适应和相互协调，于是系统的组分、结构和功能都处于相对稳定的那种状态叫生态平衡。生态平衡是有条件的，只有当系统各部分的结构和功能平衡，输入和输出的物质在数量上平衡时，生态系统才能是一个相互适应、相互协调的平衡系统，因而，结构上的平衡、功能上的平衡以及输入和输出物质数量上的平衡就是生态系统平衡必不可少的三个方面。生态平衡不仅有条件，而且是动态的和相对的。因为系统内的生物要生生死死，物质和能量要流进流出，各因素都处于不停的运动之中，在运动中出现的稳定状态显然是动态的平衡。平衡了的生态系统一旦受到外来的干扰，稳定状态就会失去，但在一定限度内通过系统的自我调节，平衡又可以修复，不平衡又回到了平衡，这就体现了生态平衡的相对性。

生态系统是如何保持平衡状态？当这种平衡状态被改变或破坏后能否得以恢复或如何才能恢复呢？生态系统能够保持自身的稳定或受到一定干扰后又恢复到平衡态状态，主要是源于生态系统的反馈机制或反馈调节。反馈是生态系统和物理系统中都普遍存在的一种调节方式。反馈可分正反馈与负反馈。正反馈是指某个变量增加的结果又使这个变量继续增加，而负反馈则是增加的结果成为限制这个变量自身增加的因素。例如，一个生物种群，其个体数量的增多，导致了这个种群数量的不断增加，这就是正反馈；如果由于个体数量的增加，所需要的食物资源减少，造成个体死亡不断增多，从而导致种群数量的减少，这就属于负反馈作用。生态系统中的反馈机制调节着生态系统的变化。一般来说，负反馈能使系统保持平衡，而正反馈则使生态系统远离平衡状态。生态系统的稳定主要是由负反馈机制决定的。生态系统的反馈调节是依赖整个系统内部各组分之间的相互制约而达到系统结构与功能的相互协调来实现的。加拿大亚寒带针叶林中，两个主要的生物种群——雪兔和猞猁是捕食与被捕食的关系，随着雪兔种群的增大，猞猁种群因食物的增多也呈现增加趋势，但大量的猞猁捕食雪兔又导致雪兔种群降低，猞猁种群则由于雪兔减少其种群数量又下降，而后又重复上一个过程。正是两个种群间的反馈调节使这个生态系统维持了平衡和稳定。此外，非生物因素对生态平衡也起作用。例如，有的森林生态系统常存在周期性的火烧现象，即几十年或上百年总会发生一次大火，烧掉在地表的枯枝落叶层以及一些老树，从而保证幼树和成树都能有较高的生物生产能力。火的这种作用使森林的结构得到调整，使整个森林生态系统实现了生态平衡。

任何一个生态系统都具有依赖反馈机制的自我调节能力，这种自我调节能力并不是无限的，只是在一定范围内发生作用。如果生态系统受到的干扰超出了生态系统本身的自我调节能力，生态平衡就会被破坏，达到不可恢复的程度。也就是说，生态系统自然调节存在一个临界限度，这个临界限度称作“生态阈限”或“生态阈值”。不同生态系统的“生态阈限”不同。越成熟越稳定的生态系统，生态阈限越高，抵御外界干扰的能力也就越强。利用“生态阈值”理论，加强对生态系统的管理，是现代环境科学的重要任务之一。

2. 生态平衡的影响因素

影响生态平衡的因素有自然因素和人为因素。自然因素是指自然界所发生的异常变化，例如火山爆发、地震、台风、山崩、海啸、水灾和旱灾等等。人为因素是指人类对自然资源不合理的开发和利用以及工农业生产造成的环境污染。由自然因素和人为因素使生态平衡遭到破坏的事例屡见不鲜。自20世纪70年代初期，秘鲁世界著名渔场的海面每隔6～7年要发生一次海洋变异现象，进一步导致区域或全球气候变异，这就是所谓的"厄尔尼诺现象"。厄尔尼诺与一般的天气现象反其道而行之，干旱地区会变得潮湿多雨，潮湿多雨地区会变得干旱。来自南美洲的一股暖流使鳀鱼因失去适宜的生存环境而大量死亡；鱼群死亡，以鱼为食的鸟就因失去食物的来源而饿死；海鸟大批饿死，鸟类锐减；以鸟粪为肥料的农田就因失去肥源而减产；于是，农田生态系统就因粮食供不应求而遭到破坏。与厄尔尼诺相反，被称为是厄尔尼诺的"小妹"的"拉尼娜现象"，则是南美洲的一段异常寒冷的海流，它使一般天气现象的特点更加突出，即潮湿的地区更潮湿，干旱的地区更干旱。人为的因素使生态平衡破坏的问题更为严重。因为自然界的异常变化毕竟是局部的、暂时的，而人类对资源不合理的开发和利用以及"三废"对环境造成的污染则是大面积的、持久的。人为因素使生态平衡遭到破坏的事例也很多。澳大利亚天然牧草资源丰富，为了发展畜牧业，曾从印度和马来西亚引进了大批牛羊，牛羊生长要食用牧草，同时，牛和羊的粪便又将部分牧草覆盖了起来，使牧草枯萎。随着时间的推移，牧草开始供不应求，草原生态系统就失去了平衡。

3. 生态平衡的恢复

环境保护的根本任务是维护和恢复环境的生态平衡。只要人类按自然规律办事，按生态平衡的原理办事，被破坏了的生态平衡仍可重新恢复。澳大利亚的生态学家就曾对草原生态系统不平衡的问题进行了研究。他们巧妙地在草原生态系统的食物链中增加了一个环节，于是就妥善地维护了草原生态系统的平衡。他们放养了大批专以牛羊粪便为食、并能将粪便翻入土中去的蜣螂，经一段时间的放养，不仅覆盖在牧草上的粪便全被清除，而且土壤结构也得到了改善，土壤中的养分还得到了补充。因而，牧草重新繁育，牧场又恢复了生机，草原生态系统的平衡得以恢复。

4. 生态平衡的应用

当人类认识和掌握了生态平衡的规律之后，便可调整、恢复和维持好生态平衡，并运用到生态环境保护，以达到环境保护的根本目标之一——生态持续性。以有机农业和有机食品为例。我国的传统农业是一种有机农业，是一种无污染、物质及能量充分循环利用的农业，但生产效率不高，只能是一种低级的生态农业。近代提出的有机农业是一种对环境质量要求最为严格的持续农业系统。有机农业的概念起始于20世纪20年代，由德国和瑞士首先提出，其后被一些发达国家重视与鼓励，才开始逐渐被广泛地接受。"有机农业"是指遵照有机农业生产标准，在生产中不采用基因工程获得的生物及其产物，不使用化学合成的农药、化肥、生长调节剂、饲料添加剂等物质，而是遵循自然规律和生态学原理，协调种植业和养殖业的平衡，采用一系列可持续发展的农业技术，维持持续稳定高产的农业生产过程。有机食品是指来自于有机农业生产体系的食品，是根据有机农业生产要求和相应的标准生产加工的并经独立的有机认证机构审查，达到有机食品生产要求的一切农副产品，包括粮食、蔬菜、水果、奶制品、禽畜产品、蜂蜜、水产品、中药材、调料等。有机产品除包括有机食品外，还包括纺织品、化妆品、家具等产品。有机食品的主要特点就是在生产加工过程中，不使用化学农药、化肥、食品添加剂、防腐剂等化学物质。因此，有机食品是一类真正的纯天然、富营养、高质量的环保产品。我国已具备规模发展有机农业的很多有利条件，开发有机食品是切实可行的。截至2014年底，我国绿色食品企业总数达8700家，产品21153个。有机中心有效使用有机产品标志的企业达到814家，产品3342个。中心和地方绿办全年共抽检3940个绿色食品，总体抽检合格率为99.54%，产品质量仍然维持在较高的水平。全国共有434个单位创建了635个绿色食品标准化生产基地，基地种植面积1.6亿亩，有机农业示范基地17个，总面积达到1000万亩。绿色食品基地产品的总产量达到1亿吨，对接企业2310家，带动农户2010万户，直接增加农民收入10亿元以上。我国绿色食品事业保持持续健康发展的态势，绿色食品产品总量规模继续稳步扩大，品牌影响力和市场占有率不断提升，为推动现代农业发展、提升农产品质量安全水平、促进农业增效、农民增收发挥了积极的作用。目前，我国已有经国家环境保护总局有机食品发展中心认证的有机食品大量进入日本和美国市场，同时也已开始进入欧洲市场。

第三节　全球性生态环境热点问题

近年来，世界范围内的生物多样性锐减已成为一个严重的全球性生态环境热点问题，从而引起了世界的广泛关注。

一、生物多样性的含义

生物多样性是一个描述自然界多样性程度的概念，它涉及生态系统、物种及某一特定群体的基因的数量和频率，是生物在长期的环境适应过程中逐渐形成的一种生存策略。30亿年以前，海洋中细菌和蓝藻的出现宣告了生命的诞生。此后，在生物内部因素及外部环境的作用下，原始生物不断地演变、进化。生物体内部的自我协调，外在物理、化学因素的相互作用，生命由简单到复杂，由单一到多样。例如，原核生物到真核生物、动植物的分化等，经过漫长的岁月形成了现在多姿多彩的生命世界。因此，生物多样性的出现是生物不断进化、繁盛、适应环境的结果。1992年，《生物多样性公约》把生物多样性定义为：所有来源的形形色色的生物体及其构成的生态综合体。换言之，生物多样性是一个地区所有生物体及环境的丰富性和变异性，是一个地区内遗传、物种和生态系统多样性的总和，包括遗传多样性、物种多样件、生态系统多样性等。从微观来看，它包容了种内基因变化的多样性、种间即物种的多样性。从宏观来看，它包容了生态系统的多样性。

1. **遗传多样性**

遗传多样性是生物多样性的重要组成部分。广义的遗传多样性指地球上生物所携带的各种遗传信息的总和。这些遗传信息储存在生物个体的基因之中。因此，遗传多样性也是生物的遗传基因的多样性。任何一个物种或一个生物个体都保存着大量的遗传基因，因此，可被看作是一个基因库。一个物种所包含的基因越丰富，它对环境的适应能力越强。基因的多样性是生命进化和物种分化的基础。狭义的遗传多样性主要是指生物种内基因的变化，包括种内显著不同的种群之间以及同一种群内的遗传变异。此外，遗传多样性可以表现在多个层次上，如分子、细胞、个体等。在生物的长期演化过程中，遗传物质的改变是产生遗传多样性的根本原因。遗传物质的突变主要有两种类型，即染色体数目和结构的变化以及基因位点内部核苷酸的变化。前者称为染色体的畸变，后者称为基因突变。此外，基因重组也可以导致生物产生遗传变异。地球上任何一种生物都有自己独特的遗传物质，本身就具备遗传多样性的特征，再通过种内遗传物质的变异、人工诱变、遗传改造等，使原本具有同样遗传特征的个体出现了可遗传的原本没有的遗传变异。因此，遗传多样性可用特定种、变种或种内遗传的变异来计量。遗传上的多样性带来物种的多样性，它是生物多样性的基础。

2. **物种多样性**

这是生物多样性的核心。物种是生物分类的基本单位。物种多样性是指地球上动物、植物、微生物等生物种类的丰富程度。物种多样性包括两个方面，其一是指一定区域内的物种的丰富程度，可称为区域物种的多样性；其二是指生态学方面的物种分布的均匀程度，可称为生态多样性或群落物种多样性。物种多样性是衡量一定地区生物资源丰富程度的一个客观指标。在阐述一个国家或地区生物多样性的丰富程度时，最常用的指标是区域物种多样性。区域物种多样性的测量有以下三个指标：①物种总数，即特定区域内所拥有的特定类群的物种数目；②物种密度，指单位面积内的特定类群的物种数目；③特有种比例，指在一定区域内某个特定类群特有种占该地区物种总数的比例。

3. **生态系统多样性**

物种的概念强调从分类学的角度来理解物种的特性、物种间的区别特征，而种群这一概念则强调同一物种的组合，即在一定地域中相互进行组合的同种个体的集合体。它具有三个特征，即有一定的分布区域；一定的种群数量变化规律；相同的遗传特征。种群是一个群体，不仅具有与个体相类似的一般特性，如出生、死亡、寿命、比例、年龄等，同时还有仅在种群水平上才能表现的特征，如出生率、死亡率、平均寿命、性别及年龄比等。种群作为同一物种的有机总体，总是处于一个动态变化之中，不断与外界环境进行物质能量交换，能在一定程度上进行内在的自我调节。不同的种群在一定的空间构成了一个生命活动的总体，称为群落。一个自然群落就是一定地理区域内，生活在同一环境下的动物、植物和微生物种群的总和。由物种到种群，由种群到群落，彼此互有区别，但更多地相互作用组成一个具有结构功能、内在联系的生物整体。群落与其周围的环境组成了自然界生物圈的基本功能单位即生态系统，这是所有物种赖以生存与发展的基础。物种存在的生态复合体系的多样化和健康状态构成了生态系统的多样性，也就是生物圈内的环境。生物群落和生态过程的多样化，物种的相互依存、相互制约形成了生态系统的主要特性——整体性。生物与生存环境的密切关系形成了生态系统的地球性特征，而生态系统所包容的众多物种和基因形成了生态系统层次上的特征。物种多样性依赖于生态系统的多样性，生态系统的多样性决定了物种、种群、群落的发展与消亡。

生态系统是各种生物与其周围环境所构成的自然综合体。所有的物种都是生态系统的组成部分。在生态系统之中，不仅各个物种之间相互依赖、彼此制约，而且生物与其周围的各种环境因子也是相互作用的。从结构上看，生态系统主要由生产者、消费者、分解者所构成。生态系统的功能是对地球上的各种化学元素进行循环和维持能量在各组分之间的正常流动。生态系统的多样性主要是指地球上生态系统组成、功能的多样性以及各种生态过程的多样性，包括生境的多样性、生物群落和生态过程的多样化等多个方面。其中，生境的多样性是生态系统多样性形成的基础，生物群落的多样化可以反映生态系统类型的多样性。

有些学者还提出了景观多样性，作为生物多样性的第四个层次。景观是一种大尺度的空间，是由一些相互作用的景观要素组成的具有高度空间异质性的区域。景观要素是组成景观的基本单元，相当于一个生态系统。景观多样性是指由不同类型的景观要素或生态系统构成的景观在空间结构、功能机制和时间动态方面的多样化程度。遗传多样性是物种多样性和生态系统多样性的基础或者说遗传多样性是生物多样性的内在形式。物种多样性是构成生态系统多样性的基本单位。因此，生态系统多样性离不开物种的多样性，也离不开不同物种所具有的遗传多样性。

由于地球上气候、地理环境的多变性、演替性，一方面会导致依赖于生存环境的物种不断演化，从量变到质变形成新的物种；另一方面也会使已形成的物种消亡，例如恐龙在地球上的消失。另外，人类活动的影响也会波及地球上其他物种的存亡。因此，生物多样性是变化的、不定的。

二、生物多样性的价值

经济学家和生态学家都承认生物多样性对人类具有价值。生物多样性的价值由人类可利用价值和不可利用价值两部分组成。生物多样性的可利用价值可分为直接价值、生态价值、科研价值和美学价值四大类。

1. 生物多样性的直接价值

这是指生物资源具有可供人类消费的价值，如生产性使用价值，包括木材、建材、鱼、毛皮、水果、树胶、药用植物、象牙、蜂蜜等；消费性使用价值，包括薪材、畜粪、饲料、猎物等。目前，人们仅仅利用了生物界的一部分，许多野生动植物还有待驯化，以培育新的作物、家畜；许多野生乔木可以筛选速生树种。据统计，地球上有7万～8万种植物可以食用，其中可供大规模栽培的有150多种，迄今为止被人类广泛利用的只有20多种，却已占世界粮食总产量的90%。驯化的动植物物种基本上构成了世界农业生产的基础。野生物种方面，主要是以野生物种为基础的渔业，在 1989 年向全世界提供了 1 亿吨食物。

2. 生物多样性的生态价值

这是指它具有维持生物圈的功能。绿色植物通过光合作用吸入二氧化碳，呼出氧气，维持了大气成分的相对稳定，也能通过吸收、吸附等作用把污染物吸入体内或吸附到体表，起到净化空气的作用。森林和草地截留降水，减少雨水冲刷作用，保持水土。动物的无形作用，如昆虫类动物的传授花粉，土壤中的分解者和土壤穴居动物分解了死去的植物和动物，清除了有机垃圾，是生物圈物质循环中不可缺少的“清洁工”。

3. 生物多样性的科研价值

现有的生物多样性包含着丰富的信息，具有科学研究的价值。经过 20 年的定位研究，科学家发现荷兰森林中的真菌数量下降了，不但食用菌数量下降，其他真菌也减少了。德国的研究也发现了类似的现象。在森林中，蘑菇与树木共生，土壤真菌促进了植物抗草食动物啃食和抗低温的能力，增强了植物吸收养分的能力。森林真菌的消失可能是树木大量死亡的前兆，因此，科学家正在研究扭转这一不利趋势的措施。

4. 生物多样性的美学价值

美学价值是生物多样性环境功效的组成部分。鸟类、热带鱼、蝴蝶和观赏植物的美人人皆知。生物不但有华丽的外表，给人以美的享受，而且其精美的内部结构也令人惊叹。自然界动植物复杂的生活方式以及与其他生物间错综复杂的关系吸引了无数的人去研究和探索；近年来，全球兴起生态旅游热，也是对生物多样性美学价值的肯定。据估计，全球生态旅游业的产值达 120 亿美元。

生物多样性的内在价值是一个有争议的概念。一些生物保护学家和环境哲学家认为生物多样性具有内在价值。生物不同于机器，能自我选择或按其 DNA 链的遗传信息规定的目标运转，这种内在价值是无法进行客观估计的。生物及其组合多样性的存在使人类有了适应环境变化和未来需求的能力。生物资源重要的特性是合理利用，它可以再生以至持续使用，不合理利用，它就可能灭绝。而矿物资源虽然不可能再生，但其中大部分物质可重复再利用，直至灭绝。生物多样性的利用价值与内在价值是相互关联的。

三、生物多样性的现状

1. 物种多样性现状

人类对地球上的物种是在不断地发现中加以认识的。迄今为止，人们估计地球上的物种有 1300 万～1400 万种，但科学描述过的仅约 175 万种。根据物种的发现增长率来预测动物物种的最终总数为：哺乳动物 4300 种；鸟类 9000 种；爬行动物 6000 种，两栖动物 3500 种；鱼类 2.3 万种。热带森林仅占世界陆地总面积的 7%，但却是生物多样性最集中的地区，生存着地球上一半以上的物种。我国热带面积仅占国土的 0.5%，却拥有全国物种总数的 25%。在秘鲁，森林中的一棵树上就有 43 种蚂蚁，几乎同整个英国的蚂蚁种类差不多。尽管如此，热带森林中还有数以万计的物种未被发现。但热带森林与海洋相比，还是小巫见大巫。人类对海洋的了解很少，以至于在海洋中经常有许多惊人的发现：1986年发现了一个新的生物门——Loricifera门。深海世界也并非一片死寂，例如，在美国新泽西州海岸1500～2000m深的海底沉积物中，人们竟然发现有10多个门100多个科的898种生物。中国幅员广大，疆域辽阔，地质历史古老，地貌、气候条件多样，由此而形成复杂多样的生存环境，也孕育出极其丰富、独具特色的生物多样性。就物种而言，高等植物30000余种，包括470个科，3700余属，仅次于世界高等植物最丰富的巴西、哥伦比亚，居世界第三位，亚洲第一位。高等植物特有种达17300种，占高等植物种数的57%以上；中国的动物物种也非常丰富，种类达10.45万种，约占世界动物总数的10%。包括昆虫在内的无脊椎动物、低等植物和真菌、细菌、放线菌，种类更是繁多，难以估计。由于中国古陆受第四纪冰川的影响较小，从而保存了许多古老的遗属种，例如活化石水杉、银杏等。随着科学的进步及人类认识自然世界的深入，许多新的物种将陆续被发现、利用。

2. 遗传多样性现状

从原始的刀耕火种到现在的机械化种植，从原始的狩猎放牧到现在规模化的养殖场的出现，各地的自然条件和耕作制度千差万别，各种养殖方式、家养品种类型也各不相同。因而，使各种作物、动物在长期的适应及自然选择中形成了异常丰富的遗传资源，驯化物种及其野生亲缘种极多。生物工程技术的发展也使在自然状态下所拥有的遗传多样性得到了更广泛的拓展。新的基因型物种相继而生，极大地丰富了自然界遗传物质资源宝库。中国是古老的农业国，在长期自然选择和人工选择的作用下，作物、动物为适应环境而生存、变异，变异部分的稳定遗传，使得中国的遗传资源相当丰富。据考证，中国是世界主要作物起源中心和多样性分布中心之一。世界栽培农作物多达600余种，其中237种起源于中国。中国还拥有大量栽培植物的野生近缘种，现已收集到各类作物的遗传资源30多万份，其中禾谷类20万份，豆类5.5万余份，棉、麻、油、胶、烟等经济作物3.1万余份，蔬菜1.83万余份，果树1.1万余份，牧草、绿肥及其他1.5万余份。不少作物的野生种和野生近缘植物为中国所特有。例如，中国是水稻的起源地之一，全国约有水稻品种5万个，还分布有3种野生稻。中国也是世界上家养动物品种和类群最丰富的国家之一，现有品种和类群2222个。基因工程的发展给传统的分类方法注入了新的活力。通过对基因同源、异源性分析，人们将从本质上去更深刻地认识自然界遗传资源的多样性，从而更好地保护、利用地球赐予我们的宝贵的生物财富。

3. 生态系统多样性现状

生态系统是指在一定空间内，生物群落与周围环境组成的自然体。人类活动创造了人工生态系统，例如城市、水库、运河、农田等。地球上自然生态系统因地理环境、气候环境的复杂性而带来了结构上的复杂性。生物在适应环境的过程中以一定的方式有规律地结合在一起，具有一定的配置状态即在分布上具有一定的空间结构。在同一生态系统中，生物种在生存竞争中都各自占据着一定的空间而呈垂直分层的结构，例如，森林生态系统可分为地上、地下两部分。地上最上层是乔木，构成林冠上层，上部的叶片受到全量光照；林冠下部是灌木层，只能利用林冠透射下来的残余光照；再下面是草本层，通常只能接受到相当于入射光的1%～5%的光照；透过草本层是地被层，接受到的太阳光只占入射光的1%左右。动物的分布也呈层次性特征，森林中的各种鸟类在地面上灌木、林冠等不同高度寻食做巢，昆虫也在不同的树上生活。危害树冠的是食叶性鲜翅目、同翅目昆虫；危害树干的主要为蛀茎纲鞘翅目、膜翅目昆虫；蚂蚁、跳虫、隐翅目、步行虫等主要生活在阴湿的地衣、枯枝落叶层中；地下部分则有伸展到不同深度土层中的根系、枯枝落叶，许多节肢动物、穴居动物及大量微生物也生活在枯枝落叶及不同深度的土层中。生态系统中种群也存在着水平配置格局即分布状况，通常有三种分布形式：随机分布、集群分布、均匀分布等。地球生态系统中不同地域、不同纬度的地区因气候与地貌的影响使得物种的分布呈多样性。地球上自然生态系统结构复杂，由多种生物组成、环境条件优越的陆生生态系统物种繁多，如热带雨林地带，反之则相反，例如北极苔原地区。生物与生存环境的密切关系形成了生态系统地域上的特征，也导致全球物种的分布极不规律，有些物种只限于一个大洲，有些则遍布几个大洲。据推测，所有物种中的2/3生存于占地球陆地表面42%的热带雨林。世界上亚马逊和扎伊尔盆地被认为是物种最丰富的地区，其余物种中20%生长于非洲森林中。由于世界上地貌复杂、空间差异显著，有些地方已发展成为地理和生态的隔离状态。在这种状态之下演化而成的物种很难移居到其他的环境而成为特有物种，如夏威夷开花植物多达2400种，其中97%为当地所特有。另外，极地及深海的一些物种也是该地域所特有的。地貌、气候、光照等因子是影响物种主要分布的因子，不适宜生物生长繁殖的生态系统中，物种多样性低，如冻土带、北方森林等，在冻土带或北方森林分布较多的加拿大只有22种蛇，而墨西哥拥有蛇的数量则多达293种。

中国地域辽阔、气候多样，因而，生态系统无论是陆地还是海洋、森林还是平原、荒漠还是草甸，从生态系统的垂直分布到水平分布，不同的空间与时间区域都有着极其丰富的系统。中国拥有地球陆生生态系统的各种类型如森林、灌木丛、草原和稀树草原、草甸、荒漠、高山、平原及复杂的农田生态系统等，每种则包括多种气候型和土壤型。就生态系统内的物种多样性而论，中国有针叶林、针阔混交林和阔叶林。初步统计，以乔木的优势种或特征种为标志的类型主要有212类，竹类36类，灌丛类有113类，其中分布于高山和亚高山垂直带，适应于低温、大风、干燥和长期积雪的高寒气候的灌丛主要有35类，如常绿叶灌丛、常绿革叶灌丛及高寒落叶阔叶灌丛等；暖温带落叶灌丛的类型最多，主要有55类。其他亚热带常绿和落叶灌丛主要有20类，主要为森林破坏后所形成的次生灌丛。热带肉质刺灌丛在中国的分布有限，约有3类。草甸可分为典型草甸（27类）、盐生草甸（20类）、沼泽化草甸（9类）和高寒草甸（21类）。中国沼泽以草本沼泽的类型较多(14类)，木生沼泽4类，泥炭沼泽1类。中国的红树林是热带海岸沼泽林，主要有18类。草原有55类，主要分为草甸草原、典型草原、荒漠草原和高寒草原等。荒漠共有52类，主要分为小乔木荒漠、灌木荒漠、小半灌木荒漠及垫状小半灌木荒漠。此外，高山冻原、高山垫状植被和高山流石滩植被主要有17类。海洋生态系统的类型主要有河口、潮间带、盐沼、红树林、港湾沿岸、海草床、珊瑚礁、大陆架、大洋、岛屿等。淡水生态系统的类型尚无精确统计。

生态系统多样性的结构与稳定性密切相关。一般而言，多样性的程度愈高愈有助于生态系统的稳定性。每一个物种在生态系统中所占的位置称为生态位，它包括物种的空间及它们在系统中的作用。生态系统中物种的数目越多，生态位相互重叠的可能性就越大，系统功能的稳定性就越强。在这种状态下，某一物种灭绝时所造成的影响不至于像比较简单的生态系统损失一个物种那样大，对系统的性质不会引起急剧的变化。反之，物种多样性少，食物链单一，生态系统结构简单的状态一旦发生不测，便有灭顶之灾，生态系统就有可能瓦解。就整个地球而言，物种从它诞生之日起，就存在两种命运，即适者生存，逆者死亡。因而，也就有了物种的自然产生与灭绝。在自然界漫长的演化过程中，物种的形成速度与灭绝速度相近。物种的多样性受到自然条件的限制，因为适应生物生存的生物圈是有限的，只是地球表面薄薄的一层，很难进一步向水、气、岩石的纵深发展。在海洋中，随着深度的加大，光照减弱，植物不能进行光合作用，因而海洋深处没有植物的踪迹，而在一定的压力下生存的生物也十分有限。在高山冻原之地，低温水、久冻土和水分缺乏也限制了植物的生存。还有一些极端环境，如缺氧的高空、盐碱地、沼泽、荒漠沙化地带，都限制了生物的多样性。更有甚者是人类的活动造成了巨大的环境压力，使生物多样性锐减，据估计，已有110多种兽类、130多种鸟类从地球上消失，其中1/3是19世纪前消失的，另外2/3是近50年来灭绝的。近50年来，中国仅动物就灭绝了数十种，尚有数百种面临濒危、绝灭的境地。植物中珍稀、特有物种有数十种灭绝，濒危植物高达1019种。因此，保护生物多样性已成为世界范围内迫在眉睫的严重问题。

四、生物多样性的危机及其根源

1. 生物多样性的危机

随着地球的演化，曾经产生过千百万种生物，但它们大多灭绝了，现在存在的生物也许只是代表曾经存在过的生物总数的千分之几。大灭绝是指在相对短的地质时间内，生物区系的多样性遭到大规模的破坏，生物界类群大规模消失的现象，一般是由大规模的环境变化引起的，如全球性升温或降温、灾变等，人类活动也日益成为大灭绝的原因。据专家们估计，自恐龙灭绝以来，当前地球上生物多样性降低的速度比历史上任何时候都快，鸟类和哺乳动物现在的灭绝速度或许是它们在未受干扰的自然界中的100～1000倍。地球上脊椎动物物种的平均生存期为500万年，脊椎动物灭绝速度为每100年90种，高等植物每27年1种，即每100年3.7种。1998年，世界物种保护协会和世界野生生命基金等组织发表的报告说，现在地球上每8种已知植物物种中至少有1种面临灭绝的威胁，即大约有34万种植物物种处于灭绝的边缘。

不仅野生动植物的遗传、物种和生态系统的多样性下降，家养动物和栽培作物的多样性也在丧失。在美国，97%的蔬菜品种已经消失。高草大草原曾经是北美洲的典型植被，北美原有的150万平方公里的大草原现在只剩下不到1%。英国$1432km^2$的石棉只剩下了27%。在澳大利亚和北美洲，自从人类定居以来，74%～86%的体重在44kg以上的大型动物由于人类狩猎而灭绝了。自1600年以来，所有生物类群中，以哺乳动物和鸟类的灭绝比例最高，分别为21%和1.3%。公元1600～1700年期间，大约每10年灭绝1种哺乳动物和鸟类，而公元1850～1950年期间，灭绝速度上升到大约每2年灭绝1种哺乳动物和鸟类。在过去的400年中，全世界共灭绝了58种哺乳动物，平均约每年灭绝0.15种，大约每7年灭绝1种，这个速度较化石记录高7～70倍。20世纪内灭绝了23种哺乳动物，每年0.27种，每4年中就有1种哺乳动物从地球上消失了，灭绝速度较正常化石记录高13～135倍。人类活动还可以造成物种的局部灭绝，这种局部灭绝可能导致物种的最后灭绝。目前，野生动物的栖息地破碎成斑块，斑块间的距离大，斑块面积小。一旦物种在局部斑块灭绝后，个体在斑块间的自由迁徙很难恢复重建种群。在美国西北部的各国家公园中，自建立以来都发生了哺乳动物的灭绝，哺乳动物的灭绝速度高于迁入速度。国家公园的面积越小，建立的时间越长，灭绝率越高。从生态系统的类型来看，最大规模的物种灭绝发生在热带森林，其中包括许多人们尚未调查和命名的物种。热带森林占地球物种的50%以上。据科学家估计，在今后30年内，物种极其丰富的热带森林可能要毁在当代人手里，5%～10%的热带森林物种可能面临灭绝。总体来看，大陆上66%的陆生脊椎动物已成为濒危种和渐危种。海洋和淡水生态系统中的生物多样性也在不断丧失，其中受到冲击最严重的是处于相对封闭环境中的淡水生态系统。

2. 生物多样性减少的原因

生物多样性丧失的直接原因主要是生境丧失和破碎化、外来种的侵入、生物资源的过度开发、环境污染、全球气候变化和工业化的农业及林业等，但这些还不是问题的根本所在，根源在于人口的剧增和自然资源消耗的高速度，不断狭窄的农业、林业和渔业的贸易区域，经济系统和政策未能正确评估环境及其资源的价值，生物资源利用和保护产生的效益分配的不均衡，知识及其应用的不充分以及法律和制度的不合理。人口增长带来的对生存空间和食物需求的增长使地球上的许多地区大面积人造景观增多。人类生存空间的扩展侵占了野生动物的生存空间，这是目前物种灭绝的最主要的原因。工业革命以来，人类不仅数量迅速增长，改造自然的能力也极大地增强。同时，人类活动也带来了严重的环境污染问题。环境污染使得许多陆地和水体不再适应野生生物的生存。由于大量排放工业废水和生活污水，一些较大的海域如地中海和阿拉伯海湾正面临着生物的死亡。一些内陆水体，如咸海的生物群落已经完全毁灭，许多特产鱼类消失了。大气圈中二氧化碳的增长以及臭氧层的消失已经改变了地球的气候，威胁着生物的生存。

五、保护生物多样性的全球行动和途径

生物多样性的减少不仅会使人类丧失各种宝贵的生物资源，丧失它们在食物、医药等方面直接和潜在的利用价值，而且会造成生态系统的退化和瓦解，直接和间

接威胁人类生存的基础。因此，国际上较早地采取了一个国际条约体系。20 世纪 70 年代以来，陆续通过了以野生动植物的国际贸易管理为对象的《华盛顿公约》，以湿地保护为对象的《拉姆萨尔公约》，以候鸟等迁徙性动物保护为对象的《波恩公约》，以世界自然和文化遗产保护为目的的《世界遗产公约》及其他一些国际或区域性的公约和条约。1992 年，在联合国环境发展大会上通过了《生物多样性公约》，几个国家环境组织还在会议上公布了“全球生物多样性保护战略”，形成了保护生物多样性的综合性公约和战略。

保护生物多样性就是采取措施保护基因、物种、生态环境和生态系统，使其长期地满足人类的各种现实和潜在的需求；督促各国政府在制定土地开发和农业、林业、牧业和渔业等发展计划时，合理利用现已所剩不多的自然生态环境，防止自然生态环境的进一步缩小和破坏。保护生物多样性的基本方法包括：挽救、研究和持续而均衡地利用自然资源。其中，生物多样性研究的主要内容有就地保护研究、迁地保护研究、濒危物种和受威胁情况的研究、栽培和家养资源与野生亲缘种的研究、自然保护区有效管理的研究、提高主要农区生物多样性的研究等。从保护的具体途径来划分，主要有就地保护、迁地保护与离体保护。就地保护主要是就地设立自然保护区、国家公园、自然历史纪念地等，将有价值的自然生态系统和野生生物环境保护起来，以维持和恢复物种群体所必需的生存、繁衍与进化的生态环境，限制或禁止捕猎和采集，控制人类的其他干扰活动。通过设置不同类型的保护区可以形成生物多样性保护区网络，全世界大型保护区已建成 4500 多个，其覆盖面积占全球陆地总面积的 5%～6%。迁地保护是指采取迁地措施以恢复和复兴受威胁物种。迁地保护最好在物种组成部分的原产地进行，通常是通过建立植物园、动物园、水族馆及各种物种资源的繁殖设施；目前，世界各国动物园及动物圈养地共饲养脊椎动物 3000 多种，个体数量达 54 万头；全球 1500 多个植物园均承担着保护植物物种资源的任务。离体保护是用现代技术将生物体的一部分进行长期保存，以保护物种的种质。通过建立植物种子库、动物细胞库、精子库、配子库、胚胎库、繁育中心和基因库，对野生生物物种和遗传基因进行保护。目前，世界种子库中登记入库的植物种质样本已达 200 万个。此外，健全法律法规、防治污染和控制气候变化以及加强环境保护宣传教育和加大科学研究力度等也是保护生物多样性的相当重要的途径。

第四节　生态环境保护

一、我国生态环境保护面临的形势

随着人类社会的发展，生态环境的破坏和生态平衡的失调是影响可持续发展的主要障碍之一。与环境污染相比，它的影响更为深远。生态破坏主要表现在水土流失、土地沙漠化、草场退化、森林资源危机、水资源短缺、生物多样性减少等方面。我国的环境污染给人民健康与国民经济建设带来了巨大的危害，已经严重危及当代人的生存环境。人口持续增加和经济快速增长对本来已遭污染和破坏的环境将带来更大的压力，生态环境问题将更为突出。经济、人口、资源、环境之间的矛盾也将更加尖锐，成为关系经济和社会发展全局的重大问题，突出表现在以下几个方面：①我国多年来延续的是以大量消耗资源、能源和粗放型经营为特征的经济增长力式。从根本上扭转重经济增长、轻环境保护的倾向还要花很大的力气。②在建立社会主义市场经济体制的一定时期内，法制有待健全，执法力度有待加强，企业有待规范，环境保护将面临许多新问题，难度可能会更大。③人均资源占有量低，特别是北方水资源短缺，中部生态环境脆弱，全国矿产资源可采量不足等，这将更加制约经济的发展。④以煤炭、石油、电力为主的能源工业和以冶金、建材、化工材料为主的原材料工业的优先发展加上以煤炭为主的能源结构在短期内还难以改变，这是构成严重污染环境和破坏生态的潜在威胁。⑤城市化进程加快，基础设施建设缓慢，生态城市环境将会成为突出的问题。⑥乡镇企业高速发展，总体技术水平低，环境污染出现由点向面发展的趋势。⑦环境保护资金渠道不畅、投入不足是实现环境保护的主要困难。⑧公众对改善生活环境质量的要求不断提高，而“从我做起”的环境意识低，也是不可忽视的主要问题。总之，尽管经过多年的不懈努力，我国的环境保护事业取得了很大的成绩，但仍然面临着相当严峻的局面，不可掉以轻心。

二、生态环境保护的对策和措施

生态保护关系到社会稳定和国家安全，是中国可持续环境战略的重要组成部分，与污染防治具有同等重要的地位，两手都要抓，两手都要硬。在中国，生态保护真正引起政府的高度重视并成为国家的行动始于20世纪90年代后期。相对于污染防治而言，生态保护工作还很不成熟。一方面，缺少国家法律、法规的支撑，环保部门的执法权限太小，执法空间过于狭窄；另一方面，生态保护缺乏足够的实践经验，还没有形成一整套可供操作的、适用的生态保护政策和对策，生态保护措施也不到位。目前，生态问题可分为四大类：一是水土流失；二是荒漠化；三是生物多样性减少；四是资源破坏。在这些生态问题中有些属于区域性生态问题，有些属于流域性生态问题。因此，生态保护应采取以下对策。

1. 加强植被保护，防止水土流失和荒漠化

植被破坏是导致水土流失和荒漠化的根源，有效防止此类问题的产生必须从植被保护抓起。由于水土流失和荒漠化问题属于区域性生态问题，是在发展传统农业和不合理开发、利用资源的过程中产生的。因此，要与农业生态保护和资源保护联系起来，通过发展生态农业和加强资源开发活动的生态保护等途径解决。相对于传统农业，生态农业是一个全新的概念，它是以合理开发、利用和保护农业自然资源，改善农业生态环境，实现农业自然资源持续利用，促进农业经济持续增长为前提的一种新型农业。发展生态农业是加强植被保护的主要途径之一，首先要解决认识上的问题，正确处理生态保护与脱贫的关系。在生态保护与脱贫这一典型问题上，必须清醒地认识到，恶劣的生态环境制约着区域经济的发展，是导致贫困的重要因素之一。据统计，中国有78%左右的贫困县分布在土地严重退化、生态环境

十分恶劣的地区。而贫穷落后又是造成生态环境恶化的主要原因。为了生存，当地居民不得不在脆弱的生态环境中、在贫瘠的土地上扩大垦荒耕种，用极其落后的技术设备开发资源；为了解决能源问题，不得不砍伐林木和灌木。其结果是生态环境进一步恶化，水土流失严重，沙漠化程度加剧，从而陷入了一种越穷越破坏、越破坏越贫困的恶性循环之中。因此，在这些地区必须把生态环境的保护和改善与经济发展和脱贫致富有机结合起来，以生态环境保护与建设带动和促进当地经济的发展。通过发展生态经济推动生态环境的保护与建设，这是摆脱生态破坏与贫穷落后恶性循环的一条途径。只有如此，才能调动人们生态保护的积极性，才能从思想认识上真正解决人们保护生态环境的动力问题。为此，要做好以下几方面的工作：第一，加强政策引导；第二，加强农业住区建设；第三，加强法制建设，依法保护植被；第四，加强资源开发活动的生态保护。

2. 加强资源规划和管理，促进资源保护

资源破坏是在资源开发和利用过程中产生的另一类生态环境问题，其直接后果是降低或削弱了经济与社会的发展潜力，因而构成了生态保护的重要内容。这类生态问题主要包括土地资源和矿产资源的浪费与破坏、水资源的破坏、旅游资源和野生动植物资源的破坏几个方面。加强资源保护要采取以下措施：第一，发展生态农业，减少土壤污染与退化；第二，加强矿产资源的开发管理；第三，加强水资源保护；第四，加强野生动植物资源和旅游资源保护。

3. 加强自然保护区和湿地建设，保护生物多样性

生物多样性是自然界中生物基因、物种以及生态系统多样性的总和，是多样化的生命实体群的特征。保护生物多样性是对特定区域内所存在的生物基因和物种的总体保护。生物多样性是生态系统的核心，为人类社会的生存和发展提供了保障，对维持生态平衡起到关键的作用。现存的动植物和微生物物种及其基因资源为今天和未来的人类社会提供了丰富的食物、药物和工业原料。同时，生物多样性也是科学发明和艺术创造的不竭资源。相对于其他的环境问题，物种的灭绝以及遗传基因的丧失将使我们遭受更严重的损失。“一个基因关系到一个国家经济的兴衰”“一个物种影响到一个国家的经济命脉”，从这个意义上说，保护生物多样性就是保护人类自己。

森林和湿地是生物多样性最丰富的生态系统，是维系地球陆地生态系统平衡的屏障。所以，保护森林和湿地对保护生物多样性具有重要的意义，通过森林和湿地保护来促进生物多样性保护是中国政府长期坚持的生态保护对策之一。森林植被是陆地生物圈的主体，具有涵养水源、过滤空气的作用，是维持水、土、大气等生态环境的屏障。$1hm^2$ 的林地每天可吸收 1t 二氧化碳，释放 0.73t 氧气。$1hm^2$ 森林与裸地相比，至少可以多蓄水 $2500m^3$，1 万亩（1 亩 $=666.7m^2$）森林的蓄水能力相当于一个蓄水量为 100 万立方米的水库。根据 1997 年美国华盛顿的世界资源研究所的研究报告，8000 年前的原始森林今天只剩约 1/5 还保留着本来的面目，地球上原有的 2/3 陆地，约 76 亿公顷的面积为森林所覆盖，而到 20 世纪 80 年代所余已不足 28 亿公顷。目前，全世界的森林正以每年 1800 万公顷的速度从地球上消失。森林被毁，不仅大大降低了森林对空气的净化作用，而且大大加快了物种消失的速度。近 200 年来，濒于灭绝的已有 593 种鸟类、400 多种兽类、209 种两栖爬行类以及 2 万多种植物，比自然淘汰的灭绝速度快了 1000 倍。因此，森林的破坏对全球气候变暖、生物多样性的减少以及水土流失有重大影响。沼泽湿地是地球自然生态系统的重要组成部分，是人类的一项宝贵的自然资源，被称为“自然之肾”。它具有调节气候、涵养水分、防止土壤侵蚀、降解污染等功能。湿地还是众多野生动植物，特别是珍稀濒危水禽生存和繁衍的场所。中国的湿地资源十分丰富，目前，全国有沼泽、湖泊、河滩、海岸滩涂等天然湿地 2500 多万公顷和以稻田和池塘为主的人工湿地 3800 万公顷。在亚洲 947 块国际重要湿地中，中国占有 192 块，占 20%，是世界上湿地类型最多、面积最大、分布最广的国家之一，但同时也是破坏最多、最严重的国家之一。由于严重的环境污染和生态破坏使已有的这些湿地面积不断减少，质量不断下降，这是导致中国生物多样性不断减少和受到严重威胁的一个重要原因。近年来，中国政府加强了对森林和湿地的保护工作，目前已建立了 130 多处湿地类型的自然保护区，占全国已有自然保护区总数的 1/7，各种类型的湿地资源得到了较好的保护。截至 2013 年年底，我国已有江西鄱阳湖、湖南东洞庭湖、海南东寨港、黑龙江扎龙、吉林向海、青海湖和香港米浦等 46 处湿地被列入《国际重要湿地名录》。九寨沟、武夷山、张家界和庐山等 14 个自然保护区被联合国教科文组织列为世界自然遗产或自然文化遗产。中国政府自 1992 年加入《湿地公约》之后，把湿地的保护与合理利用列入了《中国 21 世纪议程林业行动计划》和《中国生物多样性保护行动计划》之中，作为国家可持续发展战略的一项重要措施来抓。但这些计划缺少针对性，关于如何加强湿地保护问题，国家还没有出台具体的有针对性的法规、政策和实施办法，往往是参照国务院颁布的《中华人民共和国自然保护区条例》和有关规定及其他相关法律进行的，这一点显然滞后于生态保护发展的需要。

加强生物多样性保护，第一，要制定《湿地法》，使湿地保护与森林保护具有同样的法律地位。第二，要建立一个有足够权威的全国生物多样性保护的管理机构，并负有对森林和湿地的直接监督管理权，协调部门之间的资源与生态保护以及履约活动。第三，要加强对森林、湿地和自然保护区的管理。第四，要建立生态补偿机制并增加生态建设和保护的投入，把生态保护和建设与发展生态经济结合起来，使生物多样性保护的同时体现出生态效益和经济效益。

4. 加强江河源头生态建设，做好流域生态保护

流域是生物多样性仅次于湿地的一类特殊区域，是一种比较完整的生态系统，具有湿地系统的许多特征。同样，流域生态破坏也是一种典型的生态破坏。因此，流域生态保护与生态农业建设和生物多样性保护之间既有联系又有区别，是区域生态保护中的重要内容。流域生态保护不单纯解决以植被破坏、水土流失、生物多样性减少等为主要内容的生态破坏问题，而且还包括以工业点源污染、农业面源污染、“白色污染”为主要内容的环境污染问题。生态保护与污染防治构成了流域环境保护的两个基本组成部分，二者相互联系、相互制约又相互依存。所以，流域生态保护在环境保护中具有特殊的作用和意义，是充分体现“污染防治与生态保护并重”这一环境保护战略的环境对策，将污染防治与生态保护二者结合成为一个有机整体的理想模式，集中体现了全过程控制和大环境管理思想。加强流域生态保护既可以带动区域生态保护，又可以有效促进工业污染防治，还可以有效促进农业环境保护。针对不同的流域及不同的环境问题，生态保护对策有不同的侧重点，其基本原则是：流域“源头”或上游以生态建设为主，流域中游坚持生态建设与污染防治并重，流域下游或河口以污染防治为主。

中国境内的自然水域众多，以河流、湖泊为中心的流域分布广泛。这些流域所存在的环境问题在影响的范围和深度上有一定的差异，有的是以生态破坏为主，有的是以环境污染为主，但多数是二者同时并存、相互影响，给当地人民的生命财产造成了巨大的损失，严重地影响了区域经济的持续发展。为实施生态保护对策，需要采取以下措施：一是要以国家生态建设规划为指导，制定有针对性的流域生态保护规划，建立江河源头自然保护区，对流域源头和上游实行特殊的保护。特别是国家确立了西部大开发战略，一方面给这些地区的生态保护和建设创造了新的机遇，另一方面也给该地区的生态保护和建设带来了新的压力。所以要贯彻“预防为主”的政策，严格开发建设项目的环境管理，控制东部沿海地区淘汰的污染工艺和设备转移到西部地区，从而防止造成新的环境污染与生态破坏。二是要坚持流域资源保护与开发并重的原则，做到先保护、后开发，在保护中开发。建立流域生态保护机构，加强流域资源管理，防止水、森林、矿产、旅游等自然资源的破坏与浪费，遏制生物资源的流失，打破行业和区域的地方保护主义，从全局出发，合理分配和利用流域水资源和生物资源，实现资源的持续利用。三是要通过国家经济立法加大生态补偿，增加流域源头生态保护和建设的投入，通过生态保护促进生态经济的发展。

复习思考题

1. 什么是生物圈？
2. 什么是食物链？它在生态系统中起什么作用？
3. 什么叫生态系统？它有哪些主要类型和功能？
4. 什么叫能量传递的十分之一定律？
5. 什么叫生态平衡？影响生态平衡的因素有哪些？
6. 什么叫生物多样性？生物多样性具体有哪些价值？
7. 生物多样性减少的原因有哪些？
8. 开展生态环境保护具体有哪些对策和措施？

第七章 人口、资源与环境

第一节 人口与环境

一、概述

人类最早的人口数量和分布情况的资料没有保存下来。前人对此做出了一些推测，认为人类的发展过程可分为三个时期：60万年前～公元前6000年；公元前6000年～1650年；1650年～现在。随着三个时期的发展，人口数量成倍地增长。统计表明，近百年来世界人口的增长速度达到了人类历史上的高峰。自人类诞生起到1830年，全世界人口仅为10亿。但是，此后的100年中人口又增加了一倍，到1980年世界人口达44.1亿。从人口增长速度来看，这100年相当于过去的几百万年，而增加第3个10亿的速度就更快。目前，世界人口总数约为73亿。世界人口的发展极不平衡，各地人口的增长率也很不一样，出现了两种不同的趋势。发达国家人口增长缓慢，发展中国家人口增长较快。欧洲是人口增长最缓慢的地区，20世纪70年代以前一直在1%上下波动，而且这样缓慢增长的趋势已持续了200多年。近年来，欧洲国家的人口增长率为0.2%，许多国家的人口增长率等于或接近于零，甚至有的国家人口开始出现负增长。20世纪70年代开始，美国、前苏联和日本的人口增长率也明显下降。相反，不发达国家和地区的人口增长率则逐年增加，战后这些地区的人口增长率达到2%左右。亚洲、大洋洲近40年来出现人口加速增长的趋势。非洲和南美洲是人口增长最快的地区，20世纪70年代后曾以每年2.7%的高速增长。

我国的人口增长经历着与世界人口变化大致相同的历程。从1760～1900年的140年间，我国人口由2亿增加到4亿，其增加数相当于有史以来人口增长的总和。1953年我国第一次人口普查（人口为5.74亿），到1954年就达6亿，这就是说，从1900年到1954年的54年间人口又增加了2亿。1964年第二次人口普查，人口为6.95亿。1982年我国第三次人口普查，人口为10.3亿，从1954～1982年不到30年的时间，人口又增加了4.3亿。由于我国于20世纪70年代中后期开始逐步推行计划生育政策，人口增长率有所下降。到1990年第四次全国人口普查时，人口仅增加了1亿，达11.3亿。2000年第五次人口普查时，全国人口为12.95亿。2010年第六次人口普查时，人口为13.397亿，居世界各国之首。我国人口的特点是：①人口基数大；②人口增长速度快；③人口老化速度快；④人口结构中地区差异显著。

二、人口与环境的相互影响

1. 人口对环境的影响

（1）人口对土地资源的压力　庞大的人口对粮食等农产品的需求压力，迫使人们高强度地使用耕地，人均土地逐年下降，1975 年世界人均土地 0.31hm²，到 2000 年，人均土地只能达到 0.1hm²。许多发展中国家土地退化，粮食产量赶不上人口增长，使得世界粮食供应日趋紧张，在亚洲，人口增长快于粮食增长。1971～1990 年，多数国家的人口增长率约 2.92%，而粮食的增长率只有 0.2%。就中国的情况看，新中国成立初期，人均耕地 0.18hm²，1980 年已降到 0.1hm²，仅为世界人均耕地面积 0.31hm² 的 1/3。也就是说，每公顷耕地需养活的人口数量不断增加，1950 年每公顷养活 5.5 人，1980 年增加到 9.8 人，2000 年每公顷耕地养活 12 人。虽然我国粮食产量逐年增加，但由于人口增长较快，人均粮食产量的增长却较慢，这种状况不能不引起重视。由于工业用地和不合理的利用土地，使耕地面积逐年减少。1990 年全国耕地 18.6 亿亩，到 2000 年减少到 18.3 亿亩，十年耕地减少 3000 万亩。人口对土地的压力形势是严峻的，应高度重视并应采取强有力的综合对策，力争人口与土地的矛盾从恶性循环状态向良性循环状态转化。

（2）人口对森林资源的影响　人口增长，为了满足人类需求的不断增加，保证人们衣、食、住、行的要求，不得不冲破自然规律的制约，不断掠夺性开发，全球的森林已受到无法控制的退化和毁林的威胁。毁林造田、毁林建房以及其他不当的管理等使越来越多的森林资源受到破坏。20 世纪 80 年代，热带雨林主要生长国——巴西、印度尼西亚和扎伊尔三个国家每年被砍伐的林木超过 200 万公顷。象牙海岸是世界上人口自然增长率最高的国家之一，1987 年其人口增长率为 3.0%，而每年森林损失率为 5.9%。半干旱地区也因大量开采薪炭材，导致林木密度减少。世界各国的森林覆盖率：日本 67%，韩国 64%，挪威 60%，瑞典 54%，巴西 50%～60%，加拿大 44%，美国 33%，德国 30%，法国 27%，印度 23%，中国 16.5%，埃及 0。中国在历史上是一个森林资源丰富的国家。但随着人口的增加，耕地的需求量加大，大量的森林被砍伐破坏，已使中国变成了一个少林国。中国当前的森林覆盖率仅有 12.98%，远远低于世界的平均数，在世界 160 个国家和地区中，名列第 120 位。人均森林面积仅 0.11hm²，相当于世界人均的 18%。农村人口增长和农村能源短缺，导致乱砍滥伐；人口增长对粮食和耕地的需求压力加剧了毁林开荒，使我国的森林资源遭到严重的破坏。

（3）人口对能源的影响　人口激增造成能源短缺，已是一个世界性的问题。为了满足人口和经济增长对能源的需求与消耗，除了化石燃料外，木材、秸秆和粪便等都成了能源，给环境带来巨大的压力。发展中国家的燃料有 90%来自森林，造成森林资源的破坏。许多地区的树木被砍光，植物秸秆被烧光甚至牲畜粪便也用来作燃料。据估算，在亚洲、近东和非洲，每年作燃料燃烧掉的粪便大约为 4 亿吨，仅印度就烧掉牛粪 6800t，蔬菜下脚料 3900t。由于牲畜粪便和秸秆被烧掉，使农田肥力减退，人民生活更加贫困。全球目前以化石燃料为主，生产和生活中所消耗的煤炭、石油、天然气等释放出大量的CO_2，再加上热带雨林的砍伐等，使大气中CO_2浓度增加，从而导致温室效应，改变全球的气候，危害生态系统。中国是以煤为主的能源结构，对环境潜伏着巨大的压力。

(4) 人口对水资源的压力　随着经济的发展和人民生活水平的提高，对水的需求量也在急剧增长。公元前，一个人一天耗水12L，到了中世纪增加到20～40L，18世纪增加到60L，当前欧美大城市每人每天耗水达500L。在现代社会中，人类对水的依赖程度越来越大，每年消耗的水资源数量远远超过了其他任何资源的使用量。据统计，全世界每年用水总量为30000亿立方米。中国人口增长尤其是新中国成立后人口的急剧膨胀，加剧了供水不足和水资源浪费，使人类与水的矛盾十分紧张。随着人口的增长和经济的发展，排入江河湖海的污染物将进一步增加，接近城市和人口稠密地带的水体将呈恶化趋势，加重水资源的短缺。

(5) 人口对城市环境的影响　随着人口的激增，城市人口的比例和密度加大。城市形成虽有数千年，但在漫长的历史中，兴衰更迭，发展缓慢，直到1800年，全世界城市人口只占总人口的3%，其中第一产业仍占较大的比重。工业革命后，城市规模、人口比例不断增加，到1970年，城市人口达到14亿，占世界总人口的38.6%。在我国，城市市区面积仅占国土面积的1%，但却居住着全国13%的人口，集中了90%以上的工业总产值和74.8%的自然科学技术人才。人口城镇化是社会发展的必然规律，但由于人口过分集中，也导致住房拥挤、交通堵塞、水电气供应紧缺、环境污染严重等一系列“城市病”。据调查，全世界100个最大城市中，有一半以上人口增长过快。人口增长对环境的压力还包括对矿产、草地资源和气候环境等的压力，对工业生产及人类生活环境各方面的影响。这些影响无论是在发达国家还是在发展中国家都有不同程度的存在，但发展中国家生态环境的破坏程度远比发达国家严重，主要是人口增长的压力造成的。许多发展中国家的人口已超过本国资源的承载力。

2. 环境对人口的影响

(1) 环境对人口数量及其分布的影响　首先，环境对人口数量产生重要的影响。在一万多年前的冰期，气候寒冷、生态环境恶劣，人类处在旧石器时期，以捕猎动物和采集野果为生，没有稳定的食物来源，全世界人口不过500万左右。到了一万年以来的冰后期，人类进入新石器时代，逐步以农耕和畜牧为主，有了比较稳定的食物来源，人口发展速度加快。人类社会进入工业革命以后，应用煤、石油等能源和机器生产，生产力大幅度提高，人口增长速度也随之加快。其次，环境对人口分布产生重要的影响。人类起源于热带、亚热带地区，而后逐步分布到温带地区，还有少量人口分布在寒带边缘地带，例如爱斯基摩人就生活在北冰洋沿岸。但是，直到今日，寒带的人口仍然十分稀少，而且南极洲至今无一人定居生活。人类还大部分分布在湿润、半湿润地带，干旱的荒漠和半干旱的草原人口数量都很少，特别是沙漠，只有在边缘的绿洲中才有人类定居。最后，环境污染对人口数量与分布同样产生重要的影响。在人类发展的历史过程中，在某一时期的某一地区，环境的破坏和恶化对人类的生存和发展不利，造成人口减少甚至民族衰亡。例如古埃及、古巴比伦、南美洲古代的玛雅是由于破坏植被引起水土流失、生态环境恶化，进而使人口急剧减少、文明衰落。这从另一方面说明了环境对人口数量和分布的影响是十分巨大的。

(2) 环境对人口素质的影响　环境对人口素质的影响主要表现在对人体健康的影响。人体血液中60多种化学元素的含量与地壳中这些元素的分布有明显的相关性。因此，某地区环境中各种化学元素含量的多少必然会影响到人体的生理功能，甚至可能对健康产生影响，进而形成疾病。例如，环境中缺碘可导致地方性甲状腺肿大的发生和流行；环境中含氟过高可以引起氟骨症；另外，还有克山病、大骨节病都与环境中缺硒有关；我国食道癌高发地区也有明显的环境原因；日本脑出血病的分布与饮水酸度有明显的关系：饮用硬水的居民冠心病的发生率低，饮用软水则相反。此外，社会环境对人的身体素质也有明显的影响。由于社会环境的进步，人口的平均寿命提高，死亡率下降，身体素质也有提高的趋向。最后，社会环境对人的文化科学素质的影响也很大。

三、人口控制与环境保护的对策和措施

根据联合国预测资料，按目前45年的人口倍增期计算，1990年世界人口为52.8亿，2035年增长到106.4亿，2080年达到212.8亿。800年后世界人口可达到千万亿的天文数字。如果届时地球上全部土地，包括山脉、沙漠，甚至南极洲都为人们所居住，平均每人占地1.5m^2，已经没有可供耕种的土地了。人口环境容量即人口容量，又称人口承载量，可以理解为在一定的生态环境条件下，全球或者地区生态系统所能维持的最高人口数。所以，有时又称为人口最大抚养能力或负荷能力。通常，人口容量并不是生物学上的最高人口数，而是指一定的生活水平下能供养的最高人口数，它随所规定的生活水平的标准而异。如果把生活水平定在很低的标准上，甚至仅能维持生存水平，人口容量就接近生物学上的最高人口数；如果把生活水平定在较高的目标上，人口容量在一定意义上就是经济适度人口。国际人口生态学界曾提出了世界人口容量的定义：世界对于人口的容量是指在不损害生物圈或不耗尽可合理利用的不可更新资源的条件下，世界资源在长期稳定状态的基础上供应的人口数量的大小。这个人口容量定义强调指出人口的容量是以不破坏生态环境的平衡与稳定，保证资源的永续利用为前提的。上述所指的，一定生态环境条件下，一定区域资源所能养活的最大人口数量，是人口容量的极限状态，这个极限状态受到多种条件的制约，所以在正常情况下是难以实现的。因此，应把适度人口数量作为人口容量的基本内涵。关于中国的适度人口容量问题，不少学者做过一些有益的探索。早在1957年，马寅初先生就提出。同年，孙本文教授也从我国当时的粮食生产水平和劳动就业角度提出中国最适宜的人口数量是7亿～8亿。制约人口容量的因素是多样的，但许多研究者都认为，自然资源和环境状况是人口容量的基本限制因素。近年来，我国的环境污染防治和自然生态保护，虽然都取得了显著的成效，但是我国的环境形势仍然不容乐观，对环境状况的基本估计是：局部有所改善，总体还在恶化，前景令人担忧。从环境保护的角度判断，我国目前的人口数量

已经远远超过了可以承载的适度人口数量，人口与环境的关系已经相当紧张。在未来相当长的时间里，中国的人口数量将进一步增加，而资源、环境的状况基本已定势，人口容量超负荷的状况将长期地存在下去。这将对中国社会经济的各方面产生极其深远的影响。

人口控制的意义是多方面的：①促进经济发展。控制人口，无论是在发达国家还是发展中国家都可以减轻国家负担，增加积累，促进经济发展。②有利于提高人口素质水平。人口增长过速，给经济、环境带来极大的压力，制约着人口的营养条件，进而制约着儿童、少年的生长发育，影响未来劳动适龄人口的身体素质；人口增长过速，往往在相当程度上抵消教育投资和其他与提高人口科学素质有关的投资增长，从而使人均智力投资的增长速度下降。③增加就业。要发展生产必须不断提高劳动生产率和技术设备水平，这样就应相对减少劳动人员，但由于人口增长过快，每年都有过量的新劳动力投入社会生产，要求安排工作的人数大大超过生产部门的需要，这就加剧了提高劳动生产率和充分安排就业之间的矛盾。④改善人民生活。控制人口增长可以把更大的投入用于扩大再生产，经济发展就会更有成效，人民生活水平就会比现在更显著的提高。同样，控制人口也可以减少消费人数，有利于人民文化生活和城乡生活环境的提高。⑤有利于环境保护。控制人口必然使城乡生态环境问题得到缓解，减少压力，有利于生产，也保护了人民的身心健康，保护和改善生产和生活环境。在控制人口保护环境方面可以采取的具体策略主要包括以下几个方面。

1. 实行计划生育

20 多年来，中国政府和人民为减轻庞大的人口对环境的压力和提高人民生活质量，做出了不懈的努力，国家确定了计划生育这项基本国策，围绕“控制人口数量，提高人口质量”这个总要求，采取了一系列的政策措施。其中包括：①逐级落实人口计划指标，除少数民族聚居的地区外，实行基层单位的计划生育目标责任制，既启发自愿节育又形成具有约束力的制度。对符合或违反计划生育规定的家庭，分别给予鼓励或责令其向社会承担一定的经济责任。②积极发展医疗、保险、养老等一系列社会福利事业，逐步调整人们的生育意愿，为计划生育提供安全良好的服务。③实行优生优育，提高人口素质。法律规定，禁止早婚、近亲结婚，患有医学上认为不应当结婚的疾病的人禁止结婚，加强妇女产后服务。20 多年来，中国计划生育基本国策的确立和各项具体政策富有成效的推行，取得了众所公认的成就，近年来的人口自然增长率稳定在 1.1%～1.44%，低于世界平均增长率。

2. 有计划地迁移人口

控制人口的另一条途径是迁移人口。人口分布和迁移自古以来就同资源——环境承载力有着密切的关系。新中国成立以来，我国已向东北、西北、西南迁移了部分人口，为疏散东部人口和开发边疆做出了新贡献。2000 年，党中央、国务院提出西部大开发的战略决策。从各地资源——环境承载力来看，有的可适当实行人口“倒流”或环境移民，即把人口从相对稀疏但资源贫乏、生态恶劣的地区迁入人口相对密集但资源利用仍有潜力的地区。中国东部地区，也可适当引导、控制人口从山区流向平原、平原流向城镇的情况，同样可缓解人口生态压力，解决农村人口过剩的问题。因此，应该鼓励乡镇工业发展，引导他们适当集中，发展小城镇建设，便于发展基础设施和实行污染控制。

3. 提高人口环境意识

加强环境教育，提高人们的环境意识，正确认识环境及环境问题，使人的行为与环境和谐，是解决环境问题的一条根本途径。人们的环境意识对环境行为具有极大的反作用。正确的环境意识是保护环境防治污染的思想和心理准备条件，可以正确指导人们的环境行为，促进人们正确认识环境与发展之间的关系，也是正确执行环境保护各项法规、政策、方针、制度的动力。

4. 正确引导人口消费，保护资源和环境

中国人口多，消费还处在低水平；中国人均收入还相当低，为中等收入国家的下限水平；中国的消费结构单一，食物消费比例过大，文化等其他层次消费偏小；人口增长和人均资源减少的矛盾突出。因此，中国人消费水平的提高和消费结构的改善是以合理消费模式为基础，不能重复工业化国家的模式，以资源的高消耗和环境的重污染来换取高速的经济发展和高消费的生活方式。中国只能根据自己的国情，逐步形成一套低消耗的生产体系和适度消费的生活体系，提倡增产节约型消费，减少对资源的浪费和环境的污染。

第二节　土地资源与环境

一、概述

土地是地球陆地的表层，是农业的基本生产资料，是工业生产和城市活动的主要场所，也是人类生活和生产的物质基础。它是极其宝贵的自然资源，是人类赖以生存和发展的物质基础和环境条件。人类的衣食住行都离不开土地，所以，土地是极其宝贵的自然资源。土地是一个综合性的科学概念，它是由地质、地貌、气候、植被、土壤、水文、生物以及人类活动等多种因素相互作用下形成的高度综合的自然经济复合生态系统。土地的基本属性是位置固定、面积有限和不可代替。在目前的经济技术条件下，人类活动一般都是在土地上进行的。一定面积土地上创造的价值反映了开发利用这块土地的水平和程度，不同的土地利用方式对土地性状和持续创造价值的能力会有不同的影响。因此，合理开发利用土地资源和保护土地生产力，使土地为人类持续创造更多的财富，是关系到经济和社会发展乃至人类生存的大事。位置固定是指每块土地所处的经纬度都是固定的，不能移动，只能就地利用。面积有限是指非经漫长的地质过程，土地面积不会有明显的增减。不可代替是指土地无论作为人类生活的基地，还是作为生产资料或动植物的栖息地，一般都不能用其他物质来代替。当然，随着科学技术的发展，不可代替这个概念会有变化，例如，无土栽培植物已经出现。从农业生产的角度看，利用合理、因地制宜就能提高土地利用率。实行集约经营，不断提高土地质量，就可以改善土壤肥力，增加农作物产量。如果利用不当，甚至进行掠夺式经营，就会导致土地退化，生产力下降，甚至使环境恶化，影响人类和动植物的生存。从土地资源合理利用的角度看，没有不能利用的土地。我们应该把每块土地利用好，让它充分发挥作用。不同的用途对土地有不同的要求。如新建工厂，它重视的是工程地质条件和水文地质条件以及土地面积的大小，而试验原子弹则要求在荒无人烟的大沙漠。

1. 人口、粮食和耕地

随着人口的增长，人类对粮食的需求日益增加。目前，世界上有4亿多人的饮食严重不足，在发展中国家，每年有1500万～2000万人直接死于营养不良，其中有3/4是儿童。世界粮食增长赶不上人口增长的速度，今后仍将有大批的人不得不处于饥饿和营养不良的状态。造成粮食短缺的另一个重要原因是地球上粮食生产与人口分布的密度极不均匀。如粮食生产比较丰富的美国、加拿大、澳大利亚等国，人口密度比较小；而粮食生产不多的国家或地区，如印度、孟加拉及非洲等人口密度又很大。另外，在粮食的分配方面也非常不平均，占世界人口30％的欧洲、北美洲、大洋洲、俄罗斯和日本，却享用了全世界粮食产量的一半；而占人口70％的非洲、拉丁美洲和亚洲大部分地区，却只能享用世界粮食的另一半，这就必然会造成这些地区粮食的短缺。造成粮食短缺还有一个原因就是世界可耕地面积有限而且分布不均。其中，最肥沃而又便于耕种的土地均已开垦，剩下的如要开垦则需要大量的投资。众所周知，地球表面水域3/4，陆地仅占1/4。陆地的总面积只有1.35亿平方公里，但有一半的土地暂时还不能供人类利用（其中10％为终年积雪，4％为冻土，20％为沙漠，还有16％为陡坡山地）。在有限的土地资源上生活的人却越来越多。由于人口分布不均，实际上各个国家人均占有耕地的数量也是极不平均的，许多国家和地区几乎没有扩大耕地的可能性，有些地区甚至还需要退耕还林、退耕还牧。随着人口的增长和工业、城市、交通占地的不断增加，耕地面积不断缩小。虽然人们通过改革耕作技术和增加农业投资等措施可以提高单位面积的产量，但光靠增产是有限度的，降低土地资源压力的关键还是控制人口增长。

2. 我国的土地资源

我国土地辽阔，总面积约960万平方公里。概括起来，我国土地资源有如下特点：①土地类型多样。从南北看，中国北起寒温带，南至热带，南北长达55km，跨越49个纬度，其中中温带至热带的面积约占总土地面积的72％，热量条件良好。从东西看，中国东起太平洋西岸，西达欧亚大陆中部，东西长达5200km，跨越62个经度，其中湿润、半湿润土地的面积占52.6％。从地形高度看，从平均海拔50m以下的东部平原逐级上升到西部海拔4000m以上的青藏高原。由于地域辽阔，不同的水热条件和复杂的地形、地质条件组合的差异，形成了多种多样的土地类型，这为农林牧副渔和其他各业利用土地提供了多样化的条件。②山地面积大。我国山地面积约633.7万平方公里，占土地总面积的66％。其中，西北、西南地区的山地还是主要的牧场。山地资源丰富多彩、开发潜力大，但是山地土层薄、坡度大，如利用不当，自然资源和生态环境易遭破坏。③农用土地资源比重小。中国土地的总面积很大，居世界第三位，但按现有技术经济条件，可以被农林牧副渔各业和城乡建设利用的土地资源仅627万平方公里，占总面积的2/3，其余1/3的土地是难以被农业利用的沙漠、戈壁、冰川、石山、高寒荒漠地带。在可被农业利用的土地中，耕地占土地面积的14%；林地占17%；天然草地占29%；淡水水面占2%；建设用地占3%。④后备耕地资源不足。我国人均耕地面积与世界各主要大国相比一直是最少的，与世界人均耕地相比，不足其1/2。据估计，我国在天然草地、灌木林地和滩涂中，尚有适宜于开垦种植农作物、发展人工牧草和经济林木的土地约3530万公顷，其中40%开发后可主要用于种植粮食和经济作物，但是，这些为数不多的后备土地大多在边远地区，开垦难度较大。我国用占世界7%的耕地解决了占世界25%的人口的吃饭问题和需要，这是一项了不起的成就。我国土地开发历史悠久，勤劳智慧的中华民族在长期的生产实践中，在土地资源的开发、利用、保护和治理方面都积累了丰富的经验。新中国成立以来，在建设基本农田、兴修水利、改良土壤、植树造林、建设草原、设置自然保护区等方面做了大量的工作。但是，目前，农林牧地的生产力不高，粮食单产仅达世界平均水平，每公顷草原牛羊肉、奶、皮毛的产量仅及澳大利亚的30%左右；林地、水面和建设用地的利用率也不高，提高土地生产力和利用率还有很大的潜力。

二、土地环境问题

1. 土壤污染与土壤净化

什么是土壤污染迄今还没有一个统一的概念。现在一般都认为，土壤污染是指人类活动所产生的污染物质通过各种途径进入土壤，其数量超过了土壤的容纳和同化能力，而使土壤的性质、组成及性状等发生变化，并导致土壤的自然功能失调、土壤质量恶化，从而影响植物的正常生长和发育，以致在植物体内积累，使作物的产量和质量下降，最终影响人体健康。天然土壤具有纯粹的自然属性。由于人类不断地开垦，土地逐渐变得贫瘠，而为了改变土壤的贫瘠状况，人们又不断地向农田补充肥料，这同时也造成了土壤的污染。自产业革命以来，特别是20世纪50年代以来，由于现代工农业生产的飞速发展，人类的生活、生产活动产生的“三废”通过大气、水体和生物向土壤系统排放，人为地不断施入肥料、农药并进行灌溉等，自外界带入大量的物质进入土壤，在土壤中逐渐累积，影响了土壤的生产性能和利用价值，以致造成公害，直接危害着人类的健康。

土壤净化是指外界污染物进入土壤后，在土壤中经过生物降解和物理化学作用逐步降低污染物的浓度，减少毒性或变为无毒物质；或经过沉淀、胶体吸附、配位化合和螯合、氧化还原作用等发生形态变化，变为不溶性化合物；成为土壤胶体所牢固吸附或植物难以利用的形态留在土壤中，从而暂时脱离生物小循环及食物链；有些污染物或经挥发和淋溶从土壤中迁移至大气和水体中。所有这些现象都可以理解为土壤的净化过程。土壤是一种处于半稳定状态的物质体系，其净化过程相当缓慢。土壤的净化能力不仅和土壤自身的组成特性有关，而且也和污染物的种类和性质有关，同时还受气候及其他环境条件的影响。不同土壤的净化能力不同，就是同一土壤对不同污染物的净化能力也不相同。

在土壤中，污染物的累积和净化是同时进行的，是两种相反作用的对立统一过程，两者处于一定的动态平衡状态。如果进入土壤的污染物的数量和速度超过了土壤的自净作用和速度，打破了积累和净化的自然动态平衡，就使积累过程逐渐占据了优势。当污染物积累达到了一定的数量，就必然导致土壤正常功能的失调，土壤质量下降，开始影响植物的生长发育并通过植物吸收，经由食物最终影响人体的健康。如果污染物进入土壤的速度和数量尚未超过土壤的净化能力，则土壤中虽含有污染物，但不致影响土壤的正常功能和植物的生长发育，最终也不会影响到人体的健康。

2. 土壤侵蚀

除了遭受工业和城市排放的“三废”经不同途径严重污染土壤以及现代农业生产技术的大量应用而使土壤环境质量的局部恶化外，人类对土壤的使用不当也会使大面积的土壤质量退化，包括水土流失、土地沙漠化、土地盐碱化、土壤污染以及城市建筑、交通、工业占用等。土壤侵蚀在干旱地区的主要表现是沙漠化，在湿润地区的主要表现是水土流失。此外，还有不合理的灌溉造成的土壤盐碱化等问题。土壤侵蚀问题在历史上有沉痛的教训，在现代却又不断重演，所以在研究土壤环境问题时必须加以重视。

(1) 沙漠化　沙漠化是指由于人类不合理的开发利用活动破坏了原有的生态平衡，使原来不是沙漠的地区也出现以风沙活动为主要标志的生态环境恶化和生态环境朝沙漠景观演变的现象和过程。沙漠化的概念最早是 1977 年 8 月 29 日至 9 月 9 日联合国在肯尼亚首都内罗毕召开的国际沙漠问题会议上提出的。一般说来，沙漠化是指土地生产力减少 25%以上而言的；严重的沙漠化是指土地生产力减少 25%～50%；而特别严重的沙漠化会使土地减少生产力 50%以上。沙漠化的主要指标是：森林或草本植被减少，草原退化，旱作农田减产，小沙丘扩大等。

沙漠化的危害是一个全球性的问题。目前，世界范围的沙漠化发展已引起人们的高度关注。现在世界上已经沙漠化和将要受到其影响的土地共达 2800 多万平方公里。其中：亚洲占 32.5%，非洲占 27.9%，澳大利亚占 16.5%，北美和中美占 11.6%，南美占 8.9%，欧洲占 2.6%。在 170 多个国家和地区中，至少有 2/3 的国家和地区受到沙漠化的影响，涉及全球 5000 万～7000 万的人口。近半个世纪以来，非洲撒哈拉沙漠向外扩大了 65 万平方公里，印度的塔尔沙漠周围每年有 13 万平方公里的土地丧失生产力，使附近的许多居民流离失所，逃往他乡，给国家的经济带来了很大的压力。产生沙漠化的原因很多，分为自然因素和人为因素两个方面。自然因素主要是气候干燥多风、雨量稀少、蒸发量大、地表形成的松散沙质的土壤等，具有这些特征的地带一般是干旱和半干旱的草原地区，这些地区常处于沙漠边缘地带。人为因素是过度放牧、乱砍滥伐、烧毁植被、樵采过度和不适当地利用水资源等。有些地方的降雨量并不低，曾经植被完整、林丰草茂，保持着自然固有的生态平衡，但是，由于人类活动的加剧，如果再遇上气候的变化，那么就很容易打破这种平衡而造成土地沙化。土地沙化以后，生产力下降甚至完全丧失，环境更趋恶化。沙化防治的关键是调整生产方向。易沙化的土地应以放牧为主，严禁滥垦草原，加强草场建设，控制载畜量；禁止过度放牧以保护草场和其他植被；沙区林业要用于防风固沙，禁止采樵。总之，防治沙漠化的蔓延需要恢复干旱和半干旱地区的生态平衡。另外，控制干旱和半干旱地区人口的增长对控制沙漠化的发展带有决定性的意义。

(2) 水土流失　水土流失是指在水力和风力的作用下，地表物质发生剥蚀、迁移或沉积的过程。这种过程在自然状态下一般进行得极其缓慢，表现很不明显，有时和土壤的自然形成过程处于相对稳定的平衡状态。但是，如果人类对土地不合理的开发、利用和管理以及毁林、毁草和不适当的樵采、放牧等破坏了植被，就会打破这种自然的平衡，造成水土流失。造成水土流失的原因很多，既受地质、地貌、气象、水文、植被的影响，又主要受人类活动的控制。但是，自然因素是水土流失发生、发展的条件，人类活动范围的扩大则是触发和加速这种过程的催化剂，特别是人类破坏了坡地上的植被，对森林长期反复地进行滥砍滥伐，对草原过度放牧和滥垦，采取了不合理的土地利用形式，造成了严重的后果。美国水土流失相当严重，土壤流失入海的速度比世界平均数高 2.5 倍。据报道，美国每平方公里良田每年有 74kg 土壤随水流失，有 1/2 的国土受到侵蚀危害；每年损失土壤达 30 亿吨，由于肥分流失而退化的土地达 1.2 万平方公里；导致全国 39％的水库泥沙淤积，有的水库寿命不到 50 年即告报废。发展中国家水土流失的速度更加惊人。据专家们估计，第三世界国家水土流失的严重性约为美国的 2 倍。例如，印度耕地为 14 万平方公里，比美国少，水土流失比美国严重，60％的耕地发生了明显的土壤侵蚀，每年流失的土壤估计达 47 亿吨，比美国流失量大得多。目前，我国水土流失面积已达到 367 万平方公里，其中水力侵蚀达 179 万平方公里，每年土壤流失量达 50 亿吨，被冲走的氮、磷、钾等营养物质约达 4000 万吨，相当于 20 世纪 80 年代初全国化肥的年生产总量。水土流失就侵蚀量而言，以黄土高原地区最为严重。黄土高原水土流失面积已达 43 万平方公里，其中严重流失的面积为 28 万平方公里，黄河每年出三门峡的泥沙就有约 16 亿吨。南方亚热带、热带山地丘陵区的水土流失也很严重，并日益加剧。据近年来对长江、淮河流域 18 个山地丘陵县的调查，水土流失面积比 50 年代增加了 38％～76％。华北、东北和山东、河南等地的水土流失也相当严重。京津冀鲁豫的水土流失面积约占五省市土地面积的一半。

水土流失是严重的世界性环境问题，影响到国民经济发展的各个方面，主要危害有三个方面：第一是破坏土壤肥力，危害农业生产。许多水土流失地区每年损失土层的厚度为 0.2～1cm，严重流失的地方甚至达 2cm，使肥沃的表土层变薄，农作物产量下降。第二是影响工矿、水利和交通等建设工作。大量泥沙流入河川，造成河床抬高，水库淤积，工程效益和通航能力降低。第三是威胁群众的生命财产安全，造成经济损失。由于河道堵塞引起河水暴涨暴落，会使下游泛滥成灾，淹没村庄，冲毁大片耕地，造成重大的经济损失。水土流失一旦发展到严重程度，进行治理是一项相当困难的工作，而且还要付出很大的代价，需要很长时间才能见效。因此，防治水土流失必须采用以预防为主的方针，应大力宣传利用自然资源从事农业生产和进行经济建设必须按自然规律办事。具体措施包括：保护现有的亚热带和热带森林，严禁毁林开荒、开垦草原为农田等；开展工矿建设必须进行生态环境影响评价，提出防止水土流失的措施，工矿建设和保护生态环境的措施必须同步进行，以确保水土流失的面积不再扩大；保护好现有森林，大力植树造林，兴建防护林体系工程来控制水土流失面积的蔓延。另外，对已发生水土流失的地区，按水土流失程度与具体自然环境和社会经济条件，制定出切实可行的生物和工程措施。

(3) 土壤盐渍化　所谓盐渍化就是土壤的盐化和碱化。土壤学中一般把表层中含有0.6%～2%以上的易溶盐的土壤叫做盐土，把含交换性钠离子占交换性阳离子总量20%以上的土壤叫做碱土，统称盐碱土或盐渍土。截至20世纪70年代中期，全世界有900多万平方公里的土地已经盐渍化。伊拉克全国有20%～30%的土地盐渍化；巴基斯坦盐渍地达2万平方公里以上，现在仍以每20min丧失$100m^2$良田的速度在发展；中东每个国家都在受到土壤盐渍化的威胁，而且盐渍化的速度还在加速发展。我国盐渍地主要分布在黄淮河平原、西北黄土高原、新疆、东北丘陵平原区和沿海地带，估计总面积在26万平方公里左右，其中次生盐渍地为8万多平方公里。

盐渍土的形成实际上是各种可溶性盐类在土壤表层或土体中逐渐积聚的过程。盐渍土主要分布在内陆干旱、半干旱或海滨地区，其形成原因很复杂，主要有以下几方面的原因：①气候方面的原因。由于干旱、半干旱地区降水量少，为了灌溉农田，当水由农田涓涓细流地通过时，蒸发量很大，但水中溶解的盐分并不蒸发，结果盐分积聚在土壤表层，余下水分中的盐浓度不断增加。这些盐渗入地下水，使盐分越积越多，从而导致形成盐渍土。②地形方面的原因。在上述气候条件下，由于内陆盆地和山间洼地排水不良、径流不畅等原因，形成水涝，随着水分的蒸发，盐浓度逐渐增加。目前，印度约有6万平方公里的土地由于水涝而造成严重的盐渍化。③水文地质方面的原因。除气候和地形外、水文地质条件也造成土壤积盐。在地下水径流滞缓，含盐量达到一定程度并且可沿毛细管上升到地面的情况下，土壤才强烈表现出积盐的过程。④海洋。这主要是在海滨地区形成盐渍化的原因。在海滨地区含盐的水流过地表土，也可以直接使盐分积聚在土壤中形成盐渍化。这种情况不一定要有干旱的气候条件。⑤不合理的灌溉活动。这是形成次生盐渍化的主要原因。有些地区，由于灌溉系统不完善，有灌无排或者大水漫灌，当土壤中的水分自然蒸发后，水里溶解的盐分被浓缩并留在土壤里，致使土地盐分逐渐增加，导致土壤盐渍化。我国位于鄂尔多斯草原西部的巴晋陶套灌区，从1966年引黄河水灌溉土地，因缺乏排水工程，土地次生盐渍化迅速发展，到1982年已弃耕的面积占灌区耕地总面积的46%。据估计，全球至少有1/3的灌溉面积不同程度地受到盐渍化问题的无形破坏。现在，世界大约有30个国家都受到水涝和盐渍的困扰。

为了控制土壤盐渍化继续发展，需要水利、生物和化学改良措施，主要是要建立完善的灌溉系统，实行科学的灌溉制度，采用先进的灌溉技术，改善排水，使土壤中的盐分能够随着排水流走，不再增加土壤中盐的浓度。对易产生次生盐渍化的土地，要防止地下水位升高到临界深度以上。对已经受到盐渍化危害的土地，需要改善供水，合理排水，使土壤含盐量有所下降，逐渐恢复土壤的生机。同时，还可以利用盐碱土上的植物和微生物的活动来改造土壤结构，增加绿地覆盖率，减少水分的蒸发，加速盐分的淋洗，达到改良的目的。选用的植物如向日葵、黄山菜、田菁、织穗槐、盐蒿和沙豆秧等。

3. **土壤污染源**

土壤污染源可分为自然污染源和人为污染源两类。在自然界中，某些矿床或物质的富集中心周围经常形成自然扩散晕，使附近土壤中某些物质的含量超出土壤的正常含量范围，造成土壤的污染，这一类称为自然污染源。例如，铅矿、铁矿、铀矿等重金属或放射性元素的矿床附近地区，由于这些矿床的风化分解作用造成周围地区的土壤污染。工业上的“三废”任意排放以及农业上滥伐森林造成严重的水土流失，大规模围湖造田以及不合理地施用农药、化肥等导致土壤发生污染，这一类称为人为污染源。目前，土壤污染主要是人为污染源造成的，根据土壤污染发生的途径，可以归纳为下列几种类型。

(1) 水体污染型　水体污染型是指污染物质以污水灌溉的形式从地面进入土体，其污染特点是沿河流或干支渠呈枝形片状分布，这是土壤污染最主要的发生类型。据资料，日本已受污染的土壤中有80%是由污水造成的。这些污水一般是指未经处理的城乡工矿企业废水和生活污水、人粪尿、牲畜排泄物以及被污染了的河水等。污水中的污染物质一般集中在土壤表层。随着污灌时间的延长，也可由上部土体向下部土体扩散和迁移，以致到达地下水层。目前，我国污灌区有30多个，污灌面积约60万平方公里。

(2) 大气污染型　污染物质来源于被污染的大气，其污染特点是以大气污染源为中心呈环状或带状分布，长轴沿主风向伸长。大气污染物除 SO_2 等外，主要是重金属、放射性尘埃等。这些物质通过沉降或降水到达地面，对土壤造成多种污染。大气污染土壤的污染物质主要集中于土壤表层（0～5cm）。

(3) 农业污染型　污染物质主要来自施用于农田的化肥和农药等，其污染程度与化肥、农药的数量、种类、利用方式及耕作制度等有关。这种类型的污染的特点是，污染物质通常在土体表层或耕层累积，且分布较为广泛。有些农药如有机氯杀虫剂在土壤中长期残留并在生物体中富集；氮、磷等化学肥料凡未被植物吸收利用和未被土壤耕层吸收固定的养分都在耕层以下积累或转入地下水，成为潜在的环境污染物。残留在土壤中的农药、重金属等物质受到地表径流或土壤风蚀的作用就会向其他地方转移，从而扩大土壤的污染范围。

(4) 生物污染型　对土壤施用垃圾、粪便、厩肥和生活污水时，如不进行消毒灭菌处理，土壤便会遭受生物污染，成为某些病原菌的疫源地。

(5) 固体废物污染型　在土壤表面堆放或处理的固体废物和废渣主要有垃圾、碎屑、矿渣、煤屑、厩肥、动植物残体等，这些物质通过大气扩散或降水淋滤使许多污染物进入土壤，成为土壤污染源。应注意到，土壤污染往往是多源性的。上述土壤污染类型是相互联系的，它们在一定条件下可以相互转化。

4. **土壤污染物及危害**

土壤污染物质的含义广泛，凡是进入土壤中并影响土壤正常作用的物质，即会改变土壤的成分，降低农作物的数量或质量，有害于人体健康的那些物质，统称为土壤污染物质。按污染物质的性质大致分为如下几类。

(1) 有机污染物　土壤中主要的有机污染物是有机农药，目前大量使用的农药有50余种，主要有有机氯类、有机磷类、氨基甲酸酯类、苯氧羧酸类、苯酰胺类等。此外，石油、多环芳烃、多氯联苯、甲烷、洗涤剂和有害微生物等也是土壤中常见的有机污染物。这些有机物质进入土壤后，大部分均被土壤吸收，除一部分发挥了应有的作用外，残留在土壤中的农药由于生物和化学降解的作用，形成了不同的中间产物，甚至最终变成无机物。质地黏湿的土壤对农药的吸附力较强，沙土的吸附力弱；土壤中的水分增多，可以加速农药的降解，土壤对农药的吸附力也就减弱了；如果水分蒸发加强，农药还可以从土壤中逸出；土壤中的微生物增多，农药的生物降解作用也可以加强。

(2) 无机污染物　土壤中的无机污染物包括对生物有危害作用的元素和化合物，主要是重金属、放射性物质、营养物质和其他无机物质等。污染土壤的重金属主要来自大气及污水，主要指汞、镉、铅、锌、铜、锰、铬、镍、钼、砷等。这些物质不能为土壤微生物所分解，相反，可以被生物所富集，然后通过食物链危害生物本身和人体健康。对土壤构成污染的放射性物质，其来源主要有两个方面：第一是大气核武器的试验和使用；第二是原子能和平利用过程中，放射性物质通过废水、废气、废渣的排放，最终不可避免地随同自然沉降、雨水冲刷和废弃物的堆放而污染土壤。土壤一旦被放射性物质污染是不能自行消除的，只有靠自然衰变到稳定元素时才能消灭其放射性。一般放射性元素如^{90}Sr、^{137}Cs等均可被植物吸收，通过食物摄取进入人体。污染土壤的营养物质主要指氮、磷、硫、硼等，来源于生活污水和农田施用的化肥。第二次世界大战后，世界各国的化肥用量剧增。农田大量施用的化肥不可能被植物全部吸收利用，未被及时利用的化肥则会随土壤水向地下渗透，造成对环境的污染。无机盐类如硝酸盐、硫酸盐、氯化物、氰化物、可溶性碳酸盐等，都是大量常见的污染物。硫酸盐过多，会引起土壤板结，改变土壤结构；氯化物和可溶性碳酸盐过多，会使土壤盐渍化，降低其肥力；硝酸盐和氟化物也会影响土质，在一定条件下导致植物的含氟量升高。

(3) 固体废物和垃圾　固体废物分为工业废物、农业废物、放射性废物和生活垃圾。工业废物主要来自各种工业生产和加工过程；农业废物主要来自农业生产和牲畜饲养；放射性废物主要来自核工业生产、放射性医疗、核科学研究和核武器爆炸；生活垃圾主要来自城镇居民的消费活动、市政建设和维护、商业活动、事业单位的科学活动等。固体废物和垃圾的危害是多方面的，除通过水体、大气、生物为媒介传播各种病原菌和各种有毒物质之外，仅堆放废物的场地，其占地面积就十分惊人。据统计，美国占用土地约2万平方公里，英国为0.6万平方公里，我国仅工业废渣、煤矸石、尾矿的堆积面积就占地400多平方公里。固体废物堆积在土地上，随着物质的自然扩散及雨淋流失，使其中可溶性的污染物质进入周围土壤，从而造成土壤污染。特别是放射性废物，一旦污染土壤，要经过多年的自然衰变才能达到稳定状态，如，放射性元素^{90}Sr、^{137}Cs等均能为植物吸收，通过食物链进入人体。

（4）病原微生物污染　病原微生物主要来自未经处理的粪便、垃圾、城市生活污水、医院污水、饲养场和屠宰场的污染物等。其中，传染病院未经消毒处理的污水和污物的危险性很大。当人与污染的土壤接触时可使健康受到影响，若食用被土壤污染的蔬菜、瓜果等，则人体间接地受到污染。在这类污染土壤上聚集的蚊蝇则成为扩大污染的带菌体，当这种土壤经过雨水冲刷，又可能污染水体。土壤中能引起人类致病的病毒，目前发现的有100余种，如脊髓灰质病毒等。在土壤中，污染物质的浓度一般并不大，有时每千克土壤只含几毫克甚至几微克，但由于它可通过食物链进行富集，因而，也可对人体健康间接产生严重的危害。

三、土地资源利用与环境保护的对策和措施

我国土地资源开发利用过程中存在的问题主要表现为以下几个方面：土地利用布局不合理；耕地不断减少，土壤肥力下降；土壤污染严重；沙漠化、盐渍化加剧；水土流失严重。这些问题非常严重，应引起人们特别是决策层的极大重视。当前，急需制定保护土地资源的政策法规，强化土地资源管理；制定并实施生态建设规划和土壤污染综合防治规划。

1. 健全法制，强化土地管理

中国政府从土地国情和保证经济、社会可持续发展的要求出发，于1998年8月29日，以中华人民共和国主席令第八号公布了由全国九届人大常委会第四次会议修订通过的《中华人民共和国土地管理法》采取世界上最严格的措施加强土地管理，保护耕地资源，明确规定如下制度：①国家实行土地用途管理制度。国家编制土地利用总体规划，规定土地用途，将土地分为农用地、建设用地和未利用土地，严格限制农用地转为建设用地，控制建设用地总量，对耕地实行特殊保护。②国家实行占用耕地补偿制度。非农业建设经批准占用耕地的，按照“占多少垦多少”的原则，由占用耕地的单位负责开垦与所占用耕地的数量与质量相当的耕地。③国家实行基本农田保护制度。各省、自治区、直辖市划定的基本农田应当占本行政区域内耕地的80%以上，并明确规定：非农业建设必须节约使用土地，可以利用荒地的，不得占用耕地；可以利用劣地的，不得占用好地；禁止占用基本农田发展林果业和挖塘养鱼。④采取有力措施，保护土地资源。各级人民政府应当采取措施，维护排灌工程设施土壤，提高地力，防止土地荒漠化、盐渍化、水土流失和污染土地。

2. 防止和控制土地资源的生态破坏

首先，制定并实施土地生态建设规划是防止和控制土地资源生态破坏的前提条件。1994年公布的《中国21世纪议程》对土地资源的管理与可持续利用、防治荒漠化及控制水土流失提出了明确的目标和行动计划。1999年1月，国务院常务委员会讨论通过了《全国生态建设规划》，并由国务院发出通知要求各地区因地制宜地制定并实施当地的“生态环境建设规划”。全国生态建设规划对防止和控制土地资源的生态破坏提出了明确的目标：从现在起到2010年，坚决控制住人为因素产生新的水土流失，努力遏制荒漠化的发展。其次，积极治理已退化的土地是防止和

控制土地资源生态破坏的必由之路。因此，应积极搞好水土保持工作。治理水土流失的原则是：①实行预防与治理相结合，以预防为主；治坡与治沟相结合，以治坡为主；生物措施与工程措施相结合，以生物措施为主；因地制宜，综合治理。②应重视对沙化土地的治理。沙化的防治关键是调整生产方向，易沙化的土地应以牧为主，严禁滥垦草原，加强草场建设，控制载畜量，禁止过度放牧以保护草场和其他植被。沙区林业要用于防风固沙，禁止采樵。③应加强对土壤次生盐渍化的治理。可分别采用水利改良措施、生物改良措施和化学改良措施，主要是靠建立完善的灌溉系统，实行科学的灌溉制度，采用先进的灌溉技术。对易产生次生盐渍化的土地，要防止地下水位升高到临界深度以上，还可以利用盐碱土上的植物和微生物的活动来改造土壤结构，增加绿地覆盖率，减少水分的蒸发，加速盐分的淋洗，达到改良的目的。选用的植物如向日葵、黄山菜、田菁、紫穗槐、盐蒿、沙豆秧等。

3. 综合防治土壤污染

首先，应强化土壤环境管理。一方面，应实行污染总量控制。应制定土壤环境质量标准，进行土壤环境容量分析，对污染土壤的主要污染物进行总量控制。另一方面，应控制和消除土壤污染源。这主要是指控制污灌用水及控制农药、化肥污染。其次，应强化农田中废塑料制品污染的防治。再次，应积极防治土壤重金属污染。当前，防治重金属污染、改良土壤的重点是在揭示重金属土壤环境行为规律的基础上，以多种措施限制和削弱其在土壤中的活性和生物毒性或者利用一些作物对某些重金属元素的抗逆性有条件地改变作物种植结构以避其害。

第三节　海洋资源与环境

一、概述

1. 基本概念

“海洋”是一种泛称，海是洋与陆地连接的部位，洋是地球上水体的中心。海洋占地球表面的2/3，有太平洋、大西洋、印度洋和北冰洋。海洋环境通常包括海洋上方的大气、海洋水体以及海底矿藏。海洋环境污染就是人类改变了海洋原来的状态，使海洋生态系统遭到破坏。有害物质进入海洋环境而造成的污染，会损害生物资源，危害人类健康，妨碍捕鱼和人类在海上的其他活动，损坏海水质量和环境质量。海洋资源是指来源、形成和存在方式均直接与海水或海洋有关的资源。海洋资源包括海水资源、海洋生物资源、海底矿产资源、海洋能源、海洋空间资源、海运资源、海洋自净能力、海洋旅游资源等。总面积为3.6万亿平方公里的海洋是地球陆地面积的2倍多，是地球上富饶而远未开发的资源宝库。以海水资源为例，海水中溶解有大量的各种物质，是食盐的重要来源；99%的溴都在海洋里，有“海洋元素”之称，总储量达100万亿吨；此外，海水中还有930亿吨碘，比陆地储量还多。据科学家计算，1km^3的海水中含氯化钠2700多万吨、氯化镁320万吨、碳酸镁220万吨和硫酸镁120万吨。此外，海水中还含有贵重金属以及放射性元素铀等。

2. **中国海洋资源开发现状及存在的问题**

海洋开发有着广阔的前景，科学家们预言21世纪是海洋的世纪。我国对海洋资源的开发与管理基本上是根据海洋的自然资源属性形成相应的开发产业。现已形成的海洋资源开发利用行业主要有渔业、水产养殖业、交通运输业、海盐和盐化工业、油气业、滨海旅游业、滨海砂矿以及海水直接利用等。改革开放以来，海洋资源的开发已取得重大的进展。中国的海盐产量居世界第一；海洋捕捞、海水养殖也已进入世界大国的行列。目前，我国海水水产品的产量已超过淡水水产品的产量。在海洋石油资源的开发方面，我国已与几十个国家和地区的石油公司签订了数百项合作勘探开发海洋石油的合同，海上已有几十个油气田建成投产。与此同时，中国的港口建设和海运事业发展迅速。目前，中国的海运事业已跻身于世界十大海运国的行列。中国的滨海城市气候宜人，景观秀丽，地跨3个气候带，有丰富的旅游资源，旅游外汇收入达上百亿美元。此外，海洋能资源的开发也取得了明显的成果。据推算，中国的海洋能资源的理论储量约为4.5亿千瓦。已经查明的潮汐能储量为1.1亿千瓦，年发电量可达2750亿千瓦时。近年来，我国在海洋波浪能的研究与开发利用方面进展较快。我国已建成大万山20kW岸式波力实验电站、小麦岛8kW摆式波力实验电站和5kW浮式后弯管波力电站等。

目前，我国海洋资源开发利用的主要问题有：①海洋资源开发管理模式使海洋资源的综合优势和潜力不能有效地发挥。海洋是一个流动的大生态系统，海洋资源相互依存，各种开发活动相互影响，而当前海洋资源的开发、管理是按行业所属部门进行管理的，这种管理模式是陆地各种资源开发部门管理职能向海洋的延伸，各部门从各自部门的利益出发考虑海洋资源的开发与规划，不能综合考虑从整体上优化开发利用规划，使得海洋的综合优势和潜力不能有效发挥。②海洋资源开发与保护的政策、法规亟待完善。中国现已制定的海洋资源开发保护的法律法规，绝大多数都是单行法规，缺乏能调节行业矛盾的综合性、区域性管理法规和海洋基本法。有的法规不配套、不系统，基本上是陆上法规的海上延伸，缺乏对海洋这个特定区域固有特征的考虑，从而给依法管理海洋带来了很大的困难。③海洋资源可持续利用的观念淡薄。21世纪是海洋的世界，应加快向海洋进军的步伐已成为共识。但遗憾的是，由于可持续发展观念的淡薄，宏伟的海洋资源开发规划强调经济增长速度，往往忽视了合理开发和保护，也没考虑到海洋资源的培育和增殖。

3. **海洋环境污染及生态破坏现状**

(1) 世界范围内的海洋环境污染及生态破坏现状　海洋面积辽阔，储水量巨大，因而长期以来是地球上最稳定的生态系统。由陆地流入海洋的各种物质被海洋接纳，而海洋本身却没有发生显著的变化。然而近几十年，随着世界工业的发展，海洋的污染也日趋严重，使局部海域环境发生了很大的变化，并有继续扩展的趋势。海洋的污染主要是发生在靠近大陆的海湾。由于密集的人口和工业，大量的废水和固体废物倾入海水，加上海岸曲折造成水流交换不畅，使得海水的温度、pH值、含盐量、透明度、生物种类和数量等性状发生改变，对海洋的生态平衡构成危害。目前，海洋污染突出表现为石油污染、赤潮、有毒物质累积、塑料污染和核污染等；污染最严重的海域有波罗的海、地中海、东京湾、纽约湾、墨西哥湾等。就国家来说，沿海污染严重的是日本、美国、西欧诸国和前苏联国家。我国的渤海湾、黄海、东海和南海的污染状况也相当严重，虽然汞、镉、铅的浓度总体上尚在标准允许的范围之内，但已有局部的超标区；石油和 COD 在各海域中有超标现象。其中污染最严重的渤海，由于污染已造成渔场外迁、鱼群死亡、赤潮泛滥，有些滩涂养殖场荒废，一些珍贵的海生资源正在丧失。

(2) 我国海洋环境污染及生态破坏现状　渤海、黄海、东海和南海都是北太平洋西部的陆缘海，通称中国近海。四海相连，总面积 $472.70\times10^4\text{km}^2$。据近年来的全国环境状况公报，我国近岸海域的水体污染严重，局部海域的环境质量仍呈恶化趋势。因水质污染和过度捕捞，近海生物资源下降，近海海水养殖自身污染严重。我国近岸海域环境质量总体上未见好转，主要污染指标是无机氮、活性磷酸盐与重金属。对不同海域的状况分述如下：渤海污染继续加重。海域内 90% 的监测站位超过一类海水水质标准，主要污染指标为无机氮、活性磷酸盐、石油类和铅，其中辽东湾局部海域的无机氮已超过三类标准。另外，渤海生态系统退化，生物和渔业资源衰退。据调查，渤海鱼类群落的生物多样性指数大大下降，经济鱼类低龄化，个体小型化，生长周期缩短。黄海污染总体较轻。海域内 45% 的监测站位超过一类海水水质标准，主要污染指标为无机氮、活性磷酸盐和铅。其中，胶州湾和大连湾无机氮分别超三类和二类标准。东海污染严重。海域内 78% 的监测站位超过四类海水水质标准，主要污染指标为无机氮、活性磷酸盐、铅和汞。南海水质较好，局部污染严重。海域内 28% 的监测站位超过一类海水水质标准，污染指标为无机氮、活性磷酸盐和铅。

目前，我国海洋重大污染事件以赤潮为主，其次为溢油。2013 年，我国沿海共发现赤潮 46 次，其中有毒赤潮 7 次，高发期为 5～6 月，5 月发现赤潮 19 次，累计面积 1593km^2；6 月发现赤潮 15 次，累计面积 511km^2。美国康菲公司与中海油合作开发的蓬莱 19-3 油田于 2011 年 6 月发生溢油事故，康菲被指责处理渤海漏油事故不力；12 月，康菲公司遭到百名养殖户的起诉。2012 年 4 月下旬，康菲和中海油总计支付 16.83 亿元用以赔偿溢油事故。

海洋环境污染与生态破坏的原因主要有以下几个方面：①排污量不断增长，海洋纳污能力有限。随着经济的发展，工业废水的产生量不断增长，直接排入海洋的数量不断增长。与此同时，海上石油开采和海洋运输业都发展较快，海上污染的排污量也相应增加，但近岸海域的环境容量是有限的，这是造成海洋环境污染的重要原因。排污量大、纳污能力小的矛盾在渤海尤为突出。据统计，每年排入渤海的污水量约为 28 亿吨，占全国污水入海量的 1/3；渤海接纳污染物量约为 70 万吨，占全国入海污染物总量的近 1/2。而渤海的面积为 $7.7\times10^4\text{km}^2$，仅为全国四海区总面积的 16%，平均水深只有 18m，又是我国的内海，水体自净能力极差。②仅以工业污染物为控制对象，收效不大。无机氮、活性磷酸盐是我国渤海、黄海、东海和南海四大海区普遍存在的主要污染物，近岸海域富营养化现象已相当严重。据调查，入海无机氮的75%来自粪肥和化肥，20%来自生活污染和其他，而只有5%来自工业污染源；入海总磷的27%来自粪肥和化肥，14%来自生活，59%来自其他。综上所述，引起海域富营养化的无机氮和总磷主要不是由于工业污染源，而现行措施都是以工业污染物为主要控制对象，因而收效不大。③没有以生态理论为指导制定综合防治对策。

4. 海洋环境污染与生态破坏的危害

海洋环境污染的危害主要表现为以下几个方面：①近海环境污染对水产资源的不良影响。一方面，内湾水产资源遭到破坏。渤海海域的三大湾——辽东湾、渤海湾、莱州湾原本是经济鱼虾类最重要的产卵场、索饵场和高幼场，由于污染严重，如今这里的渔业资源几乎遭到毁灭性破坏。辽东湾的大辽河口四周，分布着营口市400多家工厂的排污口，平均每天排放工业废水240万吨，原盛产于此地的对虾现已基本绝迹。毗邻天津、河北的渤海湾，目前是全国海域中接纳污染物最多的海域，底栖生物明显减少，浮游生物也变成以耐污性较强的种类为主。在莱州湾污染最重的小清河口，银鱼、河蟹面临绝迹，毛虾已不成汛，毛蚶基本消失。昔日的"百鱼摇篮"已变成了"污水湾"。另一方面，外河渔场也遭受不同程度的损害。舟山渔场是我国最大和最重要的渔场，水产资源非常丰富，有大黄鱼、小黄鱼、带鱼、墨鱼、凤尾鱼、贻贝等鱼虾类近300余种。近年来，渔场海域的污染日益严重，使舟山渔场的渔业资源明显减少，产量下降，水产品个体变小、质量下降。此外，回游性鱼虾产卵场、滩涂贝类、溯河性鱼虾类等水产资源也都受到损害或破坏。②海域环境污染对人体健康的影响。海洋环境污染对人体健康的影响主要是污染物通过食物链迁移、转化、富集进入人体，直接危害人体健康。据广东、福建、浙江、山东、河北、辽宁等省及天津市的渔民反映，食用带石油味的鱼虾后，轻者恶心，重者呕吐、腹泻。据调查，沿海渔民头发中汞、砷、铅、镉等的含量均高于相应地区的农民，其中以汞最为显著。渤海、黄海沿岸渔民的恶性肿瘤死亡率高于全国普查的恶性肿瘤死亡率，渔民恶性肿瘤死亡率的前三位是胃癌、肝癌、食道癌，这说明海洋环境污染对近海渔民的健康已产生不良的影响。③海洋环境污染对旅游资源的影响。石油污染严重损害了滨海旅游资源。海面漂浮的大量油膜或油块，随海流漂至海岸区域，黏附在潮间带的各种物体上，渗透于沙砾之间，从而污染了海水滩面、礁石、海岸堤坝和海上游乐设施等，破坏了海滨环境，降低了海滨旅游价值。滨海城市的一些海水浴场也发现了油污染，而大肠菌群数超标和富营养化使海水浴场的水质降低，已达不到国家规定的海水浴场的水质标准，对在海水浴场游泳的人群必将造成不良的影响。④赤潮、溢油等海洋污染事件的危害。以渤海为例，20世纪90年代以来发生赤潮达数十次，影响面积数千平方公里，造成经济损失数十亿元。此外，渤海几乎每年都发生由于拆船、撞船、沉船、井喷、漏油等原因造成的溢油事件，海域石油污染严重，给水产养殖和海滨旅游事业带来了巨大的威胁。

海域生态破坏的损害主要表现为捕捞过度导致渔业资源衰退、滩涂不合理开发以及乱砍滥伐红树林造成不良的后果等方面。①过度捕捞对渔业资源的损害。

近海捕捞强度超过水产资源的再生能力，这对渔业生产是一个很严重的问题。由于长期的酷渔滥捕，主要经济鱼类资源衰退，有的已遭到严重的破坏。小黄鱼从年产16万吨减到2万～3万吨，大黄鱼从最高年产19万吨降到3万～4万吨。带鱼本是繁殖力较强的肉食性鱼类，生长较快，但由于大、小黄鱼等经济鱼类锐减而变成主要的捕捞对象，常年受到追捕，目前从数量上看，年产虽然仍能维持在440万吨左右，但个体已明显减小，其他经济鱼类资源也普遍出现数量下降、小型化、低龄化以及低质化等现象。②滩涂不合理开发造成的不良影响。滩涂是沿海地区的重要资源，应合理开发利用，但有些地区从局部利益出发，违反客观规律，盲目围垦开发，造成不良甚至严重的后果。有些地方在围海造田中，盲目围垦了历来用于养殖的浅海滩涂，导致水产资源衰退。如福建惠安县围海2万亩（1亩＝666.7m^2），把原来养蛏地1400亩、牡蛎养殖地400亩全部围垦在内，使水产资源遭受不应有的损失。另有一些地方盲目围垦，造成港湾淤积，影响航运。如广东牛田洋围垦后，汕头港入海航道水深变浅，影响了航运。③乱砍滥伐红树林造成的不良后果。红树林是一类富有特色的植物群落，它生长在淤泥深厚的热带、亚热带海滩上。全世界40多种红树家族中，我国就占有24种，分布于福建、台湾、广东及海南部分沿海泥滩地区。海水涨潮时，红树林植物群落的部分或大部分淹没于水中，浮荡在海浪之中，成了一片“海底森林”；落潮时，整个群落又露出地面，变成了一片“海上森林”。红树林为鸟类提供栖息地，是鸟类的“天堂”；它对巩固滩涂、防止海岸崩塌，降低泥沙鎏容量、维持航道水深都有相当重要的作用，是海岸的天然屏障。我国海南省沿海泥滩地区的红树林生长特别茂盛，但在十年动乱时期，由于盲目围海造田，乱砍滥伐红树林，70%的红树林被毁掉，由新中国成立初期的14万亩减少到4万亩，使鸟类失去了优良的栖息场所，海岸失去了天然的屏障，也破坏了海湾的自然景观。海南十年动乱期间破坏红树林的行为只是一个典型实例，问题在于近年来类似行为仍时有发生，对红树林的保护仍未引起应有的重视。

二、海洋环境污染的特点

由于海洋的特殊性，海洋污染与大气污染、陆地污染有很多不同，其突出的特点：一是污染源广。不仅人类在海洋的活动可以污染海洋，而且人类在陆地和其他活动方面所产生的污染物，也将通过江河径流、大气扩散和雨雪等降水形式，最终都将汇入海洋。二是持续性强。海洋是地球上地势最低的区域，不可能像大气和江河那样，通过一次暴雨或一个汛期，使污染物转移或消除；一旦污染物进入海洋后，很难再转移出去，不能溶解和不易分解的物质在海洋中越积越多，往往通过生物的浓缩作用和食物链传递，对人类造成潜在的威胁。三是扩散范围广。全球海洋是相互连通的一个整体，一个海域污染了，往往会扩散到周边，甚至有的后期效应还会波及全球。四是防治难，危害大。海洋污染有很长的积累过程，不易及时发现，一旦形成污染，需要长期治理才能消除影响，且治理费用大，造成的危害会影响到各方面，特别是对人体产生的毒害，更是难以彻底清除干净。

三、海洋环境污染物

根据污染物的性质和毒性，以及对海洋环境造成的危害方式，主要污染物有以下几类。

(1) 石油及其产品　包括原油和从原油中分馏出来的溶剂油、汽油、煤油、柴油、润滑油、石蜡、沥青等等，以及经过裂化、催化而成的各种产品。每年排入海洋的石油污染物约1000万吨，主要是由工业生产，包括海上油井管道泄漏、油轮事故、船舶排污等造成的，特别是一些突发性的事故，一次泄漏的石油量可达10万吨以上，这种情况的出现，使得大片海水被油膜覆盖，将促使海洋生物大量死亡，严重影响海产品的价值，以及其他海上活动。

(2) 重金属和酸碱　包括汞、铜、锌、钴、镐、铬等重金属，砷、硫、磷等非金属及各种酸和碱。由人类活动而进入海洋的汞，每年可达万吨，已大大超过全世界每年生产约9000t汞的记录，这是因为煤、石油等在燃烧过程中，会使其中含有的微量汞释放出来，逸散到大气中，最终归入海洋，估计全球在这方面污染海洋的汞每年约4000t。镉的年产量约1.5万吨，据调查，镉对海洋的污染量远大于汞。随着工农业的发展通过各种途径进入海洋的某些重金属和非金属以及酸碱等的量，呈增长趋势，加速了对海洋的污染。

(3) 农药　包括农业上大量使用的含有汞、铜以及有机氯等成分的除草剂、灭虫剂以及工业上应用的多氯酸苯等。这一类农药具有很强的毒性，进入海洋经海洋生物体的富集作用，通过食物链进入人体，产生的危害性就更大，每年因此中毒的人数多达10万人以上，人类所患的一些新型的癌症与此也有密切的关系。

(4) 有机物质和营养盐类　这类物质比较繁杂，包括工业排出的纤维素、糖醛、油脂；生活污水的粪便、洗涤剂和食物残渣以及化肥的残液等。这些物质进入海洋，造成海水的富营养化，能促使某些生物急剧繁殖，大量消耗海水中的氧气，易形成赤潮，继而引起大批鱼虾贝类的死亡。

(5) 放射性核素　是由核武器试验、核工业和核动力设施释放出来的人工放射性物质，主要是^{90}Sr、^{137}Cs等半衰期为30年左右的同位素。据估计，进入海洋中的放射性物质的总量为2亿～6亿居里，这个量的绝对值是相当大的，由于海洋水体庞大，在海水中的分布极不均匀，在较强放射性水域中，海洋生物通过体表吸附或通过食物进入消化系统，并逐渐积累在器官中，通过食物链作用传递给人类。

(6) 固体废物　主要是工业和城市垃圾、船舶废物、工程渣土和疏浚物等。据估计，全世界每年产生的各类固体废物约百亿吨，若1%进入海洋，其量也达亿吨。这些固体废物严重损害近岸海域的水生资源和破坏沿岸景观。

(7) 废热　工业排出的热废水造成海洋的热污染，在局部海域，如有比原正常水温高出4℃以上的热废水常年流入时，就会产生热污染，将破坏生态平衡和减少水中的溶解氧。

上述各类污染物质大多是从陆上排入海洋的，也有一部分是由海上直接进入或是通过大气输送到海洋的。这些污染物质在各个水域的分布是极不均匀的，因而造成的不良影响也不完全一样。

(8) 溢油　在石油勘探、开发、炼制及运储过程中，由于意外事故或操作失误，造成原油或油品从作业现场或储器里外泄，溢油流向地面、水面、海滩或海面，同时，由于油质成分的不同，形成薄厚不等的一片油膜，这一现象称为溢油。

(9) 赤潮　赤潮是在特定的环境条件下，海水中的某些浮游植物、原生动物或细菌爆发性增殖或高度聚集而引起水体变色的一种有害生态现象。

四、海洋环境污染及生态破坏的危害

人类生产和生活过程中，产生的大量污染物质原子核不断地通过各种途径进入海洋，对海洋生物资源、海洋开发、海洋环境质量产生不同程度的危害，最终又将危害人类自身。其危害主要有：①局部海域水体富营养化；②油海域至陆域使生物多样性急剧下降；③海洋生物死亡后产生的毒素通过食物链毒害人体；④破坏海滨旅游景区的环境质量，使景区失去应有的价值。

五、海洋环境污染及生态破坏的综合防治对策

海洋资源利用综合防治对策的基本原则是：①以经济建设为中心，坚持可持续发展战略。可持续发展以经济发展为中心，以资源、环境可持续利用为基础，综合防治对策必须有利于促进经济与环境的协调发展，经济建设开发强度不能超过资源、环境的承载力。②以生态理论为指导。近岸海域与滨海地区相互依存、相互制约，组成一个复合生态系统，综合防治就是要促进复合生态系统的良性循环。以生态理论为指导，根据近岸海域的生态特征和规律，“以海制陆”，调整和改善滨海陆域的生态结构，促进复合生态系统协调稳定的运行。③以预防为主，坚持源头控制原则。防治环境污染和生态破坏，都不应在污染、破坏产生以后再去治理和处理，而应采取措施防止污染破坏的产生，消除产生污染破坏的根源，坚持源头控制的原则。通常的做法是转变经济增长方式，推行清洁生产，加强生态建设。④合理利用海洋环境的自净能力与人为措施相结合。海洋环境有比较大的自净能力，是宝贵的自然资源。虽不可一味地把海洋作为廉价处理废弃物的场所，无限制地排污，破坏海洋的自净能力，污染海洋环境，但如不加利用也是对资源的浪费。所谓合理利用，是指在对海洋环境容量进行科学分析的基础上，进行排海工程设计与人为污水处理措施相结合；优化排污口和污染负荷的分布既可以节约污染治理投资，又可以恰当地利用海洋的自净能力。⑤按功能区实行总量控制与海域环境浓度控制相结合。科学地划分海域环境功能区，按功能区的环境容量确定污染物总量控制指标并分配到源，对污染源的排污量进行总量控制；海域环境监测的监测值是对总量控制的检验，环境浓度监测可显示对污染物人海量进行总量控制后是否达到了海域功能区的环境目标值和相应的环境标准。⑥全面规划，突出重点，系统分析，整体优化。海洋环境综合防治对策需制定海洋环境保护规划，污染防治与生态环境保护并重，全面规划，突出重点。规划方案和综合防治对策的确定，要系统分析，整体优化。⑦技术措施与管理措施相结合。污染防治和生态建设、生态保护都必须依靠技

术进步，采取必要的技术措施；但是，技术措施必须与管理措施相结合，因为强化海洋环境管理是实施技术措施的支持和保证。

海洋环境综合防治对策主要包括下列内容：①海洋环境调查评价；②近岸海域环境功能区划；③海洋环境污染防治对策；④海洋生态环境保护对策。

1. 海洋环境调查评价

海洋环境调查主要包括下列内容：①近岸海域及滨海区环境特征调查评价。这其中包括自然、经济和社会环境特征调查评价等内容。②污染源调查评价。这其中包括近岸海域污染源调查和评价等内容。③环境质量现状调查分析。这其中包括环境污染现状调查评价、生态环境现状分析等内容。④环境污染破坏的效应调查。“效应调查”就是通过调查研究弄清海洋环境污染破坏所造成的不良后果，包括人体效应、经济效应和生态效应。所谓人体效应是指调查海洋环境污染破坏与人体健康的相关关系、因果关系及定量关系。所谓经济效应是指调查海洋环境污染与破坏造成的经济损失，包括直接经济损失和间接经济损失。所谓生态效应是指调查海洋环境污染破坏对滨海陆域、海洋生态系统以及两者组成的复合生态系统的不良影响，并应对生物多样性的不良影响给予重视。对上述调查资料进行汇总分析，确定海洋环境污染破坏存在的主要问题，并对发展趋势进行分析。

2. 近岸海域环境功能区划

海域环境功能区划是海洋环境保护工作的基础，是按功能区进行总量控制、强化海洋环境管理的前提。这项工作是在实现海洋资源综合开发、合理利用、积极保护和科学管理的基础上，根据环境目标和海洋环境的承载能力，在时间和空间上划定与本地区经济社会发展相适应的并能发挥最佳功能的区域。近岸海域环境功能区划的基本原则包括：①为经济建设服务，坚持可持续发展方针。近岸海域环境功能区划必须满足经济发展的要求，但同时必须有利于保护海洋环境，保证海洋资源的可持续利用。②统筹考虑，合理组合。海洋环境的特点是具有流动性，四海相通，功能海域相通。所以，在进行海洋功能区划时，要从整体上进行综合考虑，相邻海域的功能不能相互矛盾。③服从最高功能的原则。现有的使用功能在进行环境功能区划时不能降低；具有多种功能的近岸海域在进行功能区划时，要服从最高功能的要求。④便于管理。海洋环境功能区划要有利于强化海洋环境管理，保护海洋生态环境和污染综合防治。

近岸海域环境功能区划的一般方法是：①调查现有功能及经济发展要求。海洋环境是多功能的，由于在经济社会发展过程中各部门各行业的需要和利益不同，在开发利用和保护上往往产生矛盾。为了提出切实可行的环境功能区划方案，必须深入调查研究，了解和掌握滨海地区的工业、盐业、渔业以及海洋石油开发、风景旅游及港口布局情况；污染源、污染现状、生态破坏现状以及变化趋势；经济社会近期计划及远景规划；历年来的海洋环境调查资料、监测数据和不同海域的自净能力以及现有功能。②综合分析，提出方案。综合分析现状及各部门的要求，从整体利益出发进行优化，选择最佳“近岸海域环境功能区划”方案。③征求意见、科学论证。提出方案后要广泛征求意见并邀请有关专家进行论证。

3. **海洋环境污染防治对策**

海洋环境污染防治的总体指导思想是：预防为主、源头控制为主；积极推行清洁生产，促进经济增长方式的转变；严格控制新污染源，减少陆源及海上污染源的排放量，促进经济与海洋环境的协调发展。海洋环境污染的防治对策主要包括：①合理调整产业及工业结构；②改善工业布局，优化排污口分布；③按海洋环境功能进行总量控制；④采取有力措施防止事故性油污染及面源污染；⑤强化海洋环境管理。

4. **海洋生态环境保护对策**

海洋生态环境保护的主要内容是：保护海洋生物多样性，强化海洋生物资源管理，防止海洋生态环境退化，改善生态环境，维护海洋生态平衡，保证海洋资源永续利用和实现海洋资源的可持续发展。

第四节　矿产资源与环境

一、概述

矿产资源是在地壳形成后，经过几千万年、几亿年甚至几十亿年的地质作用而生成的。人类从石器时代就开始利用矿产，到目前为止被利用的矿产资源至少已超过 150 种。中国的矿产种类很多，是世界上矿产品种比较齐全的少数几个国家之一。1949 年以前，我国仅对不足 20 种矿产进行过评价，新中国成立后已对 130 多种矿产进行了评价并初步探明了储量。矿产资源消耗是一个国家富裕水平的指标，矿产资源的利用与生活水平有关。当今世界上，各国对矿产资源的消耗存在巨大的差别，美国主要矿物的消耗量是世界其他发达国家平均消耗量的两倍，是不发达国家的几十倍。占世界人口 30％的发达国家消耗掉的各种矿物约占世界总消耗量的 90％。随着经济发展和人口增长，今后世界对矿产资源的需求仍将大大增加。由于矿产资源不断消耗，即使储量很大，仍会出现资源枯竭的问题。

矿产资源按照工业上不同的用途可以分为以下几类：①能源矿产。煤、石油、天然气、油页岩、铀等。②黑色金属矿产。铁、锰、铬、钛、钒等。③有色金属及贵金属矿产。铜、铅、锌、铝、镁、镍、钴、钨、锡、钼、铋、汞、锑、金、银、铂等。④稀有、稀土和分散元素矿产。钽、铌、铍、锂、锆、铯、铷、锶、锗、镓、铟等。⑤冶金辅助原料矿产。石灰岩、白云岩、菱镁矿、耐火黏土、萤石、硅石等。⑥化工原料非金属矿产。硫铁矿、磷、钠盐、硼、明矾土、芒硝、天然碱、重晶石等。⑦建筑材料及其他非金属矿产。水泥用石灰岩、玻璃用砂、建筑用石料、云母、石棉、高岭土、石墨、石膏、滑石、压电水晶、冰晶石、金刚石、蛭石、浮石等。在世界上广泛应用的工业矿物有 80 多种，其中产值大、在国际上占重要地位的非燃料矿物有铁、铜、铝土、锌、镍、磷酸盐、铅、锡、锰等。我国在已探明储量的矿产中，钨、锑、稀土、锌、萤石、重晶石、煤、锡、汞、钼、石棉、菱镁矿、石膏、石墨、滑石、铅等矿产的储量在世界上居于前列，占有重要的地位。另外，有些矿的储量很少，如铂、铬、金刚石、钾盐等，远远不能满足国内的需要。随着人类社会不断向前发展，特别是近几十年来，世界矿产资源的消耗量急剧增加，其中消耗量最大的是能源矿物和金属矿物。矿产资源是不可更新的自然资源，因此，矿产资源的大量消耗必然会使人类面临资源逐渐减少以至枯竭的威胁，同时也带来一系列的环境污染问题，必须倍加珍惜、合理配置和高效益地开发利用矿产资源。

二、矿产环境问题

矿产资源的开采给人类创造了巨大的物质财富，人类开发矿产资源每年多达上百亿吨。如把开采石料和剥离矿体盖层的土石方计算在内，数字更为惊人。当前我国经济建设中95%的能源和80%的工业原料依赖矿产资源供给，但在开采过程中也存在不少的问题。不合理开采矿产资源不仅造成资源的损失和浪费，而且极易导致生态环境的破坏，威胁人们的健康，矿产资源的不合理开发对环境和人体的影响如下。

1. 对土地资源的破坏

据2014中国矿业绿色发展交流会暨矿业经济转型高峰论坛提供的数字，我国10多万座矿山因大规模矿产采掘产生的废弃物的乱堆滥放造成压占、采空塌陷等损毁的土地面积已达386.8万公顷，影响地下含水层面积538万公顷，固体废物累计存量400亿吨，年排放废水超过47亿立方米。特别是矿产的露天采掘和废石的大量堆放都要占用大量的土地，破坏了矿产及周围地区的自然环境，造成土地资源的浪费。

2. 对大气的污染

露天采矿及地下开采工作面的穿孔、爆破以及矿石、废石的装载运输过程中产生的粉尘、废石场废石的氧化和自然释放出的大量有害气体，废石风化形成的粉尘在干燥大风的作用下会产生尘暴，矿物冶炼排放的大量烟气，化石燃料特别是含硫多的燃料的燃烧，均会造成严重的区域环境大气污染。

3. 对地下水和地表水体的污染

由于采矿和选矿活动、固体废物的日晒雨淋及风化作用，使地表水或地下水含酸性、重金属和有毒元素，这种污染的矿山水通称为矿山污水。矿山污水危及矿山周围的河道、土壤，甚至破坏整个水系，影响生活用水和工农业用水。由采矿造成的土壤、岩石裸露可能加速侵蚀，使泥沙入河、淤塞河道。

4. 对海洋的污染

海上采油、运油、油井的漏油、喷油必然会造成海洋污染。目前，世界石油产量的17%来自海底油田，这一比例还在迅速增长。此外，从海底开采锰矿等其他矿物也会造成海洋污染。

我国在矿产资源的开发利用中，采矿、选矿、冶炼的回收率较低，不少矿山的采出率只有50%，许多未回收的化学元素被带到环境中，不但污染了环境，而且威胁人们的健康。可见，人类对矿产资源的大量开发，虽然可以大大提高人类的物质生活水平，但是不合理的开发也会造成对自然资源的破坏和对环境的污染。因此，有效抑制矿产资源的不合理开发，减少开采中的环境代价，已成为我国矿产资源可持续利用中的紧迫任务。

三、矿产资源利用与环境保护的对策和措施

我国矿产资源可持续利用的总体目标为：在继续合理开发利用国内矿产资源的同时，适当利用国外资源，提高资源的优化配置和合理利用水平，最大限度地保证国民经济建设对矿产资源的需要，努力减少矿产资源开发所造成的环境代价，全面提高资源效益、环境效益和社会效益。具体措施包括：

1. 加强矿产资源的管理

首先要提高保护矿产资源的自觉性，继而要加强法制管理。主要包括以下几个方面：①加强对矿产资源国家所有权的保护。世界上许多国家都已制定了专门的法规、条例来保护矿产资源，我国尚没有完整的矿产资源保护法规，必须在《矿产资源法》的基础上健全相应的矿产资源保护的法规、条例，建立有关矿产资源的规章制度。认真贯彻国家为矿产资源勘查开发规定的统一规划、合理布局、综合勘查、合理开采和综合利用的方针。②组织制定矿产资源开发战略、政策和规划。③建立集中统一领导、分级管理的矿产资源执法监督组织体系。④建立健全矿产资源核算制度，有偿占有开采和资产化管理制度。

2. 建立和健全矿产资源开发中的环境保护措施

具体包括以下几个方面：①制定矿山环境保护法规，依法保护矿山环境；执行“谁开发谁保护、谁闭坑谁复垦、谁破坏谁治理”的原则。②制定适合矿山特点的环境影响评价办法，进行矿山环境质量检测，实施矿山开发的全过程环境管理。③对当前矿山环境的情况进行认真的调查评价，制定保护恢复计划，采取经济、行政和法律手段，鼓励和监督矿山企业对矿产资源的综合利用和“三废”的资源化活动，鼓励推广矿产资源开发废弃物的最小量化和清洁生产技术。

3. 努力开展矿产综合利用的研究

开展对采矿、选矿和冶炼等方面的科学研究。对分层赋存多种矿产的地区，研究综合开发利用的新工艺；对多组分矿物要研究对矿物中少量有用组分进行富集的新技术，提高矿物各组分的回收率；适当引进新技术，有计划地更新矿山设备，以尽量减少尾矿，最大限度地利用矿产资源。积极进行新矿床、新矿种和矿产新用途的探索科研工作。加强矿产资源和环境管理人员的培训工作。

4. 加强国际交流和合作

如引进推广煤炭、石油、多金属和稀有金属等矿产的综合勘查和开发技术；在推进矿山“三废”资源化和矿产开采对周围环境影响的无害化方面加强国际合作，以更好地利用资源和保护环境。

第五节　森林资源与环境

一、概述

森林是由乔木或灌木组成的绿色植物群体，是整个陆地生态系统的重要组成部分。现在地球上有 1/5 以上的地面被森林所覆盖，我国森林覆盖率为 13.92%，占

世界森林面积的3%～4%。森林在自然界中的作用越来越受到人们的关注。它不仅为社会提供大量的林木资源，而且还具有保护环境、调节气候、防风固沙、蓄水保土、涵养水源、净化大气、保护生物多样性、吸收二氧化碳、美化环境及生态旅游等功能。森林是陆地生命的摇篮。自然界中一切动物都要靠氧气来维持生命，而森林是天然的制氧机。据测定，1hm^2阔叶林每天可吸收1t二氧化碳，放出730kg氧气，可供1000人正常呼吸之用。如果没有森林等绿色植物制造氧气，则生物的生存将失去保障。森林是消灭环境污染的净化器。森林能阻滞酸雨和降尘，每公顷云杉林可吸滞粉尘10.5t。森林还可衰减噪声，30m宽的林带可衰减噪声10～15dB，森林还分泌杀菌素，有的树木能促使臭氧产生，杀死空气中的细菌。森林是自然界物质能量转换的加工厂和维护生态平衡的重要动力。森林能促进水的循环，据测算，世界每年森林可向大气蒸腾48亿吨的水量，起到调节气候和延缓干旱、沙漠化的作用。通过光合作用每年可使全球550亿吨的二氧化碳转化，每年向人类提供约23亿立方米的木材。一般来说，有林地的温度比无林地要低2℃以上，夏天要低10℃左右。森林树冠可以截留降雨量15%～40%。森林还有涵养水源、保护农田、增加有机质和改良土壤等作用。森林还是陆地上最大、最理想的物种基因库。森林是世界上最富有的生物区。它繁育着多种多样的生物物种，保存着世界上珍稀特有的野生动植物。在文化历史悠久、人口众多和自然灾害频繁的中国，森林尤其有特殊重要的作用。例如，长江中上游和东北地区森林的水源涵养功能对减少长江和东北黑龙江、乌苏里江和松花江的泥沙流失量，调节江河水量，保障长江中下游平原和松嫩二江平原的农田起着重要的作用。天山、阿尔泰山和祁连山等干旱地区的山地森林对涵养水源和保障山麓农田的用水十分重要。荒漠的胡杨林和梭梭林等维持生态环境的价值远大于其樵采利用价值。平原农区的农田防护林对减轻或免除干热风和台风危害具有明显的作用。

二、森林环境问题

我国是一个少林的国家，森林总量不足，分布不均，功能较低。我国森林资源在保护和利用上存在的主要问题是：森林资源面积不断减少，质量日益下降，不适应国民经济持续发展和维护生态平衡的需要。由于人口众多，建设事业发展较快，对木材及其他林副产品的需求量越来越大，而森林面积有限，因此，无论用材、薪柴、纸浆以及其他林业经济产品的供应都很紧张。森林资源下降的主要原因有：①国有林区集中过伐，更新跟不上采伐。我国森林资源每年减少2%～3%。②毁林开垦。山区毁林开荒比较严重，我国过去曾片面强调发展粮食生产，开垦的主要对象是林地，不但破坏了森林，而且也破坏了生态环境。③火灾频繁。火灾是森林的大敌，其中90%是人为引起的。大部分林区由于防火设施差，经营管理水平较低，火灾预防和控制能力低。1987年发生的大兴安岭特大森林火灾，受灾面积达133万公顷，受害林木总蓄积量为3960万立方米，使国家遭受了巨大的损失。1993年森林火灾受害面积为2.9万公顷。④森林病虫害严重。森林病虫害也是影响林业发展的重要环节。全国主要森林及树种的普查结果，危害严重的树木病害有

60 多种，如落叶松落叶病、枯梢病、杨树腐烂病等。危害严重的森林害虫有 200 多种，如松毛虫、白蚁等。⑤造林保存率低。由于造林技术不高，忽视质量，片面追求数量，造林后又缺乏认真管理，使新造林保存率偏低。森林破坏的严重后果不仅使木材和林副产品短缺，珍稀动植物减少甚至灭绝，还会造成生态系统的恶化。由于森林面积减少，造成生态平衡的失调，使局部小气候发生变化，扩大了水土流失区。我国黄河流域历史上曾是“林木参天”，森林破坏后，一些地方呈现“荒山无树、鸟无窝”的荒凉景象。

三、森林资源利用与环境保护的对策和措施

1. 健全法制，依法保护森林资源

森林可分为以下五类：防护林；用材林；经济林；薪炭林；特殊用途林。按照《中华人民共和国森林法》中的规定，国家对森林资源实行以下保护性措施：①对森林实行限额采伐，鼓励植树造林，封山育林，扩大森林覆盖面积；②根据国家和地方人民政府的有关规定，对集体和个人造林、育林给予经济扶持或者长期贷款；③提倡木材综合利用和节约使用木材，鼓励开发、利用木材代用品；④征收育林费，专门用于造林育林；⑤煤炭、造纸等部门按照煤炭和木浆纸张等产品的质量提取一定数量的资金，专门用于营造坑木、造纸等用材林；⑥建立林业基金制度。此外，地方各级政府组织应建立护林组织，维护辖区治安，保护森林资源。地方各级政府还应做好森林火灾的预防和扑救工作，组织森林病虫害的防治工作。禁止毁林开荒和毁林采石、采沙、采土及其他毁林行为。禁止在幼林地和特种用途林内砍柴、放牧。对自然保护区以外的珍贵树木和林区内具有特殊价值的植物资源，应当认真保护，未经批准不得采伐和采集。

2. 实施生态建设规划，坚持不懈地植树造林

《全国生态保护与建设规划（2013～2020 年）》提出了全国生态保护与建设的主要指标：到 2020 年，森林覆盖率 23%以上，森林蓄积量 150 亿立方米以上，林地保有量 31230 万公顷。为达到上述奋斗目标需采取下列政策措施：①加强组织领导，落实规划责任。地方各级政府对生态保护与建设工作负总责，建立起由地方政府统一领导下的部门分工协作的生态保护与建设目标责任制。各有关部门在全国生态环境建设部际联席会议制度的统一协调指导下，各司其职，强化责任，加强沟通，通力合作，做好任务落实和监督检查，做好国家重点生态功能区和重点工程的规划及实施。②加大政策扶持，拓宽资金渠道。调整财政支出结构，切实加大政府投入，积极引导社会参与，逐步建立与经济社会发展水平相适应的生态保护与建设多元化投入机制。建立反映市场供求和资源稀缺程度、体现生态价值和代际补偿的生态补偿制度，加大对生态保护与建设的财政转移支付力度，增强资源环境税费的生态保护功能，鼓励开展区域间生态补偿。加大农牧业结构调整力度，促进生态保护和农牧业生产。积极探索市场化生态投入模式，开发适合生态保护与建设特点的金融产品，完善财政支持下的森林保险制度。③深化体制改革，增强动力活力。进一步理顺生态保护与建设的体制机制。深化集体林权制度改革，积极探索国有林场

和国有林区改革。稳定和完善草原承包经营制度。加强用水总量控制、用水效率控制、水功能区限制纳污控制，统筹生活、生产、生态用水需求，保证基本生态用水；积极推进水价改革，制定合理的生态用水价格政策与机制。完善重点海域污染物排海总量控制制度，探索建立自然岸线保护制度。积极探索水权交易、碳汇交易等市场化模式，调动社会资本参与生态建设的积极性。④依靠科技进步，提高治理成效。加大对生态保护与建设科学技术研发的支持。开展生态系统综合观测评估、生态系统演变及重大问题、生态系统碳汇研究，加强生态保护与建设技术研发与示范，加快技术创新示范基地建设，推进产学研相结合的生态保护与建设技术创新队伍、服务平台建设，积极推广先进适用技术，增强生态保护与建设科技成果转化能力。加快生态保护与建设标准、技术规程的制订。加强国际交流与合作，引进和推广国外先进技术。⑤健全法制体系，完善监督管理。建立健全生态保护与建设法制体系。加快完善《森林法》等现有法律法规，健全海洋生态损害赔偿的评估和测算标准、办法等。经济社会活动要严格执行生态有关法律法规，把生态影响作为重要的衡量因素。建设项目征占用林地、草地、湿地与水域、海域，要严格管理，依法补偿。采取各种措施加强宣传教育，增强全民生态文明意识和法制观念。加大林业、国土、水资源、海洋管理等方面的执法监督力度，加强部门联动配合，加大对生态违法案件的查处力度，严厉打击破坏生态的违法行为。完善地下水管理制度。⑥加强宣传发动，引导社会参与。充分利用电视、广播、报纸、网络等宣传媒体，加大对生态保护与建设的宣传教育，增强全民生态意识，营造爱护生态环境的良好风气。大力开展植树节、爱鸟周、世界防治荒漠化和干旱日等活动，提高全社会对生态保护与建设的关注。将自然保护区、森林公园、湿地公园等，作为普及生态知识的重要阵地，提高社会公众的生态文明意识。建立和完善生态保护与建设的激励机制，充分调动广大人民群众和各种社会组织积极参与生态保护和建设。⑦强化生态监测，保障规划实施。加大对森林、草原、荒漠、湿地与河湖、城市、海洋等生态系统以及生物多样性、水土流失的监测力度。强化监测体系和技术规范建设；强化部门协调，建立信息共享平台；强化生态状况综合监测评估，实行定期报告制度，以适当的方式向社会公布。建立规划中期评估机制，对规划实施情况进行跟踪分析和评价。

第六节　草原资源与环境

一、概述

草原是以旱生多年生草本植物为主的植物群落。草原是半干旱地区把太阳能转化为生物能的巨大的绿色能源库，也是丰富宝贵的生物基因库。它适应性强、覆盖面积大和更新速度快，具有调节气候、保持水土、涵养水源和防风固沙的功能，具有重要的生态学意义。草地是一种可更新和能增值的自然资源，它是畜牧业发展的基础，并伴有丰富的野生动植物、名贵药材、土特产品，具有重要的经济价值。中国草地约有4亿公顷，其中可利用的约占2.8亿公顷，仅次于澳大利亚，但人均占有量仅$0.33hm^2$，是世界人均值的1/2。按照地区大致可分为东北草原区，蒙、宁、甘草地区，新疆草地区，青藏草地区和南方草山区等五个区。我国草地资源的分布和利用开发具有以下特点：①面积大、分布广和类型多样，是节粮型畜牧业资源，一些草地地区还适宜综合开发和多种经营；②大部分牧区草原和草山草地都居住着少数民族，其中相当一部分是老区和贫困地区；③草原和草地大多是黄河、长江和淮河等水系的源头区和中上游区，具有生态屏障的功能；④目前，草地资源的平均利用面积小于50%，在牧业草原中约有2700万公顷缺水草原和夏季牧业未合理利用。

二、草原环境问题

1. 草场退化严重

世界草地资源面积占陆地总面积的38%。多年来由于人类过度放牧、开垦、占用和挖草为薪，加上环境污染，使草地面积不断缩小，草场质量日益退化，不少草地出现灌丛化和盐渍化，甚至正向荒漠化发展。目前，全世界有45亿公顷的土地受到干旱和退化的影响。前苏联中亚荒漠地区草地退化面积占该地区总面积的27%；美国普列利草原的退化率也为27%；北非地中海沿岸及中东地区草原退化更为严重，甚至成为沙漠化原因之一。美国20世纪30年代与前苏联20世纪50年代均由于毁草开荒和过垦过牧，发生了多起震惊世界的黑风暴。我国由于长期以来对草地资源采取自然粗放经营的方式，过牧超载、乱开滥垦、草原破坏严重。此外，严重的鼠虫害也加重了草场的退化。总体而言，造成草场退化的主要原因是牲畜的发展与草场的生产力不相适应。如内蒙古自治区自1949年以来，放牧牲畜数量增加了近3倍，而天然草场的面积不但没有增加，反而由于干旱、筑路及其他用途有所减少。

2. 动植物资源遭到严重破坏

由于草原土壤的营养成分锐减，滥垦过牧，重利用、轻建设，致使生物资源破坏的速度惊人。如塔里木盆地原有天然胡杨林约53万公顷，到1978年只剩下23万公顷，减少了57%；新疆原分布有330万～400万公顷的红柳林，现已大半被砍。许多药用药材因乱挖滥采，数量越来越少，如名贵药材肉苁蓉和锁阳等现已很少见到了，新疆山地的雪莲、贝母数量也锐减。另外，野生动物一方面由于乱捕滥猎；另一方面随着人类活动的加剧，使它们的栖息地日渐缩小，不少种类濒于灭绝。如，双峰野骆驼在20世纪60年代还成群出没，现在除阿尔金山前及东疆少数地方外，已难找到。赛加羚羊、河狸、雪鸡等珍稀动物日渐稀少。

3. 草地资源未能充分、有效地利用

目前，草地牧业基本上处于原始自然放牧利用阶段，草地资源的综合优势和潜在生产力未能有效地发挥，牧区草原的生产率仅为发达国家的5%～10%。

三、草原资源利用与环境保护的对策和措施

为加强草地资源的利用和保护，国家已制定《全国草地生态环境建设规划》，具体措施如下。

1. 加强草原建设，治理退化草场

从世界各国畜牧业的发展现状来看，建设人工草场是生产发展的必然趋势。近

几十年世界上许多畜牧业发达的国家人工草场所占的比例都比较高，如荷兰占80%；新西兰占60%；英国占56%。我国牧区人工草地也有所发展，今后要进一步实行国家、集体和个人相结合，大力建设人工和半人工草场，发展围栏草场，推广草仓库，积极改良退化草场。大力发展人工牧草，适宜地区实行草田轮作，采取科学措施，综合防治草原的病虫鼠害，防止农药及工矿企业排放"三废"对草原的污染。

2. 加强畜牧业的科学管理，合理放牧，控制过牧

要合理控制牧畜头数，调整畜群结构，实行以草定畜，禁止草场超载过牧，建立两季或三季为主的季节营地。保护优良品种如新疆细毛羊、伊犁马、滩羊、库东羔皮羊等，促其繁衍，要加速品种改良和推广新品种。

3. 开展草地资源的科学研究

实行"科技兴草"，发展草业科学，加强草业生态研究，引种驯化，筛选培育优良牧草，加强牧草病虫鼠害防治技术的研究，建立草原生态监测网，为草原建设和管理提供科学依据。

4. 开展草地资源可持续利用的工程建设

一是加强自然保护区建设，如新疆的天山山地森林草原、内蒙古的呼伦贝尔草甸草原、湖北神农架大九湖草甸草场和安徽黄山低中小灌木草丛草场等；二是开展草原退化治理工程建设，如新疆北部和南疆部分地区、河西走廊、青海环湖地区、山西太行山、吕梁山等地区；三是建设一批草地资源综合开发的示范工程，如华北、西北和西南草原地区的家畜温饱工程，北方草地的肉、毛、绒开发工程等。

复习思考题

1. 人口与环境的相互关系如何？
2. 人口控制与环境保护的对策和措施有哪些？
3. 什么叫土壤污染与土壤净化？
4. 土壤侵蚀主要包括哪些类型？
5. 主要的土壤污染源有哪些？
6. 主要的土壤污染物及其危害有哪些？
7. 土壤资源利用与环境保护的对策和措施有哪些？
8. 海洋环境污染与生态破坏的危害有哪些？
9. 海洋资源利用与环境保护的对策和措施有哪些？
10. 矿产资源利用中的环境问题主要有哪些？
11. 矿产资源利用与环境保护的对策和措施有哪些？
12. 主要的森林环境问题有哪些？
13. 森林资源利用与环境保护的对策和措施有哪些？
14. 主要的草原环境问题有哪些？
15. 草原资源利用与环境保护的对策和措施有哪些？

第八章 可持续发展与环境

第一节 概 述

一、可持续发展战略

1. 可持续发展思想的形成

可持续发展的概念产生于20世纪80年代后期，是人类对以往的发展观反思的客观必然结果。但作为一种思想，却经历了一个漫长而自然的形成过程。有关人类社会发展的历史进程，许多专家学者从各自的学科领域和专业方向进行了大量的研究，提出了许多划分方法。但如果从环境保护的角度来认识，与人类环境问题密切相关的社会发展进程可分为三个时期：即农业文明时期、早期工业文明时期、现代工业文明时期。

（1）农业文明时期与自然保护观念的产生　从公元前1万年至18世纪前，基本属于农业文明时期。在这一时期，人类与其生活环境之间的平衡随着从食物采集到食物生产的转变而发生了根本性的变化。一般认为这一时期是人类自然保护思想产生的萌芽时期。但这种思想还仅存在于少数人的头脑中，并没有真正成为人们的社会实践。在这一时期，人类往往把丰衣足食看成是发展，而没有形成特定的发展观。

（2）早期工业文明时期与生态环境保护思想的形成　人类社会进入18世纪后，工业革命的出现使经济以前所未有的速度在增长，以牛顿力学和技术革命为先导的工业文明使人们感到人类已经能够彻底摆脱自然的束缚，人们在陶醉于眼前的物质繁荣的同时，强烈的征服和占有欲望使人们开始企图征服大自然。至此，人类与自然形成了完全对立的关系，人口的增加和生产技术的革新加快了对自然资源的消耗，人们对自然环境的干扰和破坏在广度和深度上都达到了空前的水平，从而引发了一系列的连锁反应。在这一时期，人类对发展的认识进入到了第二个阶段，认为物质极大丰富就是发展。受培根和笛卡尔“驾驭自然，做自然的主人”的机械论思想的影响，人们把自然环境同人类社会的发展完全地割裂开来，没有意识到人类同环境之间存在着协同发展的客观规律。直到威胁人类生存和发展的环境问题不断在全球显现，这才引起人们的震惊与重视。进步伴随着破坏，破坏又激发了人类的思考。这一时期人们保护自然环境的思想得到了迅速的发展。最先真正把人口与环境联系起来进行理性思考的是英国著名经济学家马尔萨斯。他在1798年发表的《人口原理》一书中，直接把人口增长和土地生产力联系起来，对比分析了两个因素之间的动态关系。马尔萨斯的思想在当时虽然受到了严重的挑战和批判，但其思想蕴涵丰富，在人口与环境的研究方面，特别是在人口、环境和资源生产力关系的研究上做出了重要的贡献。继马尔萨斯之后，在西方环境保护史上另一个里程碑就是1859年达尔文著名的生物进化论著作《物种起源》的问世。该理论用事实帮助人们认识到人类的各种经济活动在直接加速某些物种灭亡方面扮演了不光彩的角色。但更重要的是，它标志着人们已经开始认识到环境恶化是全球性的，环境问题对人类的影响是深刻和长远的。至此，近代西方环境保护思想在19世纪下半叶达到顶峰。

(3) 现代工业文明时期与全球环境问题的关注　人类社会进入20世纪以后，随着工业生产技术的现代化和社会生产力的进一步提高，工业化国家对经济霸权的竞争迅速引起了军备竞赛和对殖民地的争夺，从而又直接导致了两次世界大战的爆发。把人类的注意力拉向寻求和平的一端，环境保护问题在人们思想观念中失去了应有的位置。所以，从自然环境的角度来讲，1914～1945年期间是人类对自然环境直接大破坏的时期。第二次世界大战引发的新技术使战后全球资本主义蓬勃发展，世界经济进入了空前的高速增长期。同时，对自然资源的消耗和工业污染物的排放也在成倍增长。热带森林面积锐减，物种消亡和荒漠化迅速扩大，大气、水体、土壤严重污染，酸雨蔓延，温室效应使全球气候变化的风险增加，人口剧增使资源难以负重，全球经济发展水平的两极分化趋势愈加明显。这一系列生态环境问题以前所未有的方式和程度威胁着人类的生存与发展，从此环境保护在被人类遗忘了近半个世纪后又重新登上了历史的舞台。严峻的生态环境促使人类生态意识的觉醒和人类全球意识的萌发。在这样的背景下，科学家开始对全球环境污染和自然资源破坏等问题进行研究，对环境与经济发展的关系和人类社会发展的前景等方面做了大量的探索。初步揭示出全球资源和环境问题的经济根源，并从经济对资源环境的依赖关系上，提出转变经济增长方式的思想和持久、平衡、稳定发展的社会目标。这些研究成果和理论认识为可持续发展思想的形成奠定了基础。人类对环境问题有规模和有组织的关注是以1972年的第一次人类环境会议为标志，这次会议把人类对环境问题的认识大大向前推进了一步。如果说从人类早期的自然环境保护史中得出的是，只有在事实证明各个国家的经济利益受到直接威胁这样一种情况下，各国政府才会分别采取措施，防止环境恶化，那么从当代人类对全球环境问题关注的历史中得出的就是，只有在事实证明全人类共同的生存与发展受到直接威胁这样一种情况下，各国政府才会走到一起来共同采取措施，维护地球——这一迄今为止人类共同的唯一的生命保障系统。

(4) 可持续发展的提出　1972年6月5日在瑞典首都斯德哥尔摩召开的联合国人类环境会议是人类有史以来第一次有组织的环境保护行动，这次会议标志着人类环境时代的到来。但这次会议没有真正在全球范围内统一认识，并没有找到从根本上解决环境问题的途径，只是就环境污染谈环境保护，没能把环境问题的解决与社会和经济的发展联系起来。由于上述问题的存在，1972年人类环境会议之后，人类所面临的环境、人口、资源和粮食等问题不但没有好转的迹象，反而更加日趋严峻。在这样的背景下，世界自然保护同盟从1975年开始，仔细分析了以往人类对环境问题采取的措施后指出：①环境问题不是一个孤立的现象，是与人类社会发展密切相关的重大问题。②以往对自然的保护通常着眼于一个受害的物种和地区，是一种纯粹的保护主义行为。尽管这种方式在过去的几十年中也取得了某些成功，但这种方式却很难持久地应付整个人类所面临的环境问题的挑战，很难持久地从源头上解决整个人类所面临的环境问题。这主要反映在行动的脱节和不能保证有限资源的持续利用，因此，在自然保护上需要新的方向。③发展不是短期的成功，它还需在经济和生态上表现为动态的、持续的及和谐的过程。在这样一种背景下，1992年6月3～14日，联合国在巴西里约热内卢召开了人类历史上规模最大、级别最高、影响最深远的一次盛会——联合国环境与发展大会。它与1972年的人类环境会议相比，在以下三个方面发生了质的飞跃：一是认识的一致和深化。里约会议上发达国家和发展中国家都认识到环境问题对人类生存与发展的严重威胁，认识到解决环境问题的紧迫性。对环境问题认识的一致，才使联合国建立以来第一次有这么多的国家坐在一起，这种基于共同利害关系的责任感与合作精神，是解决全球面临的环境问题的前提条件。二是找到了解决环境问题的正确道路。大会扩展了对环境问题的认识范围和深度，把环境与经济、社会发展纳入到一个统一的框架之中，共同关心和研究全球环境与发展的统一体问题。其解决的金钥匙就是“可持续发展”，这是人类认识史和哲学史上的一大飞跃。三是明确了责任，开辟了资金渠道。从影响全球和区域的环境问题看，主要责任直接或间接地来自工业发达国家，这是历史事实。发展中国家面临的一些环境问题，也与发达国家的长期掠夺或廉价收买资源有关。在这次大会上，发达国家都承认了这一事实，可以说，这是20年来的重大进展，当然这并不是也不能掩饰发展中国家的环境责任与义务。总之，1992年的“环境与发展”大会是人类环境保护史和发展史上的一座里程碑，为统一人类的发展观，确立可持续发展的环境保护战略和发展模式写下了不朽的篇章。

2. 可持续发展的概念与内涵

(1) 可持续发展的概念　可持续发展包含发展与可持续两个方面。传统意义上的发展指的是物质财富的增加，其特征是以经济总量的积累为唯一标志，以工业化为基本内容。而现代意义上的发展是指人们社会福利和生活质量的提高，既包括了经济繁荣和物质财富的增加，也包括了社会进步，不仅有量的增长，还有质的提高。因此，单纯的经济增长不等于发展，而只是发展的重要内容。很显然，可持续发展概念中的“发展”与传统意义上的发展有着本质的区别，指的是现代意义上的发展。可持续来自于拉丁语，意思是“可以维持下去”和“可以继续保持”。一个可持续的过程是指该过程在一个无限长的时期内可以永远地保持下去。在生态和资源领域，应理解为保持延长资源的生产使用性和资源基础的完整性，使自然资源能永远为人类所利用，不至于因其耗竭而影响后代人的生产与生活。持续性是可持续发展的根本原则，其核心是指人类的经济行为和社会发展不能超越资源与环境的承载能力。可持续发展的概念属于生态学范畴，最初应用于林业和渔业，指的是对资源的一种管理战略，即如何将全部资源中的合理部分加以收获，使得资源不受破坏，而新生成的资源的数量足以弥补所收获的数量。可持续发展是一种战略主张，主要解决经济增长与环境保护的关系。从长远观点看，经济增长同环境保护是统一的。为实现这一战略主张，应建立一些可被发达国家以及发展中国家同时接受的政策，这些政策既能使发达国家继续保持经济增长，又能使发展中国家得到较快的发展，同时又不至于造成生物多样性的明显减少以及人类赖以生存的大气、海洋、淡水和森林等资源系统的永久性损害。

(2) 可持续发展的内涵　可持续发展概念不是对传统发展观念的简单继承与完善，而是对传统发展观的变革与创新，是一种从环境与自然资源的角度提出的关于人类长期发展的战略和模式。因此，可持续发展具有深刻而广泛的内涵，对可持续发展的内涵的理解比对概念本身的理解更为重要和更能认识可持续发展的实质。那么，可持续发展的内涵是什么，人们应从哪些方面来理解呢？

第一，增长不等于发展，持续增长不等于持续发展。增长是指社会财富的积累，是国民生产总值的增加。把这种社会财富的积累和国民生产总值的增加等同于发展是传统意义上的发展观，事实证明这种认识是错误的。考虑经济问题不能光看产值、产量和速度，还要看效益，看整个生活质量的改善，看社会各阶层能否都得到利益。不是说经济指标增长了多少，人均国民收入增加了多少就是发展，还要考虑这种增长对生态环境造成的负面影响有多大，考虑资源与环境的承受能力。因为，在不可持续的生产模式下，国民生产总值的增长是付出沉重代价的，表现为资源和能源的大量消耗、严重的环境污染和生态破坏。如果把自然资本和环境资本纳入到国民经济核算体系中就不难看出，这种传统的增长包含很大的水分，是一种无发展的增长。实际上，在很多情况下是一种虚增长，甚至是负增长。发展的内涵既包括了经济增长，也包含了自然资源的储备，还要反映以环境质量作为重要内容的生活质量的提高。也就是说，衡量一个国家或地区的发展水平和富足程度，不能只看国民生产总值的多少。对此，世界银行在 1995 年提出了一个国家和地区富裕程度的四项评价指标，它们是人造资本、自然资本、人力资本和社会资本。其中，人造资本指的是物质财富的人均拥有量；自然资本指的是自然资源的人均拥有量；人力资本指的是人的受教育程度、健康水平和人才的多少；社会资本指的是社会的公共福利、社会文化和教育基础等。很显然，按照这种评价标准，传统意义上的增长实质上就是人造资本这一部分。如果人造资本增加了，而自然资本减少了，经济虽然上去了，但资源枯竭了，人的生存环境质量下降了，这绝不是发展。所以，增长不等于发展，持续增长也不等于持续发展。

第二，发展是有条件的。发展是人类永恒的主题，是由人类满足自身的生存需要所决定的，是可持续发展的第一含义。发展中国家尤其是贫困的国家和地区，要把发展作为首要任务予以优先考虑。不发展就要落后，落后就要挨打，这是被无数的人类社会历史经验教训所证明了的。发展是硬道理，对于发展中国家而言，必须要把发展放在第一位，只有发展才能为解决生态危机提供必要的物质基础，也才能最终摆脱贫困。然而，发展要有限制。发展是目的，限制是保障，发展不能以牺牲自然生态环境为代价，不能违反国家和民族的社会准则，要实现更大的正效益。或者说，发展是有条件有规律的，而不是无序的，盲目的和无限制的发展不可能持续。

第三，发展要有公平性。发展是所有人的权利，要确保每个人都具有平等的机会。没有公平，就没有可持续发展。发展的公平性包括两个方面：一是当代人的公平，二是代际之间的公平。首先，发展要实现当代人之间的公平，消除贫富不均和两极分化现象。就全球范围而言，发展不应是少数国家的权利，所有的国家都应得到发展才行。因此，要给世界财富和资源以公平的分配和使用权，要把消除贫困作为可持续发展进程中特别优先的问题来考虑。实现全球的共同发展，需要明确各个国家的责任和义务。其次，发展要考虑代际之间的公平。这是可持续发展与协调发展的本质区别。发展是一个连续的过程，当代人与后代人应享有平等的发展机会和权利，满足当代人的需要不能牺牲后代人的利益和削弱后代人发展的潜力。发展不能欠账，既不能借后代人赖以发展的资源以满足当代人发展的需要，又不能把当代人所造成的环境问题留给后代人去解决。

第四，发展要有和谐性。环境保护是可持续发展进程中的一个有机组成部分，维持人类与自然相和谐的关系是可持续发展的基本要求。现代发展越来越依靠环境与资源基础的支撑，而随着生态环境的恶化和资源的耗竭，这种支撑已越来越薄弱和有限了。因此，越是在经济高速发展的情况下，越要加强环境与资源保护，以获得长期持久的支撑能力。这是可持续发展区别于传统发展的一个重要标志。遵循发展的和谐性原则，就是要正确认识人与自然的关系。可持续发展要求人们必须彻底改变对自然界的传统态度，重新认识人在生态-经济-社会大系统中的地位和作用，建立起新的道德和价值标准，把自然界不再看作是被人类随意盘剥和利用的对象，而看作是人类生命的源泉。人类必须学会尊重自然、师法自然和保护自然，把自己当作自然界中的一员，使人类从以人为中心和以征服自然为基本信条的工业文明的阴影中走出来，迎接以人为本和以和谐人与自然关系为中心的环境时代。

第五，发展的模式和途径不是唯一的。正如同社会制度的选择一样，对具有不同社会历史背景、文化背景，处于不同发展阶段的国家，可持续发展战略的选择可以不同。因此，发展的模式和途径也应有所不同。对于发达国家而言，实施可持续发展首要的任务是抑制自然资源的消耗，同时要主动帮助发展中国家和地区发展经济，逐渐消除发展的不平衡现象，保护“地球村”的整体利益。对于发展中国家，首要的任务是在转变传统的经济增长模式的基础上加快经济发展。就我国而言，要加快中、西部地区的发展，提高这些地区的经济实力。但在今后的发展过程中，不能采取沿海地区曾经采用过的、传统的、以大量消耗有限资源换取经济增长的发展模式，而要走持续利用、高效和集约化的发展道路。总之，可持续发展包括“需求”和“限制”两个方面，二者缺一不可。没有需求就没有发展，需求不同决定了发展模式的不同。没有限制就没有持续，无限制的发展必然破坏人类生存的物质基础和生态环境，必然导致发展的不可持续，发展本身也就衰退了。

3. 中国的可持续发展战略

1992 年联合国环境与发展大会之后，可持续发展战略已成为世界各国指导经济和社会发展的总体战略。对于中国来说，实施可持续发展具有更加重要的意义，是一个刻不容缓的问题，其紧迫性来自于下述三个方面。

(1) 要保持中国经济的持续稳定增长　中国是一个发展中国家，发展经济、消灭贫困是中国政府优先考虑的问题，是今后一个相当长的历史时期内政府的主要任务和目标。这个主要任务和目标是由中国的基本国情所决定的。中国的基本国情是人口众多，资源紧缺，生态环境脆弱，环境污染严重。造成这些问题的根源是新中国成立以来采取了不可持久的发展模式，特别是不可持久的经济发展模式——粗放式经营，以大量消耗资源、牺牲环境为代价谋求经济增长的发展战略。虽然这一点不属于中国的特色，但在中国表现得尤为突出。从新中国成立到现在，中国走了一条高投入、高消耗、低产出、低效益、重复建设的路子，经济形势几度恶化、几度复苏，一些地区的人们一直在为解决温饱问题而努力。到目前为止，全国还有几千万人口没有解决温饱问题，生活处于贫困线以下。所有这些说明了“发展是硬道理”。一个民族、一个国家，要想在世界上发挥更大的作用，必须要有经济实力，要强大。不强大就要挨打，这是历史经验。所以，在任何时期，任何国家都把经济的发展摆在首位，这是没有例外的。但是，选择什么样的发展道路才能使中国较快地摆脱贫困、走向富裕是问题的关键。很显然，传统的发展模式不可能使中国真正摆脱贫困，实现在21世纪中叶达到发达国家现有水平的发展目标。出路在哪里？出路就是走可持续发展的道路！国家发展需要一个持续的过程，同时，持续的经济增长必然给资源利用和环境保护带来巨大的压力。因此，实施可持续发展战略不仅是中国的唯一选择，而且是当务之急，只有走可持续发展的道路，才能实现国家发展的总体目标。

(2) 要解决中国日益短缺的资源问题　中国从20世纪80年代实行改革开放以来，经济建设取得了举世瞩目的成就。但是，中国为加快经济的发展，长期以来采取了不可持久的资源开发战略，走了一条靠大量消耗资源和能源来谋求经济增长的道路，造成了严重的资源浪费，自然资源储量在急剧减少。从20世纪50年代初到80年代末期，中国的国民生产总值增长了近8.9倍，而能源消耗却增长了14.9倍，矿产资源中铁矿石消耗增长了23倍，有色金属消耗增长了24倍。20世纪90年代以后，虽然中国的社会生产力有了较大的提高，但是资源利用率仍然徘徊在80年代的水平。以能源消耗为例，中国目前的总体能源利用率只有33%左右，而西方发达国家一般都在50%以上。中国每单位国民生产总值消耗的能源相当于日本的61倍、美国的23倍；消耗的钢材相当于法国的7倍、美国的6倍、英国的5倍、德国的4倍、日本的3倍。尽管这种比较可能由于经济结构的不同和汇率计算等原因存在一定的偏差，但在中国的经济活动中，资源与能源浪费严重是无可置疑的。还有，中国耕地浪费严重，土地资源锐减与人口不断增加形成了一个巨大的剪刀差，淡水资源、森林资源、草地资源和动植物资源破坏严重，生物多样性在不断减少。紧缺的资源绝不允许更多的浪费，国际市场的激烈竞争也不允许由于高消耗而导致的高成本。解决日益紧缺的资源问题是一项紧迫的任务，没有别的出路，只有走可持续发展的道路，这是唯一的选择。

（3）要遏制日益严重的环境污染和生态破坏问题　传统的发展模式是中国环境问题产生的根源，反过来，严重的环境问题又极大地制约了中国经济与社会的持续发展，在环境与发展之间形成了一个难以破解的恶性循环。从总体上讲，以城市为中心的环境污染仍在发展，并急剧向农村蔓延。在一些局部地区，水和大气污染已经达到或超过了西方发达国家在20世纪60～70年代的程度，一些重大的污染事故与20世纪中叶全球的八大环境公害和20世纪70～80年代的十大环境事件相差不多。生态破坏的范围和程度在不断扩大，由此所造成的经济损失令人震惊。对于中国而言，环境问题不仅仅是一个发展问题，而且是一个生存问题。只有走可持续发展的道路，才能从根本上解决日益严重的环境污染和生态破坏问题。可持续发展不是一句口号和一种理论，而是一项伟大的社会实践。对特定的国家和地区而言，就是资源、环境可持续支撑下的经济持续增长和社会持续进步。这需要建立与之相适应的若干子战略。对于中国来说，推进可持续发展进程要体现在社会各个领域的具体实践之中，需要建立可持续的经济、人口、资源、环境、农业、城市和消费战略等。

二、环境保护战略

1. 环境保护战略的概念

环境保护战略是可持续发展战略的重要组成部分，是制定国家环境政策和对策的依据，对开展环境保护工作具有总的指导作用。具体地说，环境保护战略是指为解决一些根本性、长期性和事关全局的重大环境问题，对环境保护的发展方向以及环境保护对策的总体谋划。环境保护战略不仅规定了国家或区域环境保护的发展方向，而且规定了为实现环境保护总体战略目标所必需的战略方针、重大环境策略和环境对策。开展环境管理就是要以环境保护的总体战略为指导，制定相应的环境对策并积极采取各项战略措施，有计划、有步骤和有重点地解决环境问题，实现环境保护的战略目标。

2. 环境保护战略的特点

环境保护战略具有以下几个主要特点：①全局性。从战略的含义可知，环境保护战略首先具有全局性的特点。由于环境保护涉及到人类社会的发展，尤其是关系到人类的生存，因此，环境保护战略不仅关系到环境保护事业的自身发展，而且也关系到人类社会的持续进步与经济的持续发展。②长期性。长期性是环境保护战略的另一个重要特点，这种长期性是由环境问题的长期性决定的。环境保护战略要在未来一个较长的时期内产生持续的影响和作用，比起那些只在短期内起作用的环境对策和措施来说，具有更深远的意义。这意味着环境保护战略既要解决眼前利益与长远利益的关系，又要解决局部利益与全局利益的关系，克服经济活动中的短期行为。从国家的角度来看，今天我们面临的许多积重难返的环境问题，正是过去缺乏全局性战略思考的后果。在过去较长的历史时期内，环境保护工作总是随着感觉走，倒置了长远利益与眼前利益、全局利益与局部利益的关系。要解决这些环境问题，实现区域的可持续发展，就要制定一个在长时间内能持续指导区域环境保护工作的环境战略。③层次性。环境保护战略具有全局性，而全局是一个相对的概念，有层次之分。相对于不同层次的环境保护系统，就有不同层次的环境保护战略。因此，层次性是环境保护战略的明显特点，有国家、流域、区域和行业环境保护战略等。在这些不同层次的环境战略之间，低层次环境战略要以高层次环境战略为指导，所有环境战略的制定与实施必须服从于国家环境战略，而国家环境战略又必须以国家的发展战略为指导。④阶段性。环境保护总体战略目标，由若干个具体的阶段目标所组成。实现环境保护的总体战略目标，需要通过具体的分阶段目标来实施。也就是要把一个较长的环境保护战略时期分成若干个连续的战略阶段，制定出各个阶段的环境保护战略目标。通过采取具体的阶段性的环境保护措施来完成阶段性的环境保护任务，实现阶段性的环境保护战略目标，进而实现总体环境保护战略目标。

3. 几种传统的国际环境保护战略

在全球实施可持续发展战略之前，国际上先后形成了三种环境保护战略，它们是经济优先发展的环境保护战略、均衡发展的环境保护战略和协调发展的环境保护战略。这些战略的形成与人类的发展观以及人类关于环境与发展的认识密切相关。人类对环境与发展的认识处在不同的历史时期，有不同的认识标准。即使处于同一个历史时期，由于经济发展水平不同，人类对这个问题的认识也不一样。

（1）经济优先发展的环境保护战略　这是建立在发展发展观基础上的一种环境保护战略。所谓发展发展观就是发展经济在前、保护环境在后的一种盲目发展观，反映在环境保护战略思想上，就是“先污染、后治理”。这种观点长期以来占据了统治地位，主张先发展经济后解决环境问题，认为只有经济发展了，才能拿出资金治理环境污染，才有能力解决环境问题。西方经济学家为了支持这种观点，把保护环境与发展经济的关系比喻成“药和病”的关系。他们认为环境与发展的关系与有病吃药一个道理，无论人类的医学科学怎样发达，人类都不能做到未卜先知，不能预测什么人在什么时候得什么病，更不能在某种疾病出现之前，就事先研制好了治病的药。同样，环境与发展的关系也是一样，不发展经济就没有环境问题，人类也不可能在产生环境问题之前就准备好了解决环境问题的对策，总是先有问题后有对策，就好像先有病后有药一样。因此，“先污染、后治理”就应当成为一条客观的规律。西方经济学家的这种观点是实证主义的典型代表。上述比喻听起来似乎很有道理，在全球环境保护实践中，许多地区和国家的环境保护实践也仍处于先污染后治理的过程。但稍加分析就会发现，环境与发展的关系和药与病的关系是不能类比的。这是因为，虽然疾病不可以预知，但污染是可以预防的，以这种观点作为理论依据来确立人类的环境保护战略显然是缺乏说服力的，不能令人信服。

（2）均衡发展的环境保护战略　这是建立在均衡发展观基础上的一种环境保护战略。所谓均衡发展观也叫零点发展观，是对发展发展观增加了限制条件的一种发展观。这种观点认为全球应当均衡地发展，这种均衡是基于人口和资本的基本稳定。均衡发展不是说不发展，而是说发展的速度不能过快，要根据资源的再生速度来确定经济发展的速度。即要以资源消耗速度等于资源再生速度为前提来发展经济。均衡发展的思想主要来源于20世纪70年代。由美国、德国、挪威等一批西方科学家组成的罗马俱乐部关于世界趋势的研究报告《增长的极限》一书，对世界上几种主要资源的消耗情况进行了预测。该书认为，如果世界人口与资本的增长按当时的速度继续下去，到21世纪末地球上的主要资源将会消耗殆尽，增长就会达到极限。为了防止这种灾难的发生，人类就要把经济发展控制在极限的许可范围之内。按照这种观点，对于不可再生资源——矿产资源的消耗就要停止，这就意味着人类要采取“零增长”战略，以减少不可再生资源的消耗。这就是均衡发展观产生的原始背景。“均衡发展”是附加了一定约束条件的发展。尽管这一观点给人们以警告，地球上的资源是有限的，发展不能盲目和无限制，但它只看到了资源利用的有限性一面，却忽视了人类创造的无限性一面。人类在消耗有限的自然资源的同时，也在寻找和创造其他的可替代资源。另外，由于世界各国经济社会发展的不平衡性，在人口和资本储备保持稳定的情况下，发达国家就可以维持在高水平的稳定，而发展中国家只能维持在低水平的稳定，这样的约束条件显然是不公平的，以这种思想为指导所确立的环境保护战略，显然不被世界各国特别是不能被大多数发展中国家所接受。因此，均衡发展的环境保护战略仅仅是以一种思潮出现，而没有真正被世界各国所采纳并付诸实践。

(3) 协调发展的环境保护战略　这是建立在协调发展观基础上的一种环境保护战略。协调发展观是在20世纪80年代初被提出来的，是对前两个发展观的综合与继承，主要强调经济发展不能过快但又不能停止。这个观点认为，环境与发展是一个矛盾的统一体，二者既对立又统一，以牺牲环境换取经济的增长和以放慢经济增长速度来改善环境质量的做法都是不可取的。只要调整人类传统的发展战略，走协调发展的道路就会变环境与发展的对立关系为统一关系。应该说，协调发展观的产生是人类关于环境与发展认识的巨大进步，对当今可持续发展观的形成产生了促进作用，也是可持续发展观的重要组成部分。因为，协调发展考虑的方面多了，强调了发展的综合内涵。以经济增长为唯一标志的发展不是真正的发展，真正的发展既包括经济增长，又包括人们社会福利的改善和健康水平的提高，而且包括良好的环境质量。然而，相对于今天的可持续发展观而言，协调发展观更多强调的是当代人的发展，而对后代人的发展考虑不足，对发展的持续性没有给予重视。以这种思想为指导所确立的环境保护战略，在一定程度上也表现出了一定的局限性。这种只对当代人负责，不为后代人着想的发展观是不科学和不全面的，最终必将被可持续发展观所取代，以此所确立的环境保护战略必将被可持续的环境战略所取代。

三、可持续的环境战略

实施什么样的发展战略，对环境的影响十分重大。环境问题之所以越来越严重，从根源上说，就是由于人类长期以来采用了大量消耗资源和能源来谋求经济增长的不可持久的发展模式。可持续的环境战略是可持续发展战略的重要组成部分，具有什么样的环境战略，可以透视出一个国家有什么样的发展战略。对于中国而言，可持续的环境战略是一个全新的内容，它与传统的环境战略存在着本质上的差别。但在以往的理论研究中，很少有人对可持续的环境战略进行过认真的研究，国内一些专家学者往往把可持续发展战略看成或定义为可持续的环境战略，这是不正确的，不仅造成了理论上的混乱，而且给环境保护实践造成了不利的影响。作为可持续发展战略的一个子战略，可持续的环境战略涉及到社会、经济、资源、科技和教育等各个领域的各个方面。因此说，可持续的环境战略在可持续的国家发展战略中具有特殊的地位并将发挥特殊的作用。

1. 可持续的环境战略内涵

传统的环境战略与可持续的环境战略有本质上的区别，只有可持续的环境战略才构成可持续发展战略的重要组成部分。所谓可持续的环境战略有两个方面的含义：一是国家或区域环境保护的可持续，包括环境保护政策、对策、法律、法规和标准之间的连续性、一致性，以及环境政策、对策、法律、法规对环境保护影响的相对稳定性和持久性；二是环境保护对社会、经济发展的持续影响和持续促进作用，这两个方面构成了国家可持续环境战略的完整内涵。

(1) 环境保护的可持续性　环境保护的可持续是可持续的环境战略的基础，没有环境保护的可持续就没有环境保护对社会、经济发展的持续促进作用。从整体看，中国几十年来的环境保护工作具有一定的连续性和稳定性。但在某些方面或者说从局部来说，中国的环境保护工作又缺乏相对的持续性和稳定性。具体表现在以下几个方面：一是以分散的浓度控制为主要特征的污染防治仍处于初级阶段；二是“先污染、后治理”的防治战略没有得到根本性的转变；三是忽视宏观环境决策，缺乏大环境管理思想和全局观念，决策者总是以“头痛医头、脚痛医脚”的思维方式解决环境问题，常常是顾此失彼；四是国家的环境管理目标与具体的环境对策不能很好地衔接为一个有机整体，以区域行政管理为特征的“块块管理”模式无法适应具有跨区域、跨流域、跨领域和综合性强等特征的环境保护的客观需要。所有这些说明，建立可持续的环境战略，首先要确保国家环境政策和管理体制的持续和统一。

(2) 环境保护对经济发展的持续促进　环境保护与经济建设是一种既对立又统一的关系，实现环境保护对经济建设的持续促进，就是要通过环境保护调整人们的经济行为和生产方式，变对立关系为统一关系以促进“自然再生产”“经济再生产”“社会再生产”三种再生产的和谐运行，实现区域社会的可持续发展。可持续发展在当代对特定地区而言，就是资源环境可持续支撑下的经济持续增长和社会持续进步。实现这种支撑的基础是发展资源节约型经济，加强生态建设和环境保护等。同时，环境保护也要摆脱为人类自身生存和发展而进行的具体的实践活动的传统思维模式，进入为人口、资源、环境、社会和经济协调发展服务的更高层次。因此，确立可持续的环境战略就要紧紧围绕经济增长方式的转变这一中心，制定可持续的环境经济、产业和技术政策，通过产业结构调整，加快经济增长方式的转变，这是可持续的环境战略的准确定位。唯有如此，才能真正统一和协调环境与发展的关系，达到环境保护为经济建设服务的目的。所以，只有既能保证环境政策与法律、法规体系的持续稳定和协调统一，又能将环境保护与经济增长方式的转变紧密结合的环境战略才是可持续的环境保护战略。

2. **可持续的环境战略思想**

中国的可持续环境战略思想概括为“四个促进”——即优化产业结构促进增长方式的转变，强化宏观决策促进微观管理，依靠科技进步促进污染防治和生态保护，加强法制建设依法促进环境保护。这四个促进是未来一定时期内中国可持续环境战略的指导思想。

(1) 优化产业结构促进增长方式的转变　不可持续的增长方式是产生环境问题的根源，要从根本上解决环境污染和生态破坏问题必须转变传统的经济增长方式。增长方式的转变涉及许多方面的因素，其中产业结构调整是关键。当前，世界产业结构的调整正在向资源利用合理化、废物产生减量化和生产过程无害化的方向发展，发展的主导趋势是经济社会和环境的协调统一。在20世纪90年代之前，中国的产业结构没有进行过认真的调整，一些大型企业是新中国成立初期创建的，落后的生产工艺和陈旧的设备仍在低效运行。解决这些问题的出路有两条：一是通过产业和产品结构调整，鼓励发展科技先导型和资源节约型的产业和产品，严格限制和禁止发展科技含量低、资源消耗大、生产工艺落后、污染严重的产业和产品，对于对生态环境造成严重污染和破坏的小火电、小煤矿、小水泥、小冶炼、小炼油等企业实行限产和关停。二是进行技术改造，推广清洁生产，建立设备强制淘汰制度，积极利用先进适用技术装备，逐步淘汰落后设备。我国各地区经济发展不平衡必然带来环境管理力度的差异。加快中西部地区经济的发展，缩小地区之间的差距，这是调整国家经济发展格局的目的。在这个过程中，既要防止污染严重的产业和产品由城市向农村转移，由东部地区向中西部地区转移，又要防止资源开发过程中造成生态环境的破坏。优化产业结构要以科技为先导，有全球意识，把目光瞄准国际市场，有效借鉴国外的成功经验和做法，使制定的产业政策具有很好的前瞻性和持续稳定性。

(2) 强化宏观决策促进微观管理　开展环境管理首先要高度重视宏观调控的作用。实施有效的宏观调控离不开科学的宏观决策，没有科学的宏观决策就没有明确的环境保护实践。实施可持续的环境保护战略就要解决宏观决策问题，强化宏观环境管理，通过综合决策与规划对经济和社会发展政策进行可持续性评估，为开展微观管理提供科学的宏观指导。开展环境保护要从宏观管理入手，通过强化宏观决策以指导具体的环境保护实践。这些宏观决策问题往往不是以单一的宏观经济决策、宏观环境决策和宏观发展决策等面貌出现的，而是以综合的形式提出来要求人们去解决。所以，建立环境与发展综合决策机制与制度已成为当务之急，是实现宏观决策的保障，是实施可持续环境保护战略的重要方面，也是开展宏观环境管理的重要内容。资源与环境问题大多是人为的经济和社会活动造成的，政策的不合理或不协调也是其中的一个重要原因。可持续发展的一个重要课题就是解决资源与环境对发展的制约问题，因此，有必要研究有效的方法对拟实施的各项经济和社会发展政策进行可持续性评估，以避免发生严重的失误。实现对发展政策的可持续性评估，也需要建立环境与发展综合决策机制，这是确保环境与经济协调发展的重要手段。通过综合决策，有利于克服狭隘的部门利益，避免决策上的短期行为，实现政策的公平性、持续性和政策之间的协调性。强化宏观决策，还要注意发挥计划手段的宏观调控作用。尽管中国的经济体制发生了很大的变化，已经从高度集中的计划经济体制向市场经济体制转变，国民经济和社会发展计划在社会经济生活中的作用也随之发生了变化，然而，计划管理仍然是宏观经济管理的一种重要方式，尤其是宏观环境管理的一种重要方式。即使在市场经济的国家，国家政府对于宏观的经济、社会和环境保护活动也要进行必要的干预，特别是公益性事业更是如此。另外，为实现经济增长方式的转变，国家所确定的产业、经济、资源和环境政策的贯彻实施都离不开计划手段的宏观调控。所有这些，无一不与宏观决策有关。只有从决策层次上确立可持续的环境保护战略思想和指导方针，才能促进微观的环境管理和经济的持续增长。

（3）依靠科技进步促进污染防治和生态保护　如果说不可持续的传统发展和消费模式是环境问题产生的宏观根源，那么，科学技术落后是导致环境问题产生的微观原因。传统的发展模式不可持续，在很大程度上是因为现有的科学技术水平落后，不能适应人类对各种自然资源的开发和利用的持续性要求。因此，科技进步是可持续发展的内在动力，依靠科技进步促进污染防治和生态保护是可持续的环境战略的重要组成部分。科技进步是社会生产力发展的重要标志，可以使人们开发、生产和利用资源的方式发生变化，从而使人类的环境保护进入一个新的发展时期。这是因为，科学技术的进步不仅推动经济的发展，而且可以降低单位国民生产总值的资源、能源消耗量、污染物的产生量以及对生态环境的破坏程度，并能开发替代性资源，减轻现有资源的压力。同时，科学技术的进步可以为环境保护提供技术装备支持，提高污染防治以及生态建设水平，实现对资源的重复利用。还有，从人口、资源与环境的关系来看，在相同的科技和管理水平之下，人均生活需求水平越高，生活需求总量越大，资源的损耗量也越大。一般而言，资源的损耗量越大，污染产生量和生态损耗量也越大，环境污染与生态破坏问题也就越严重。因此，不论是从环境保护的历史与现状来看，还是从未来环境保护发展的趋势来看，从根本上解决环境问题，实现经济的持续增长，除了转变经济增长方式和消费模式之外，最终还要依靠科技进步，提高资源的重复利用率，减少资源的过量消耗和浪费。从这个意义上说，加快科学技术进步不仅是一个国家的战略目标，而且是全球所有国家的战略目标；不仅是环境保护的客观需要，而且是经济与社会发展的客观需要。

（4）加强环境法制建设，依法促进环境保护　法律是人类社会的最高行为准则。不论是开展环境保护，还是加快经济增长方式的转变都必须依靠法律的保障，走依法治国的道路。这是社会发展的必然要求，是实施可持续的环境战略的必然要求。通过加强环境法制建设来规范三个行为，即规范政府的环境行为，规范企业的生产行为和规范公众的消费行为。首先，依法规范政府的环境行为是落实地方政府对本辖区环境质量负责的保障。这就要求将各级地方政府的行政权限置于法律的监督制约之下，依法行政和开展环境管理，用法律、法规代替行政命令和长官意志，将政府的环境责任、政府决策者和执法者的环境行为统一在国家的法律、法规的监督之下。谁违反了国家的环境法律、法规，谁就要承担相应的法律责任，这是有效避免形式主义，杜绝以罚代刑、以权代法、有法不依和执法不严等现象发生的法律保障。其次，依法规范企业的生产行为，使企业的一切经济活动置于法律的有力监督之下。企业是经济行为的主体，也是开展环境保护的行为主体，如何把经济建设和环境保护的双重责任有机地统一起来，将环境管理寓于经济活动的全过程，使企业真正履行环境保护的责任和义务，必须依靠环境法制建设加以解决。可以说，在关系到千万人的环境权益问题上，除了法律手段之外，其他的手段如传统的行政命令、领导人的说教和讲话都显得不痛不痒和苍白无力。唯有法律的效力才能迫使企业认真遵守国家的环境保护要求，使其生产行为更加规范和符合环境准则。最后，依法规范公众的消费行为。在所有的行为中，公众的消费行为是最复杂的一种行为，不同的人有不同的消费需求、心理和模式。千差万别的消费行为对环境产生千差万别的影响。除了法律手段之外，任何形式的行政命令、行政管理手段和方法都不能对公众千差万别的消费行为产生强制的、规范的和持续的效力与作用。因此，只有加强环境法制建设，环境保护才能成为人们的自觉行动。在这里，特别需要指出的是，应着重加强国家的环境经济法规建设，尤其是加快消费领域中的环境经济立法工作，充分发挥经济法规对人们各种经济行为的激励作用。同时，要加大执法力度，通过执法强化人们的法制观念，在全社会形成一个有利于环境保护的法治环境。

3. 可持续的环境战略内容

中国的可持续环境战略包括三个方面：一是污染防治与生态保护并重；二是以预防为主实施全过程控制；三是以流域环境综合治理带动区域环境保护。

(1) 污染防治与生态保护并重　污染防治与生态保护并重是在1996年第四次全国环境保护会议上确定下来的新战略，是对中国过去20多年来以污染防治为重心的环境保护战略的重新调整，是中国环境问题的发展以及对环境问题认识不断深化的结果。传统的环境保护战略都是围绕污染防治而制定的，有其历史的局限性和必然性。但是，随着经济的增长、人口的增加和城市化进程的加快，中国的环境形势日趋严峻，以城市为中心的环境污染正在加剧并向农村蔓延，生态破坏的范围在扩大，程度在加重。区域性和流域性的环境污染与生态破坏已成为制约区域经济发展、影响改革开放和社会稳定、威胁人民健康的重要因素。事实证明，环境问题产生的原因是多方面的：人口增加与经济增长加快了资源的消耗速度；产业和产品结构的不合理导致严重的环境污染；只强调开发不注重保护的资源管理战略导致了严重的资源浪费和生态破坏；规划布局不当和城市化进程加快带来了一系列的城市环境问题。同样，环境问题的表现形式也是综合性的：既有生产领域的环境问题，又有消费领域的环境问题；既有工业污染问题，又有生态破坏问题。尤其是生态破坏对人类的生存与发展所产生的影响更严重、更持久，不断恶化的生态环境大大削弱了自然系统的再生产能力，如同雪上加霜，使得工业污染问题变得更加错综复杂，难以解决，同时又严重地破坏了国民经济赖以持续发展的生态基础。因此，以污染防治为中心的环境保护战略不能适应环境保护发展的需要，影响到环境保护战略的有效实施，必须进行调整。由以污染防治为中心转变到污染防治与生态保护并重上来，并不是环境保护重点的转移，而是中心的调整。在今后一个较长的时期内，工业污染防治仍然是我国环境保护工作的重点之一，这符合中国的国情，也与发展中国家在世界环境保护的发展历程中所处的阶段相一致。但污染防治并不是环境保护工作的全部，也不是环境保护工作的中心。在继续抓好工业污染防治的同时，还要加强生态保护和建设，对破坏了的生态系统进行重建，以进行结构性修复。污染防治与生态保护二者处于同等重要的地位，不可偏废，不能替代。由以污染防治为重心转向污染防治与生态保护并重，这是环境保护战略的一个重大转变。不仅是解决区域环境问题的需要，更是实施区域可持续发展战略的需要。

（2）以预防为主实施全过程控制　对环境污染和生态破坏实施全过程控制，就是从“源头”上控制环境问题的产生，是体现环境战略思想和预防为主的环境政策的另一个重要的环境管理战略。以预防为主实施全过程控制包括三个方面的内容：①经济决策的全过程控制。经济决策是可持续发展决策的重要组成部分，它涉及到环境与发展的方方面面，已不是传统意义上的纯经济领域的决策问题。对经济决策进行全过程控制是实施环境污染与生态破坏全过程控制的先决条件，它要求建立环境与发展综合决策机制，对区域经济政策进行环境影响评价，在宏观经济决策层次将未来可能的环境污染与生态破坏问题控制在最低的限度。经济决策要考虑经济总量与经济结构两个方面的内容。确定经济发展的总量时，要充分考虑环境、资源的持续支撑能力，发展的速度要服从于发展的可持续性，发展的数量要服从于发展的质量。确定经济结构时，既要考虑经济结构的合理性，又要考虑产业结构的合理性，还要考虑到区域产业结构之间的关系，从有利于可持续发展的角度进行决策，以实现经济结构和产业结构的优化，促进经济增长方式的转变。经济决策的全过程控制还包括对决策方案实施的监督与反馈控制，通过监督与反馈加强对经济决策的宏观调控与管理，使之不断完善和更加有效。②物质流通领域的全过程控制。物质流通是在生产和消费两个领域中完成的，污染物也是在这两个领域中产生的。对污染物的全过程控制包括生产领域和消费领域的全过程控制。生产领域的全过程控制是从资源的开发与管理开始，到产品的开发、生产方向的确定、生产方式的选择、企业生产管理对策的选择等。消费领域的全过程控制包括消费方式的选择、消费结构的调整、消费市场的管理、消费过程的环境保护对策的选择等。现在世界上很多国家包括中国在内都先后建立了环境标志产品制度，实行产品的市场环境准入。然而，产品进入市场后，还要运用经济法规手段，加强环境管理，如推行垃圾袋装化、消费型的污染付费制度等。③企业生产的全过程控制。企业是环境污染与破坏的制造者，实施企业生产的全过程控制是有效防治工业污染的关键，要通过清洁生产来实现。清洁生产是国家环境政策、产业政策、资源政策、经济政策和环境科技等在污染防治方面的综合体现，是实施污染物总量控制的根本性措施，是贯彻“三同步、三统一”方针，转变企业投资方向，解决工业环境问题，推进经济持续增长的根本途径和最终出路。从全球环境保护的发展进程看，清洁生产是一种必然的选择过程，无论是发达国家还是发展中国家，都把清洁生产作为防治工业环境污染的一个策略对待。当然，由于世界各国的经济发展水平和科技发展水平的差异，有些国家已经进入了污染的全过程控制阶段即清洁生产阶段，有些国家还正处于研究和探索阶段。可以相信，在加快污染物总量控制的步伐和不断推进经济增长方式转变进程的新形势下，清洁生产必将成为中国企业发展的一种自觉选择。

(3) 以流域环境综合治理带动区域环境保护　中国的环境问题错综复杂，从环境问题产生的范围看，既有区域性环境问题，又有流域性环境问题，还有行业性环境问题。从环境问题的表现形式看，既有环境污染，又有生态破坏。在所有这些环境问题中，流域环境问题最具代表性。不论是跨省域、跨县域或者是跨乡镇的流域，都集环境污染和生态破坏于一身，集区域环境问题和行业环境问题于一体。因此，解决流域环境问题具有牵一发而动全身的作用，能充分体现和贯彻污染防治与生态保护并重的战略，有利于建立和完善区域与行业治理相结合的大系统管理模式。从流域环境综合治理入手，可以推动城市、乡镇、农业、生态和海洋的环境保护工作，促进区域和行业的污染防治，实现区域资源的合理开发、利用与保护，从而促进流域经济的发展。以流域环境综合治理带动区域环境保护是当今世界的环境保护战略之一，也是中国环境保护战略的重要组成部分。

第二节　环境保护的发展历程

一、全球环境保护的发展历程

由于世界各国工业发展的历史和水平不同，决定了各国环境保护的起点和水平不同。因此，我们无法按照传统的划分方法从时间顺序上对全球的环境保护历程进行划分。目前，最为科学的划分方法是从环境保护的技术角度来认识全球环境保护的发展历程。在全球范围内，环境保护已经历了50年的发展历程，回顾这段历史，按照环境保护技术的发展线索将其划分为三个阶段：污染治理阶段，综合利用阶段和清洁生产阶段（可持续发展阶段）。

1. 污染治理阶段

这是世界各国包括工业发达国家在内开展环境保护都曾先后经历的第一个过程，这个过程的产生有其客观必然性。第一，是由于环境保护源于环境问题的产生，有了环境污染才开始重视和考虑污染治理问题。第二，是由于人们把环境问题仅仅理解为污染问题，对环境问题的关注自然停留在污染治理的层面上，将污染治理内容等同于环境保护的全部内容。第三，是由于当时的环境保护技术还处于污染末端治理的初级阶段，人们对于环境保护的规律以及对环境问题的认识还很肤浅。因此，污染治理就成为世界各国环境保护的首选过程，中国也不例外。在此阶段之前，各个国家普遍存在着一个污染排放阶段，这一阶段不属于环境保护的发展历程。污染治理阶段是“先污染、后治理”环境保护道路的开端，在这一阶段各国大体上经历了20～30年的时间，工业发达国家开始于20世纪50～60年代，而发展中国家开始于70年代，基本上是以工业“三废”治理为主要内容开展起来的。“三废”治理的顺序是：水污染治理→大气污染治理→固体废物治理。与高污染、高消耗的生产技术相适应，这一时期的污染治理技术完全属于纯工程的末端治理技术。可以说，目前发展中国家的环境保护水平基本上仍处于这一阶段。

2. **综合利用阶段**

工业较发达国家在经历了不同时期的污染治理阶段以后，人们开始认识到，环境问题的产生与资源的利用密切相关，仅仅依靠污染治理来解决环境问题是不够的，提高资源的利用率是环境保护的一个重要途径。于是，由工业发达国家开始，在污染治理的基础上，通过改进生产技术，提高资源利用率来减少污染物的排放，降低成本，增加效益。在20世纪70年代后期，发达的工业国家率先进入了环境保护的第二阶段，即综合利用阶段。在这一阶段，综合利用主要是围绕工业固体废物再生利用和废水循环利用而展开的，通过综合利用促进了环境工程技术的发展和生产技术的改进。这一过程的界线并不十分明显，大约经历了一二十年的时间。在目前，世界上较发达国家和地区的环境保护基本上处于这一阶段。这两个阶段有一个共同的特点，即默认了污染物的排放，等出现了环境问题以后再去寻找解决问题的方案和对策，实质上是走了一条“先污染、后治理”以末端控制为主的环境保护道路。

3. **清洁生产阶段**

这是全球环境污染防治所经历的最高阶段，这一阶段的出现是人类关于环境保护规律认识趋于成熟的标志，是人类环境保护实践不断深化的结果，也是人类经济不断发展与科技不断进步的象征。在经历了污染治理与综合利用阶段以后，环境保护中许多深刻的教训使人们逐渐意识到，在传统决策思想的影响下，那种只注重末端治理的污染防治对策是被动的、低效的，有时甚至是无效的。人们不仅要为严重的环境污染付出巨大的代价，而且要为落后的污染治理方式付出巨大的代价。要改变这种状况，必须从污染的全过程控制入手，实施清洁生产。20世纪80年代初期，发达工业国家开始调整污染防治对策，从改变传统的生产技术、生产工艺和企业管理水平入手，实行生产的全过程污染控制。这是一种全新的管理思想，是充分体现预防为主思想的污染防治对策。80年代末期，发达的工业国家在环境污染防治方面先后进入清洁生产阶段，并将这一对策作为本国污染防治的主要对策从法律上加以确定。

清洁生产强调清洁的能源、清洁的生产过程和清洁的产品三个方面，其中清洁的生产过程和清洁的产品是清洁生产的主要目标。这意味着清洁生产不仅要实现生产过程的无污染或少污染，而且生产出来的产品在使用和最终报废处理过程中也不对环境造成损害。就是说，清洁生产概括了产品从生产到消费的全过程为减少环境风险所应采取的具体措施，要求环境工程的范畴已不再局限于末端治理，而是贯穿于整个生产和消费过程的各个环节。因此说，污染防治工作不仅仅是环保部门的职责，更是企业管理部门和经营者的职责。产业部门必须把经济发展与环境保护统一起来，把经济建设置于可持续利用资源和保护生态环境的基础上。努力研究、开发和利用环境无害化的生产技术，以环境无害化方式使用新能源和再生资源，为社会提供环境无害化的产品和提供有利于环境的服务。实践证明，在企业中推行清洁生产是世界各国实现经济和社会可持续发展的必然选择。不论是发展中国家还是较发达国家，迟早都要经历这么一个阶段。人口与经济的快速增长，要求人类只能在资源可持续利用和环境保护的前提下，寻求发展的合理代价与适度的承受能力的动态平衡。发展中国家已经丧失了发达国家在工业化过程中曾经拥有的资源优势和环境容量，不可能再重复先污染、后治理的工业化道路。只有开展清洁生产，才能在保持经济增长的前提下，实现资源的可持续利用和不断改善环境质量，才能不仅使当代人能够从大自然获取所需，而且为后代人留下可持续利用的资源和环境。发达国家可持续发展追求的目标，主要是通过清洁生产等措施提高增长和质量，改变消费模式，减少单价产值中资源和能源的消耗以及污染物的排放量，进一步提高生活质量和关心全球环境问题。所以，清洁生产对于发展中国家和发达国家的可持续发展同等重要。

清洁生产是可持续环境保护战略的重要组成部分，是可持续发展战略思想在环境保护领域中的具体应用和体现。从这个意义上说，清洁生产就是当前微观层次上可持续的污染防治战略，对污染治理和综合利用技术都提出了更高的要求，也对企业管理和生产技术提出了更高的要求。但是，不能把清洁生产等同于可持续的环境保护战略。这是因为清洁生产是在现有的生产和消费模式下针对生产领域的一种最佳技术管理，所追求的是局部资源的持续利用，并不能解决一个地区、国家乃至全球有限资源的可持续利用问题，也不能解决生态破坏和全部环境污染问题。人类要想从根本上解决环境问题，不仅要从技术领域进行全过程污染控制，而且要从政策领域、从改变传统的发展和消费模式入手，走可持续发展的道路。所以，不能把清洁生产看作是全球环境保护的最后阶段和环境保护的全部内容，而只是可持续的环境战略的重要组成部分。正因为如此，20世纪90年代以后，世界各国选择了可持续发展的环境战略，全球环境保护进入了可持续发展阶段。

应当指出的是，由于是按照环境保护技术发展的历程进行划分的，处于同一历史时期的不同国家和地区的环境保护可能处于不同的阶段和历程。前三个阶段是全球环境保护已经经历或正在经历的过程，而可持续发展是目前全球正在发生和进行的一项伟大实践。如果把可持续发展看成是全球环境保护的一个阶段，那么这个阶段只是刚刚开始，现在还看不到哪一个国家或地区的发展就是可持续发展。由于可持续发展的模式和途径不是唯一的，以及世界各个国家的经济和科技发展水平存在很大的差异，决定了各个国家的环境保护处于不同的阶段和状态。发展中国家的环境保护基本上仍处于污染治理的阶段，较发达国家的环境保护处于综合利用阶段，发达国家的环境保护处于清洁生产阶段。这从一方面说明了可持续发展是一个分阶段的过程，不论是哪一个国家，哪一个地区，在任何时候、任何情况下，作为可持续发展重要组成部分的清洁生产过程是不能逾越的。当然，在借鉴国外先进经验的基础上，经历综合利用和清洁生产这两个过程的时间可能会短些，甚至界线会模糊些。但是，这些过程是无法省略的，从传统的发展到可持续发展是不可能一步到位的。另一方面也说明了发展中国家与发达国家之间在环境保护方面存在的距离。这意味着每一个国家的环境保护都要从实际出发，实事求是，不能脱离本国的国情，不能盲目照搬国外的经验和做法。中国作为环境大国，几十年来的环境保护实践已经为上述两点说明做了很好的注释。

那么，中国的环境保护究竟处于什么阶段呢？就局部而言，深圳等一些城市和地区的环境保护工作开展得比较好，国家从20世纪90年代中期开始了清洁生产的试点，在国家环保“九五”计划中也提出了推行清洁生产的要求。但就全国而言，中国的环境保护仍然处于污染治理阶段，个别地区还处于污染排放阶段。这就是中国环境保护的基本国情，制定国家的环境保护目标、对策和措施要从这一实际出发。对于国外的先进经验，可以借鉴，但不能盲目照搬；可以有较高的奋斗目标，但不能头脑发热超越现实做表面文章；可以寄希望于政府重视环境保护工作，但不能期待领导人的几次讲话和几篇报告就解决问题。

二、中国环境保护的发展历程

中国作为一个发展中国家，环境保护起步较晚，仅仅有30年的发展历程。从时间上划分，大致可以分为三个阶段：起步阶段、发展阶段和深化阶段。

1. 起步阶段（1973～1983年）

1972年联合国在瑞典首都斯德哥尔摩召开的第一次人类环境会议揭开了中国环境保护的序幕。1973年8月，国务院召开了第一次全国环境保护会议，会议通过了“全面规划、合理布局、综合利用、化害为利、依靠群众、大家动手、保护环境、造福人民”的环境保护工作“三十二字”方针和第一个环境保护文件《关于保护和改善环境的若干规定》。1974年10月，国务院成立了环境保护领导小组。之后，各省、市、自治区和国务院有关部门也陆续建立起环境保护机构和环境科研、监测机构。1977年4月，由国家计委、建委和国务院环境保护领导小组联合下发了《关于治理工业“三废”开展综合利用的几项规定》的通知，标志着中国以“三废”治理和综合利用为主要内容的污染防治工作进入全面实施阶段。在此期间，在全国范围内开展了重点污染调查，对重点城市、河流、港口、工矿企业、事业单位的“三废”污染实行限期治理。1978年2月，五届人大一次会议通过的《中华人民共和国宪法》规定：“国家保护环境和自然资源，防止污染和其它公害。”这是新中国历史上第一次在宪法中对环境保护做出的明确规定，为国家环境法制建设和环境保护事业奠定了基础。1979年9月，五届人大十一次会议通过了《中华人民共和国环境保护法》(试行)。从此，中国结束了环境保护无法可依的局面，开始走上法制建设的轨道。同年12月，十一届三中全会召开，在全党确立了解放思想、实事求是的思想路线，为正确认识我国的环境形势奠定了思想基础。1981年4月，国务院做出了《关于在国民经济调整时期加强环境保护工作的决定》，要求在国民经济调整中，对新建工业企业，对原有工业和企业，对城市、自然资源和自然环境都要加强环境管理和监督，切实执行国家的有关政策和法规，努力改善环境质量。这个《决定》对于在恢复和发展国民经济中重视和加强环境保护工作起到了积极的作用。此后，国家于1982年颁布了《中华人民共和国海洋环境保护法》，于1983年末召开了全国第二次环境保护会议。

以上是对中国环境保护在1973～1983年期间的简单回顾。在这一时期，中国的环境保护工作可以概括如下：第一，初步实现了对环境问题认识的转变。逐步认识到环境污染问题不再是单纯的“三废”问题，而是一个影响和制约经济、社会发展的大问题。第二，初步实现了环境管理思想认识的转变。逐渐认识到解决环境问题必须综合运用法律、经济、技术、行政和教育等管理手段和措施，建立环境保护的法律、法规和标准，走依法保护环境的道路。第三，建立了国家、省两级的环境管理机构和“老三项”环境管理制度，通过环境管理促进工业“三废”治理。第四，开展了以水污染治理为主要内容的重点污染源调查，解决了一些局部的重点污染问题。从1973～1983年，中国环境保护经历了十年起步阶段，为后来环境保护事业的发展奠定了基础并创造了有利条件。

2. 发展阶段（1984～1995年）

1983年12月，国务院召开了第二次全国环境保护会议，明确了环境保护是我国现代化建设中的一项战略任务，是一项基本国策，从而确立了环境保护在社会经济发展中的重要地位。会议制定了经济建设、城乡建设和环境建设同步规划、同步实施和同步发展，实现经济效益、环境效益和社会效益统一的环境保护战略。与此同时，确立了强化管理的环境政策，与“预防为主”和“谁污染、谁治理”政策共同组成了指导中国环境保护实践的三项基本环境政策。这次会议在中国环境保护发展史上具有重大意义，标志着中国环境保护工作已进入发展阶段。

回顾这一阶段的环境保护历程，可以分为两个时期：第一个时期是1984～1989年，这期间的环境保护主要是从理论上进行了突破和创新，确立了一整套用于长期指导中国环境保护实践的环境管理方针、政策和制度。第二个时期是1990～1995年，中国的环境保护主要处于一个从理论到实践过渡的探索时期。这期间，中国面临两大问题的挑战，一是要适应国际潮流，实施本国的可持续发展战略，二是要加快中国的经济体制改革。这一时期的探索与实践为以后环境保护的深入发展创造了有利条件。在这一阶段，对中国环境保护事业产生重大影响的事件有：1984年5月，国务院做出《关于环境保护工作的决定》并成立了国务院环境保护委员会，领导组织和协调全国的环境保护工作。1985年10月，在洛阳召开了《全国城市环境保护工作会议》，通过洛阳等城市的经验介绍确定了城市环境综合整治工作的内容和做法。1988年，在国务院机构改革中设立国家环境保护局，并被确定为国务院直属机构，国家环境保护机构得到加强。1989年4月，国务院召开第三次全国环境保护会议，提出了深化环境管理的环保目标责任制、城市环境综合整治定量考核制度、排放污染物许可证制度、污染限期治理和污染集中控制等新的管理制度和措施，使中国环境管理走上了规范化和制度化的轨道。1992年8月，在联合国环境与发展大会之后，中国制定了《环境与发展十大对策》，明确提出了转变传统发展模式，走可持续发展道路的指导思想。随后又制定了《中国21世纪议程》和《中国环境保护行动计划》等纲领性文件，确立了国家可持续发展战略。1993年10月，召开了第二次全国工业污染防治工作会议，总结了工业污染防治工作的经验教训，提出了推行清洁生产、实施生产全过程控制的工业污染防治对策。另外，在此期间，国家制定和修改了若干环境保护的法律、法规和标准等，出台了一系列关于环境保护的产业、行业、技术政策和经济、技术法规以及国际履约的有关对策和措施。

总之，这一时期的环境保护与起步阶段相比有了全新的内容，有了重大的发展。可以概括为以下几点：第一，确立了环境保护在国民经济和社会发展中的战略地位，从理论上解决了如何正确处理环境保护与经济建设和社会发展的关系问题，并从实践方面进行了深入的探索。第二，明确了地方政府、企业和环保部门三者之间的环境责任，并将这些责任以法律的形式加以确定。即地方政府对区域环境质量负责，企业对局部的环境质量负责，环保部门行使统一监督管理职责。第三，环保机构建设得到加强，逐步建立了国家、省、市、县四级独立的环境保护机构，部分地区还建立了包括乡镇环保机构在内的五级环境保护机构，为强化环境管理提供了组织保证。第四，环境法制建设进一步加强，环境管理制度体系不断完善。目前国家所实施的环境保护方针、政策、对策和措施，环境法律、法规和标准大多数都是在这一时期制定并出台的。第五，实现了环境管理思想的转变。在这个时期，从政府到公众都逐步认识到中国的环境问题不再是单纯的环境污染，生态破坏问题已严重地影响和制约了区域经济和社会的发展；环境保护的任务不仅是“三废”治理，还包括噪声控制、“白色污染”治理和生态保护等内容。同时认识到，做好环境保护要加强宏观环境管理，重视宏观决策及规划研究，从转变发展模式入手开展环境保护是解决中国环境问题的关键。第六，污染防治工作取得重大进展。在这一时期，国家在污染防治的指导思想上努力实行四个转变，即由末端治理向生产全过程控制转变，由浓度控制向浓度与总量控制相结合转变，由分散治理向分散与集中控制相结合转变，由区域污染治理向区域与行业污染治理相结合转变。70 年代没有解决的重点环境问题在这一时期均得到了解决或有效的控制。

然而，由于经济的快速增长和历史遗留的大量环境问题，在这一时期，中国的环境保护仍面临着巨大的压力，在实践中还存在着许多亟待解决的问题。比如，现有的环境管理机制如何适应市场经济体制改革的需要；如何加强宏观决策以解决宏观环境管理的问题；在环境保护中如何贯彻国家的产业结构调整政策；环境保护与转变经济增长方式的结合点在哪里等等，这些问题在处于发展阶段的环境保护过程中没有得到解决。实际上，这些关系到国家环境保护事业发展的重大问题只有在环境保护向纵深发展的形势下才有可能得到解决。

3. 深化阶段（1996 年至今）

这是中国环境保护发展史上一个非常重要的时期。在这一时期内，中国的环境保护从管理战略、体制、思想和目标上都进行了重大的改革和调整，环境保护进入到实质性的阶段。

首先，在 1996 年 7 月，国务院召开了第四次全国环境保护会议，做出了《关于环境保护若干问题的决定》，明确了跨世纪的环境保护目标、任务和措施，启动了《污染物排放总量控制计划》和《跨世纪绿色工程规划》，实施三河、三湖、两区、一市和一海污染治理的“33211”计划，在全国范围内开展了大规模的重点城市、流域、区域和海域的污染防治及生态保护工程。这次会议确立了新时期的环境保护战略，将以污染防治为中心的战略转变为污染防治与生态保护并重的战略上来，使我国环境保护目标更加明确，任务更加具体，工作更加务实，思路更加清晰。至此，中国的环境保护工作进入了崭新的阶段。其次，1997～1999年，国家连续三年就人口、环境和资源问题召开座谈会，从可持续发展战略的高度提出了建立和完善环境与发展综合决策、增加环境保护投入、强化社会公众参与和监督以及环保部门统一监管和分工负责等管理机制。同时强调，要依法落实地方政府的环境责任，并要求各级地方政府党政一把手要"亲自抓、负总责"，做到责任到位，投入到位，措施到位。依法保障环保部门的统一监管职能，在管理思路上要实行"抓大放小"，即通过抓综合决策、抓宏观管理、抓产业结构调整来促进和带动微观环境管理工作。再次，在1998年的国家机构改革中，环境保护地位得到了加强，环境管理的职能进一步明确，行政管理体制上实现由"块块管理"向"条块结合"管理体制的转变，环保部门的统一监管职能得到了加强，并使这种职能具有较大的相对独立性。

以上是对中国环境保护发展历程的大致介绍。概括起来，在近30年的时间内，中国环境保护经历了三个发展阶段，其间一共召开了四次环境保护会议。其中，第一、第二、第四次环境保护会议是三个重要的里程碑，分别标志着中国环境保护第一、第二、第三三个阶段的开始，在各个不同的历史时期具有承上启下的作用。

有关中国环境保护的发展历程也有其他的划分方法，比如按照四次环境保护会议划分为四个阶段，即以第三次全国环境保护会议为界线把上述的发展阶段分为两个过程。但由于80年代后期与90年代初期的环境保护不具有显著的阶段性特征，因此，本书的划分方法更容易让人接受和理解。

第三节 我国环境保护的方针与政策

一、我国环境保护的基本方针

1. 环境保护的"三十二字"方针

中国的环境保护起步于20世纪70年代，在此之前虽然已经出现了环境问题，但没有引起警觉，也没有开始真正的环境保护行动。1972年的斯德哥尔摩人类环境会议促进了中国环境保护事业的发展，这次会议使中国认识到了环境问题的严重性，开始着手制定国家的环境保护方针和政策。在这次会议上，中国提出了"全面规划、合理布局、综合利用、化害为利、依靠群众、大家动手、保护环境、造福人民"的方针，简称为"三十二字"方针。在1973年的第一次全国环境保护会议上被确定为环境保护的指导方针，并写进了《关于保护和改善环境的若干规定》试行草案，后来又写进了试行的《中华人民共和国环境保护法》。"三十二字"方针明确提出了保护环境的目的和基本措施，被认为是我国当时历史条件下环境保护工作的指导方针。因为这个方针在前所未有的环境保护实践中规定了总的原则和方向，抓住了环境保护的一些主要方向和问题。20世纪70年代所制定的环境管理制度就是在这一方针的指导下制定出来的，其他一些环境保护的规定和管理办法也是这一方针的具体化和延伸。中国的环境保护实践证明，这一方针虽然存在着不足和局限性，但基本是正确的，符合当时的中国国情，在1973～1983年期间对中国的环境保护工作起到了积极的指导作用。

2. 环境保护的“三同步、三统一”方针

进入20世纪80年代之后，国家政治和经济形势发生了重大的变化。随着经济体制改革的深入和环境问题的发展以及人类对环境问题认识的不断深化，我国的环境保护的形势也发生了很大的变化。在新的历史条件下，环境保护的规律是什么？环境保护与经济建设的关系是什么？如何正确处理环境与发展的关系？这些问题无法从原有的指导方针中找到答案。继续运用“二十二字”方针来指导我国的环境保护工作显然是不行的。因此，在认真总结过去十年环境保护实践的基础上，1983年第二次全国环境保护会议上提出了“三同步、三统一”的环境保护战略方针，这也是迄今为止一直在指导着我国环境保护实践的基本方针。“三同步、三统一”方针是指经济建设、城乡建设、环境建设同步规划、同步实施、同步发展，实现经济效益、社会效益和环境效益的统一。这一指导方针是对“三十二字”方针的重大发展，是环境管理思想与理论的重大进步，体现了可持续发展的观念，指明了解决我国环境问题的正确途径，同时也为制定我国的环境政策奠定了基础。

“三同步”的前提是同步规划。实际上是预防为主思想的具体体现。它要求把环境保护作为国家发展规划的一个组成部分，在计划阶段将环境保护与经济建设和社会发展作为一个整体同时考虑，通过规划实现工业的合理布局。“三同步”的关键是同步实施。其实质就是要将经济建设、城乡建设和环境建设作为一个系统整体纳入实施过程，以可持续发展思想为指导，采取各种有效措施，运用各种管理手段落实规划目标。只有在同步规划的基础上，做到同步实施，才能使环境保护与经济建设、社会发展相互协调统一。“三同步”的目的是同步发展。它是制定环境保护规划的出发点和落脚点，它既要求把环境问题解决在经济建设和社会发展的过程之中，又要求经济增长不能以牺牲环境为代价，要实现持续、高质量的发展。“三统一”实际上是贯穿于“三同步”全过程的一条最基本原则，充分体现了当今的可持续发展思想，要求克服传统的发展观，调整传统的经济增长模式，强调发展的整体和综合效益，使发展既能满足人们对物质利益的整体需求，又能满足人们对生存环境质量的整体需求。

在以后的两次全国环境保护会议上，国家又重申了这一基本方针，并加以逐步完善。例如，在1996年第四次全国环境保护会议上国家政府把这一方针与国家的发展战略紧密联系起来，阐述为：推行可持续发展战略，贯彻“三同步”方针，推进两个根本性转变，实现“三效益”统一。

二、我国环境保护的基本政策

1. 中国环境政策产生的背景

在将近半个世纪的时间里，中国环境问题的发展和人们对环境问题的认识经历了几个不同的阶段，与此相对应的是，中国环境政策的形成也经历了几个不同的阶段。在20世纪70年代以前，中国还没有形成保护环境的明确概念，只是提出了水土保持、森林保护、劳动保护和环境卫生等与环境保护相关的一些政策措施。其中，有两个特定的时期对今天的环境保护政策的形成有直接的影响。一是20世纪50年代初的三年恢复时期，虽然国家没有明确的环境保护目标和政策，但在工业建设中提出了注意规划与布局的问题，在城市基础设施建设、江河治理及改善城市环境卫生和工厂劳动保护等方面都取得了一定的进展，有关领域的行政管理工作也开始起步。二是60年代初，中国政府针对50年代末期冒进的经济发展战略所造成的严重生态破坏和资源浪费问题，提出了“调整、巩固、充实、提高”的新方针，压缩了大批盲目上马的工业项目，混乱的工业布局得到一定程度的调整。为加强资源管理，于1963年连续发布了《森林保护条例》和《矿产资源保护条例》。和人口控制一样，环境危机启动了中国的环境政策。到了70年代初，经过长期积累和潜伏的环境问题逐一暴露出来，中国的环境形势要求政府采取保护环境的行动，在这一重要的时刻，世界为中国的环境保护提供了一个极好的机遇。1972年的人类环境会议揭开了全球环境保护的序幕，也成为中国环境保护事业的新开端和新起点。

1973年8月，国务院召开了第一次全国环境保护会议，审议通过了环境保护“三十二字”方针和中国第一个环境保护文件——《关于保护和改善环境的若干规定》。1973年11月17日，国家计委、国家建委、卫生部联合批准颁布了我国第一个环境标准——《工业“三废”排放试行标准》，为开展“三废”治理和综合利用提供了政策依据。1977年4月，国家计委、国家建委、财政部和国务院环境保护领导小组联合下发了《关于治理工业“三废”，开展综合利用的几项规定》的通知。1979年12月，由国家财政部、国务院环境保护领导小组联合下发了《关于工矿企业治理“三废”开展综合利用产品利润提留办法》的通知。这些就是20世纪70年代关于“三废”治理的环境保护经济政策的雏形，对当时的环境保护工作起到了指导作用。1979年9月，颁布了新中国第一部试行的环境保护基本法——《中华人民共和国环境保护法》，以后国家陆续对海洋环境、陆地水环境、大气环境、自然保护等领域做出了环境保护的法律规定，并制定了一些相应的环境标准。1983年末召开的第一次全国环境保护会议把环境保护事业推进到一个新的阶段。在这次会议上，环境保护被确定为中国的一项基本国策，并确定了“三同步、三统一”的环境保护方针。与此同时，又确定了预防为主、谁污染谁治理、强化管理的三项基本环境政策。

如果说，1973年第一次全国环境保护会议揭开了中国环境保护的序幕，那么10年之后的1983年召开的第二次全国环境保护会议便是中国环境保护政策体系形成的新起点，是中国环境保护事业进入发展阶段的重要标志。

2.环境保护是一项基本国策

环境保护作为中国的一项基本国策，确立了环境保护在经济和社会发展中的重要地位。基本国策属于政策的范畴，但它超出了一般的意义和层次，是国家发展政策的组成部分，是立国之策、治国之策、兴国之策，是关系全局和涉及国家可持续发展的重大政策。在所有的环境政策中，基本国策居于最高的地位，是制定其他各种环境政策的依据和指导。为什么要把环境保护作为中国的一项基本国策呢？这是由以下三个方面的原因所决定的。

(1) 是由中国的基本国情决定的　解决中国的环境问题，首先要了解中国的基本国情，这是一个最重要而又最起码的常识。众所周知，中国是一个人口大国，人均资源绝对短缺，加上科技水平落后，经济基础薄弱，环境问题历史欠账较多，使得发展难以持续，这是对中国基本国情的总体归纳。可以用一句话来概括：人口众多，资源紧缺！或者说，中国是世界上最多人口使用最少资源的国家。所以，把环境保护作为基本国策，作为国家发展政策的重要组成部分是非常及时和正确的。

(2) 是由中国的环境状况决定的　同世界各国的环境问题一样，中国的环境问题也有一个产生、积累与发展的过程。进入20世纪80年代以后，中国的环境保护工作虽然取得了多项进展，但形势仍然非常严峻，环境污染和生态破坏不断加重的趋势一直未能得到有效控制，总体形势是“局部有所控制、总体还在恶化、前景令人担忧”。环境问题表现为：以城市为中心的环境污染仍在发展，并急剧向农村蔓延；以农业为中心的生态破坏范围在扩大，程度在加剧。这两个方面的问题相互影响、相互作用，构成了复杂和严峻的中国环境形势。虽然中国的国民生产总值只有美国和日本的1/10～1/12，但生态破坏和环境污染却远远超过这两个国家。

(3) 是由国际履约责任决定的　中国不仅是一个人口大国，也是一个环境大国。作为环境大国的中国，不仅要对本国承担环境保护的责任与义务，而且要对世界承担环境保护的责任和义务。随着全球环境问题的加剧，环境安全已逐渐成为国家或区域安全的重要组成部分，政治化趋势日益明显的环境问题对国际政治、经济和贸易关系产生了深远的影响，正在深刻影响着国际关系的格局和发展。因此，作为最大的发展中国家和环境大国，中国必须承担自己在国际社会中的责任与义务，在努力解决本国环境问题的同时，也要为全球的环境保护做出自己应有的贡献。众所周知，全球变暖、臭氧层破坏、酸雨污染和物种消失等是由于人类不可持续的生产方式和消费方式所造成的世界范围环境问题。因此，这些问题的解决就需要全球的共同行动。自从1992年联合国环境与发展大会以来，为了主动适应世界发展趋势，积极开展环境外交和国际环境合作，提高中国的国际地位和影响，推进本国的可持续发展进程，中国先后签署加入了《控制危险废物越境转移及其处置的巴塞尔公约》、关于消耗臭氧层物质的《蒙特利尔议定书》、防止全球变暖的《气候变化框架公约》《生物多样性公约》《湿地保护公约》等多项国际公约和议定书。为实施已加入的各项国际环境条约，中国政府于1994年制定了《中国21世纪议程》《中国消耗臭氧层物质逐步淘汰国家方案》和《中国生物多样性保护行动计划》等10多项对策和行动方案。签约与履约是对等的，权利与义务是共生的。中国要想在国际关系中发挥更大的作用，就要承担更大的责任与义务。然而，中国是排放SO_2、CO_2和消耗臭氧层物质的大国，实质上是一个排污大国，这些污染物不仅直接影响到中国自身，也对世界产生了较大的影响，中国因此要承受巨大的履约压力。这种压力来自于多方面，其中最大的压力是《气候变化框架公约》和《蒙特利尔议定书》。《蒙特利尔议定书》规定了所有缔约方为防止臭氧层破坏应尽的责任与义务，中国是消耗臭氧层物质的排放大国，解决全球的臭氧层破坏问题，离不开中国的积极参与，这就意味着中国要严格控制氟利昂物质的排放。按照第11次国际蒙特利尔会议的要求，到目前为止的168个缔约方中的发达国家从2000年1月1日开始停止使用氟利昂物质。中国虽然不是100%的停止使用，但也要执行更加严格的排放标准，这就需要调整相关的国家产业政策，强行淘汰一大批使用氟利昂物质的生产技术。这对中国的环境保护提出了更高的要求，也对经济增长产生了更大的冲击和影响。《气候变化框架公约》规定了所有缔约方为防止全球气候变暖有效控制温室气体所应承担的责任与义务，并在公约的范围内采取一致性行动。气候变暖是一种自然过程，但由于人类对能源的不合理使用和过量的消耗，使大气中的CO_2、CO、甲烷、CFCs等温室气体快速增加，近百年来加快了气候变暖的进程。联合国组织在1990年的气候变化评估报告中指出，在过去的100年中，全球平均地面温度上升了0.3～0.6℃，而从1981～1990年的10年间，全球平均气温上升了0.48℃。据预测，21世纪的世界能源消费的总格局不会发生根本性的变化，人类将继续以矿物燃料作为主要能源，而且人类对能源的需求还将增加，如不采取措施，21世纪气温将上升3℃，其结果会导致雪线上升和冰川后退，海平面将升高60cm。这意味着许多沿海城市和岛屿将在海平面上消失。为了减缓全球变暖的速度，就必须有效控制主要温室气体CO_2的排放。CO_2是在能源使用过程中产生的，中国的能源结构以煤炭为主，在一次性能源中，煤炭占总能源的74%，这种能源结构在21世纪不会有根本性的改变。目前，中国的CO_2年排放量居全球第二。因此，履行《气候变化框架公约》就是要限制CO_2的排放，实质上等于限制能源的消耗。这对中国的经济增长将产生巨大的制约作用，同时也对中国的环境保护提出了更高和更严格的要求。另外，履行其他国际公约也存在很大的压力和挑战，这同样对中国的环境保护提出了较高的要求。妥善处理跨国界环境纠纷也是中国对世界应承担的环境责任与义务的重要内容。进入20世纪90年代以后，因酸雨污染、核污染和危险废物污染等环境问题引发的国际纠纷时有发生，尤其是与中国毗邻的周边国家如韩国和日本等在酸雨问题上常提出异议，这对我国产生了一定的压力和影响，是作为中国政府需要面对和解决的环境问题。

综上所述，不论哪一个方面的问题都与环境保护密切相关，都需要把环境保护放在一个特别重要的地位来考虑、来认识，这就决定了环境保护的基本国策地位。只有把环境保护作为国家发展的重大政策来对待，才能为有效解决中国目前严重的环境问题创造良好的社会环境，才能在国际事务中发挥更大的作用。

3. 环境保护的基本政策

中国环境保护的基本政策包括“预防为主、防治结合、综合治理”政策，“谁污染、谁治理”政策和“强化管理”政策，简称为环境保护的“三大政策”。这三大政策是以中国的基本国情为出发点，以解决环境问题为基本前提，在总结多年来实践经验和教训的基础上制定的具有中国特色的环境保护政策。

(1)“预防为主、防治结合、综合治理”的政策　这一政策的基本思想是把消除环境污染和生态破坏的行为实施在经济开发和建设的过程之中，实施全过程控制，从源头解决环境问题，减少污染治理和生态保护所付出的沉重代价。实施这一环境政策，就要转变所有发达国家都走过的“先污染、后治理”的环境保护道路。世界上几乎所有的发达国家在大力发展经济时，都曾因忽视了环境保护而导致了严重的环境问题，最后又不得不回过头来集中力量解决这些问题。到目前为止，虽然这些国家当年出现的严重环境问题已得到解决和有效控制，环境质量有了明显的改善，但他们为此却付出了巨大的努力和代价。实际上，西方工业国家都走了一条“先污染、后治理”的环境保护道路。现在许多发展中国家的环境保护工作也是在有了环境问题之后起步的，已经走了或正在走着这条人家走过的路。中国环境问题的发生和发展，实质上也是这种发展模式的延续。这是一个普遍的现象，没有污染，没有环境问题，自然不需要环境保护。因此，有人就以此得出结论：“先污染、后治理”是一条客观规律。更有人认为，在中国目前经济还比较落后的情况下，环境保护是一个次要的问题，应集中精力去发展经济。等经济上去了，回过头来解决环境问题也不迟。持这种观点的人不仅在学术界有，在各级决策层中也大有人在。实际上，这是一种消极的、无所作为的思想和情绪，是对环境保护规律的错误理解。环境保护与经济发展是一个对立统一的整体，环境问题的产生贯穿于经济建设的全过程。因此，环境问题的解决也必须贯穿于经济建设的全过程，这就决定了环境保护与经济建设必须同步进行。任何一种把环境保护与经济建设分离和对立的认识都是错误的，基于这种认识的环境保护实践是不能成功的，甚至是愚蠢的，最终要为此付出巨大的代价。

这就是环境保护的客观规律：只要在发展中实行统筹兼顾的预防为主政策，把眼前利益与长远利益、局部利益与整体利益结合起来，做到既发展经济又保护环境，许多环境问题是可以避免的。即使出现一些环境问题，也会控制在一定的限度之内。从 20 世纪 70 年代后期西方工业发达国家的许多实践和我们自己的一些实践来看，都证明了这一判断是正确的。正是基于这种认识，1983 年末召开的第二次全国环境保护会议确立了“三同步、三统一”的环境保护指导方针。

(2)“谁污染、谁治理”的政策　自20 世纪 70 年代初经济合作与发展组织把日本环境政策中的“污染者负担”作为一项经济原则提出来以后，被世界上许多国家所采用，中国的“谁污染、谁治理”环境政策也是从这一原则引申过来的。实行这一政策，是要解决两个问题，一是要明确经济行为主体的环境责任问题，二是要解决环境保护的资金问题。

(3)“强化管理”的政策　强化管理是在 1983 年第二次全国环境保护会议上提出的、符合中国国情的一项环境政策。强化管理的主要措施包括：加强环境立法和执法；建立健全环境管理机构和制度。强化环境管理是具有中国特色的环境保护政策，它在特定的历史时期发挥了特定的作用，从今后的工作实践看，管理仍需加强。需要指出的是，加强管理固然重要，但不能从根本上解决全部的环境问题。实践证明，通过管理可获得一般性的改进，若想得到额外的改进，需付出巨大的代价。所以，要从根本上解决环境问题，在加强管理的同时，必须与其他两个基本政策结合，增加环境保护投入，发展环境科技，这是不可缺少的条件。

总之，环境保护的“预防为主、防治结合、综合治理”“谁污染、谁治理”和“强化管理”的三项基本政策互为支撑，缺一不可，相互补充，不可替代。其中，“预防为主、防治结合、综合治理”的环境政策是从增长方式、规划布局、产业结构和技术政策的角度来考虑的。“谁污染、谁治理”的环境政策是从经济和技术的角度来考虑的。“强化管理”是从环境执法、行政管理和宣传教育的角度来考虑的。这三项环境政策是一个有机整体，是环境保护工作的原则性规定，涵盖了环境管理的各个方面，既包括了宏观管理的内容，也包括了微观管理的部分。

今天我们所拥有的环境管理对策和制度等都是从这三项基本政策出发而制定的，作为环境管理应遵循的准则，这三项环境政策将长期指导中国的环境保护实践。但是，必须看到，这三项基本政策是在以污染防治为重心这一环境战略的指导下出台的，所拥有的环境保护对策与措施都是紧紧围绕污染防治的内容而制定的，能用以指导生态保护的内容很少。所以，在环境战略已做重大调整的新形势下，如何改进和完善现有的环境保护基本政策，以更好地适应新时期中国环境保护发展的客观需要，使中国的生态保护取得突破性进展，已成为一个重要的课题摆在人们的面前而要求回答。

复习思考题

1. 什么叫可持续发展？它有哪些具体的内容？
2. 我国为什么要选择可持续发展战略？
3. 环境保护战略具有哪些特点？
4. 简述主要的国际环境保护战略。
5. 我国的可持续的环境战略包括哪些具体内容？
6. 全球范围内的环境保护运动经历了哪些主要的阶段？
7. 简述我国环境保护的基本方针。
8. 我国在环境保护方面有哪些基本政策？

参考文献

[1] 韩宝平，王子波．环境科学基础［M］．北京：高等教育出版社，2013.
[2] 盛连喜．现代环境科学导论［M］．第2版．北京：化学工业出版社，2011.
[3] 孙强．环境科学概论［M］．北京：化学工业出版社，2012.
[4] 方淑荣．环境科学概论［M］．北京：清华大学出版社，2011.
[5] 刘天齐．环境保护［M］．第2版．北京：化学工业出版社，2000.
[6] 魏振枢，杨永杰．环境保护概论［M］．第3版．北京：化学工业出版社，2015.
[7] 梁虹，陈燕．环境保护概论［M］．第3版．北京：化学工业出版社，2015.
[8] 袁霄梅．环境保护概论［M］．北京：化学工业出版社，2014.
[9] 田京城．环境保护与可持续发展［M］．第2版．北京：化学工业出版社，2014.
[10] 许宁．环境管理［M］．第3版．北京：化学工业出版社，2014.
[11] 李焰．环境科学导论［M］．北京：中国电力出版社，2000.
[12] 吕殿录．环境保护简明教程［M］．北京：中国环境科学出版社，2000.
[13] 朱庚申．环境管理学［M］．北京：中国环境科学出版社，2000.
[14] 张国泰．环境保护概论［M］．第2版．北京：中国轻工业出版社，2006.

附录:《环境科学概论》(第二版)教学内容及学时分配

课程名称:环境科学概论　　　　**英文名称:Environmental Science General**

总学时:60 学时　　　　**学分:3 分**

授课对象:全体高等院校本、专科学生,尤其是环境科学本、专科专业学生。

先修课程:普通生物学、无机化学、有机化学、普通物理。

课程简介:环境科学是一门新兴的边缘科学,是针对当前世界面临的重大环境问题而发展起来的。本课程着重阐述环境问题的产生、发展与治理,探讨人类活动对多环境要素的影响,系统介绍了大气环境科学、水环境科学、固体废物与环境、物理污染与环境、生态环境科学、人口、资源与环境以及可持续发展与环境等问题。因为是概论性的,故本课程涉及的内容主要介绍环境科学中的基本概念、基础理论和研究方法。

参考书目:

章	学时	重　点	难　点
第一章	6	环境的概念、分类、内涵与特性;环境问题的概念、分类、产生与发展	环境问题的实质;环境科学的研究领域、基本任务与学科体系
第二章	9	大气污染及其类型;全球性大气环境问题;大气污染的危害	大气的结构与组成;大气污染治理技术;大气污染综合防治对策
第三章	6	水体的污染与自净;水体污染的危害	水体污染治理技术
第四章	6	固体废物及其类型;固体废物污染热点环境问题;固体废物的危害	固体废物治理技术
第五章	9	主要物理污染的危害和防治技术	主要物理污染的防治技术
第六章	9	生态系统;全球生态环境热点问题	生物多样性减少
第七章	9	人口增长对环境的影响;资源的利用和保护	资源的利用和对环境的影响
第八章	6	经济增长与协调发展;可持续发展战略	可持续发展战略